基本操作&

サーバー設営&

活用事例が

丸ごとわかる本

Discord活用ガイド

ディスコード

Comprehensive use of Discord

納富亮介 Ryosuke Nodomi

インプレス

はじめに

本書『Discord活用ガイド 基本操作＆サーバー設営＆活用事例が丸ごとわかる本』を手に取っていただき、ありがとうございます。この本は、Discordをこれから始める初心者から、既に少し触ってみた中級者まで、Discordの世界をより深く理解し、活用するための一冊です。

著者の納富は、普段から生活や仕事の中でDiscordを活用しており、その経験を活かして本書を執筆しました。一方で、日本では数少ないDiscordパートナーサーバーとして認定されている「ゲームキャスト」を運営する寺島氏は、本書の企画立案を担当し、日本で流行しつつあるDiscordを初心者に向けて解説する「日本最初の完全ガイド本」を企画しました。寺島氏の豊富な経験と視野によって生み出された企画は、私たちがこの本を作成する大きな指針となりました。

本書は寺島氏が提案した企画により、Discordの楽しみ方、基本操作から自分だけのサーバーを作る方法、そして第一人者による活用事例インタビューまで、Discordの全体像を一般の方に向けて丸ごと解説しています。Discord初心者はもちろん、既存のユーザーが読んでも、「初心者におすすめしたくなる」ような、網羅性がある書籍を目指して作成されました。

目次構成としては、第１章「Discordとは？　その世界へご案内」でDiscordの基本的な概念とその特性を説明します。第２章「Discordの基本操作とよく使う機能」では、具体的な操作方法や便利な機能について詳しく解説します。第３章「サーバー設営のための機能と設定」では、サーバーの設営から運用までのノウハウを盛り込んでいます。そして最後の第４章「インタビューで知る！ Discordの活用事例」では、インタビューに基づいた実際のDiscordの活用事例を紹介します。

この本が企画された背景には、リモートワークの普及や、ゲームやコミュニティ間でのオンラインコミュニケーションが求められる現代社会のニーズがあります。

しかし、その多機能性からDiscordのすべての機能を理解し、活用するのは初心者にとって大きなハードルであることも事実です。そこで、この本ではDiscordのすべてを初心者・中級者でも理解し、活用できるようなガイドを提供します。

読者の皆様がこの本を通じてDiscordをより深く理解し、楽しく活用できることを心から願っています。あなたのDiscordライフがより充実したものとなるよう、本書がお手伝いできれば幸いです。

それでは、Discordの世界へ一緒に旅立ちましょう。本書を手に取ってくださった皆様にとって、有意義な一冊となることを願っています。

著者：納富亮介
企画：寺島壽久

CONTENTS

Chapter 3

サーバー設営のための機能と設定

Chapter 4

インタビューで知る！Discordの活用例

本書の前提

- 本書掲載の画面は、Discordのデスクトップアプリの場合はStable 199933 (db1e138)、スマートフォンアプリの場合はiOS版178.0をもとにしています。
- 本書に記載されている情報は、2023年5月下旬時点のものです。
- 本書に掲載されている画面は、上記環境にて再現された一例です。
- 本書の内容に関して適用した結果生じたこと、また、適用できなかった結果について、著者および出版社ともに一切の責任を負えませんので、あらかじめご了承ください。
- 本書に記載されているWebサイトなどは、予告なく変更されることがあります。
- 本書に記載されている会社名、製品名、サービス名などは、一般に各社の商標または登録商標です。なお、本書では™、®、©マークを省略しています。

著者 納富亮介（のうどみ・りょうすけ）

関東在住。IT系会社勤務。「ドロキンの会心の一撃ブログ」を運営し、2019年ごろにはDiscordの運営にインタビューに行くなど、積極的にDiscord関連の記事を公開。Discord公式イベントにたびたび招待されており、日本初のイベントにも招待された。
https://dorokin.com/

STAFF

カバーデザイン	山之口正和＋齋藤友貴（OKIKATA）
本文デザイン	風間篤士（株式会社リブロワークス・デザイン室）
編集・DTP制作	株式会社リブロワークス
校正	株式会社トップスタジオ
企画協力	寺島壽久
レビュアー	ビットコヌシ
デザイン制作室	今津幸弘
デスク	今村享嗣
編集長	柳沼俊宏

Chapter 1

Discord とは？
その世界へご案内

Chapter 1では、「そもそもDiscordとはどんなコミュニケーションツールなのか」という疑問にお答えします。Discordの概要、歴史、規模感をはじめ、どのような活用のされ方をしているのか、さまざまな利用シーンを紹介し、最後に自分好みのサーバーを探すコツを説明します。

Section 01

Discordとはどんなツール？概要・歴史・規模のおさらい

まずはDiscordとはどんなコミュニケーションツールなのか、知っておきましょう。ここでは、Discordの概要、成り立ち、ユーザー数やユーザー層など基本的な事柄を説明します。

Discordとは？　おおまかな概要を知っておこう

Discord（ディスコード）は、アメリカのソフトウェア企業Discord Inc.が開発・運営する**無料の音声・テキスト・ビデオチャットツール**です。もともとゲーマー向けに開発されたコミュニケーションツールですが、その使いやすさと多機能性により、さまざまな領域でオンラインコミュニティが形成され、今や多くの一般ユーザーにも広く利用されるようになりました。

Discordは、音声、テキスト、ビデオ通話の３つの主要な通信手段を提供しています。これらは**すべて「サーバー」と呼ばれる仮想空間内で行われ、ユーザーは自分自身でサーバーを作成することも、他のユーザーが作成したサーバーに参加することも可能**です。サーバー内では、「テキストチャンネル」や「ボイスチャンネル」といったサブスペースを作成することができ、特定の話題や目的に合わせてチャンネルを切り替え、コミュニケーションすることができます。

Discordはどのようにして誕生した？

Discordは、ゲーム開発スタジオであるHammer & Chiselの設立者Jason Citron氏によって2015年にリリースされました。Citron氏はかつてゲーム開発スタジオOpenFeintを設立し、モバイルゲームのプラットフォームを提供していましたが、その後のモバイルゲーム市場の変化に伴い、新たなコミュニケーションツールとしてDiscordを開発しました。

「Discord」の名前の由来は、**Discordで解決すべき問題は、ゲームコミュニティにおける不和（Discord）であること、また言いやすく、綴りやすく、覚えやすい名前であること、商標で利用可能なこと**が挙げられています。

Discordは、その発表当初からゲーマー向けに設計されており、ユーザーが**ゲームをプレイしながらでも軽快に動作し、使いやすく、かつ安全なコミュニケーションを行えることを目指して開発**されました。

その後、多くのゲーマーに支持されつつ、**徐々にゲーム以外の多様なコミュニティでの利用も増えて**いきました。その例は、この後のSection 02以降の記事と最終章のインタビューなどでご紹介していきます。

Discordの規模やユーザー層

2022年の時点で、**世界のユーザー数が3億9000万人、月間アクティブユーザー数は1億5000万人以上**に上り、全世界で利用されています。また、その中には**19億以上のサーバー**が存在し、ゲームコミュニティだけでなく、趣味のクラブ、学習グループ、企業の内部コミュニケーションなど、多様な目的で利用されています。米国で行われた**Z世代のお気に入りブランド調査では、Instagram、TikTokを抑え、堂々の1位**となるなど、若い世代から圧倒的な支持を得ているツールでもあります。

2021年3月には、MicrosoftがDiscordを買収するための交渉がなされましたが、最終的には破談となりました。2023年現在もDiscordは独立した会社として経営されています。

Discordの公式サイト（https://discord.com/）

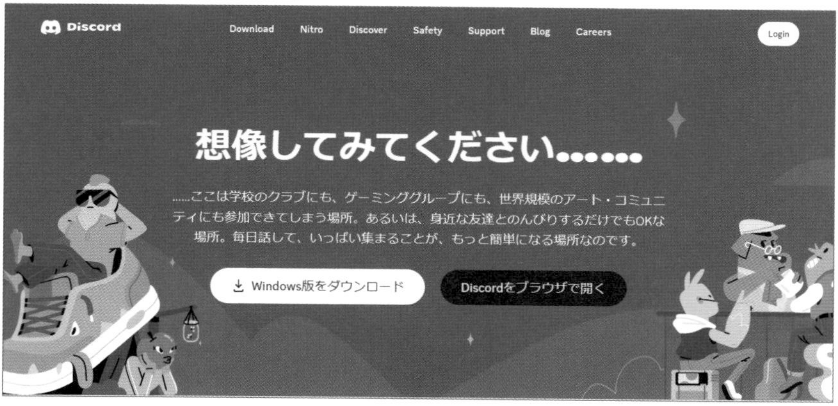
Discord
Download
Nitro
Discover
Safety
Support
Blog
Careers
Login
想像してみてください……
……ここは学校のクラブにも、ゲーミンググループにも、世界規模のアート・コミュニティにも参加できてしまう場所。あるいは、身近な友達とのんびりするだけでもOKな場所。毎日話して、いっぱい集まることが、もっと簡単になる場所なのです。
Windows版をダウンロード
Discordをブラウザで開く

※参考文献
- Wikipedia“Discord”
- Discordブログ「2015.05.21 AMAトランスクリプト」
- Tech総研「OpenFeintジェイソン・シトロンCEOに独占インタビュー」
- CNBC“2022 CNBC Disruptor 50 13.Discord”
- Bloomberg“Chat App Discord Ends Takeover Talks With Microsoft”
- ADWEEK“Where Gen Z and Millennials Split on Brand Love”
- Influencer Marketing Hub“The Latest Discord Statistics_ Servers, Revenue, Data, and More”

Section 02

Discordの活用例①
友達との連絡／一緒にゲームをする

ここからはDiscordの活用例をいくつかに分けて紹介していきます。まずは、身近な友達同士で会話するための場としての活用例、ゲーマー同士のコミュニケーションの場としての活用例です。

少数の友達と連絡するのに便利！

少数の友達とグループで連絡を取り合う場合、一般的な手段としてはLINEのグループチャットなどが挙げられますが、Discordを使用すると、**LINEにはない、いくつかのメリット**が得られます。

Discordで連絡を取り合うメリット

- **1つのサーバー内に目的別にチャンネルを作成できる。雑談チャンネル、日常の投稿チャンネル、連絡事項共有チャンネルなど使い分けが可能**
- **サーバー内で、無料でオリジナルの絵文字やスタンプを追加・使用できる**
- **電話番号の登録なしでテキストチャットや通話（音声／ビデオ）が可能**

友達との連絡用に作成されたサーバーの例

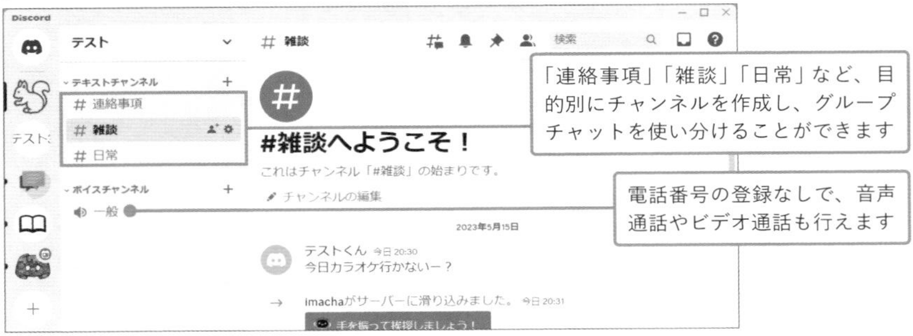

Discord
テスト
テキストチャンネル
連絡事項
雑談
日常
ボイスチャンネル
一般
雑談
#雑談へようこそ！
これはチャンネル「#雑談」の始まりです。
チャンネルの編集
2023年5月15日
テストくん 今日 20:30
今日カラオケ行かないー？
imachaがサーバーに滑り込みました。 今日 20:31
手を振って挨拶しましょう！
「連絡事項」「雑談」「日常」など、目的別にチャンネルを作成し、グループチャットを使い分けることができます
電話番号の登録なしで、音声通話やビデオ通話も行えます

一緒にゲームをするのが楽しい！

Discordはもともとゲーマーのために開発されたテキスト＆ボイスチャットツールです。そのため、ゲームや動画などの画面共有が簡単に行えるほか、ボイスチャットの音質がよく、**一緒にゲームをプレイする際のコミュニケーション手**

段として適しています。また、実際の友人でなくてもDiscordには一緒にゲームをプレイするユーザーを探せるサーバーが存在します。それらを利用することで、マルチプレイを楽しむこともできます。サーバーの例としては、次のようなものが挙げられます。

サーバー紹介①：Valorant-JP

国内最大のValorantコミュニティ。一緒にゲームをプレイする仲間がすぐに見つかります。

サーバー参加URL：https://discord.gg/valorant-jp

サーバー紹介②スプラ3-JP

国内最大のスプラトゥーン３専用コミュニティです。

サーバー参加URL：https://discord.gg/spla3-jp

Section 03

Discordの活用例②
コミュニティ／辞典作成

Discordはさまざまなトピックについて深く探求するためのコミュニティ形成にも有用です。ここでは、特定の目的のために集まるコミュニティとグルメ情報を辞典のようにデータベース化した活用例を紹介します。

特定の学問を追究するコミュニティ

ゲームではなく、学問の追究を行うためのサーバーも存在します。**「数学を愛する会」は、数学に対する深い情熱を持つ人々が議論を交わし、知識を共有し、お互いの理解を深めるためのコミュニティを形成**しています。

数学の魅力とは「1つの問題に対して無数のアプローチが存在する」ことにあるといったテーゼを共有し交流することで、参加者は新たな視点や洞察を得ることができます。このサーバーでは、参加者は自由に数学に関する質問を投稿したり、自作の問題を共有したり、解法や理論を紹介したりすることが可能です。

「数学を愛する会」

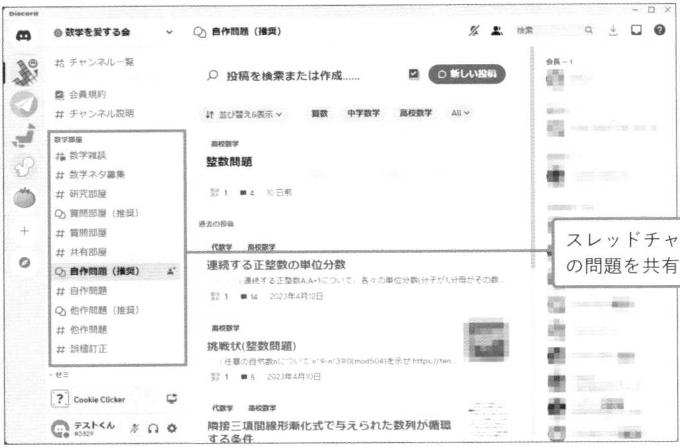

スレッドチャンネルで自作の問題を共有しています

数学を愛する会
@mathlava
あなたのTLをちょっと賢く。Discord鯖→discord.gg/sc8H8WA
→ikkun@mathlava.com 著書『数学クラスタが集まって本気で大喜利してみた。』
教育
火星
youtube.com/channel/UCiWX4...
2017年10月からTwitterを利用しています

公式Twitterのリンクよりサーバーに参加することが可能です
https://twitter.com/mathlava

全国のおいしいラーメンが見つかるラーメン辞典

グルメの情報を共有する手段としての活用事例もあります。

「麺へラどっとろぐ」は、都内を中心に日本全国のラーメン屋を訪問し、サーバー管理人が心から「おいしかった！」と言えるラーメンの情報をまとめ、共有するためのDiscordサーバーです。サーバー管理人が約10年間にわたり訪れた500店舗を超えるラーメンのレポートや、期間限定の麺情報を提供しており、日々更新されています。

「麺へラどっとろぐ」では、おもにサーバー管理人がラーメン屋の訪問レポートを提供しています。基本的にそのレポートが記載されているチャンネルに書き込むことはできないため、一般的なWebサイトのように、ユーザーはチャンネルを閲覧することで新たなラーメンの発見や情報の取得に役立てることができます。

その一方で、ユーザー自身のおすすめラーメン店や体験を共有する「ユーザーおすすめチャンネル」も存在し、参加者同士の交流を促しています。

「麺へラどっとろぐ」の管理人のレポート

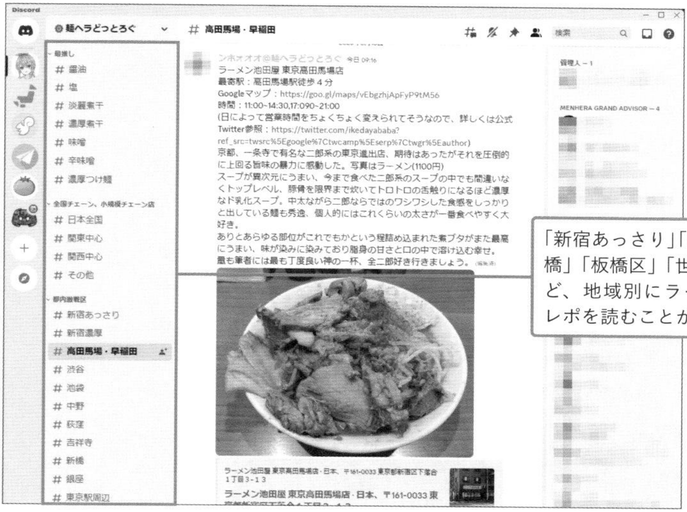
Discord
麺へラどっとろぐ
高田馬場・早稲田
醤油
塩
淡麗煮干
濃厚煮干
味噌
辛味噌
濃厚つけ麺
全国チェーン、小規模チェーン店
日本全国
関東中心
関西中心
その他
都内激戦区
新宿あっさり
新宿濃厚
高田馬場・早稲田
渋谷
池袋
中野
荻窪
吉祥寺
新橋
銀座
東京駅周辺
今日 09:16
ラーメン池田屋 東京高田馬場店
最寄駅：高田馬場駅徒歩４分
Googleマップ：https://goo.gl/maps/vEbgzhjApFyP9tM56
時間：11:00~14:30,17:090~21:00
(日によって営業時間をちょくちょく変えられてそうなので、詳しくは公式
Twitter参照：https://twitter.com/ikedayababa?ref_src=twsrc%5Egoogle%7Ctwcamp%5Eserp%7Ctwgr%5Eauthor)
京都、一条寺で有名な二郎系の東京進出店、期待はあったがそれを圧倒的に上回る旨味の暴力に感動した。写真はラーメン(1100円)
スープが異次元にうまい、今まで食べた二郎系のスープの中でも間違いなくトップレベル、豚骨を限界まで炊いてトロトロの舌触りになるほど濃厚なド乳化スープ。中太ながら二郎ならではのワシワシした食感をしっかりと出している麺も秀逸、個人的にはこれくらいの太さが一番食べやすく大好き。
ありとあらゆる部位がこれでもかという程詰め込まれた煮ブタがまた最高にうまい、味が染みに染みており脂身の甘さと口の中で溶け込む幸せ。
量も筆者には最も丁度良い神の一杯、全二郎好き行きましょう。
管理人 — 1
MENHERA GRAND ADVISOR — 4
ラーメン池田屋 東京高田馬場店・日本、〒161-0033 東京都新宿区下落合1丁目3-13

「新宿あっさり」「吉祥寺」「新橋」「板橋区」「世田谷区」など、地域別にラーメンの食レポを読むことができます

麺へラどっとろぐ
@menheralog
サーバー人数35000人超、「おいしかった！」と心から言える一杯を発信し続けるDiscordサーバー、#麺へラどっとろぐ のTwitterアカウント。(招待リンクは下記のwebサイト欄にあります！)
サーバーに対するお問い合わせ等は管理人(@nnhoooooo)までお願いします。
レストラン
discord.gg/AcmRZCQ
2020年3月からTwitterを利用しています

公式Twitterのリンクよりサーバーに参加することが可能です
https://twitter.com/menheralog

Section 04

自分好みのサーバーを見つけよう！

数多く存在するDiscordサーバーの中から自分にぴったりのサーバーを見つけるのはなかなか難しいものです。そこで、自分好みのDiscordサーバーを見つけるための方法をいくつかご紹介します。

● 探し方①ディスボードを利用する

ディスボードは、**一般に公開されているDiscordサーバーを検索できるWebサイト**です。さまざまなカテゴリーが設けられており、自分の興味や趣味に合わせてサーバーを探すことができます。

探し方の例としては、まずは**キーワード検索**してみるのがオーソドックスな方法です。また、ゲームやアニメ、学習や技術など、特定のテーマに関心がある場合は、それに対応する**「カテゴリー」や「人気タグ」**をクリックし、絞り込まれた一覧の中からサーバーを探す方法も便利です。

さらに、ディスボードでは各サーバーに対する**ユーザーからの評価やレビュー**も見ることができます。これを利用することで、自分が参加を考えているサーバーの雰囲気や活動内容を事前にある程度把握できるので便利です。

ディスボード（https://disboard.org/ja）

特定のワードからサーバーを探す

検索欄に自分の関心事や趣味をキーワードとして入力し、検索することでそれに関連するサーバーの一覧が表示されます。

カテゴリーやタグからサーバーを探す

探しているサーバーの内容に合ったカテゴリーやタグを選択すると、関連するサーバーが絞り込まれて一覧表示されます。概要やレビューを読んで、気になるものがあれば［このサーバーに入る］をクリックすることで、招待リンクが開き、サーバーに参加することができます。

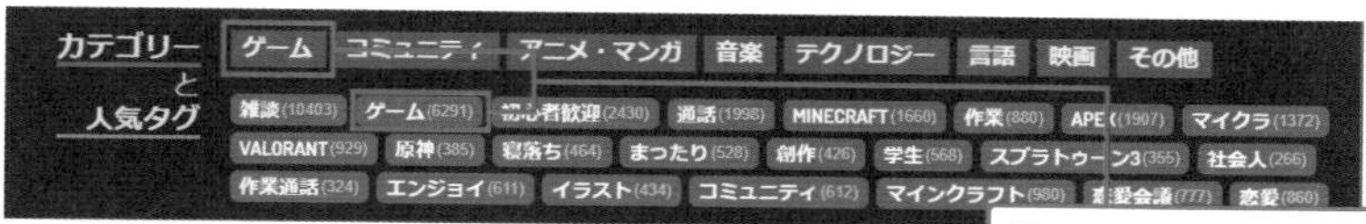

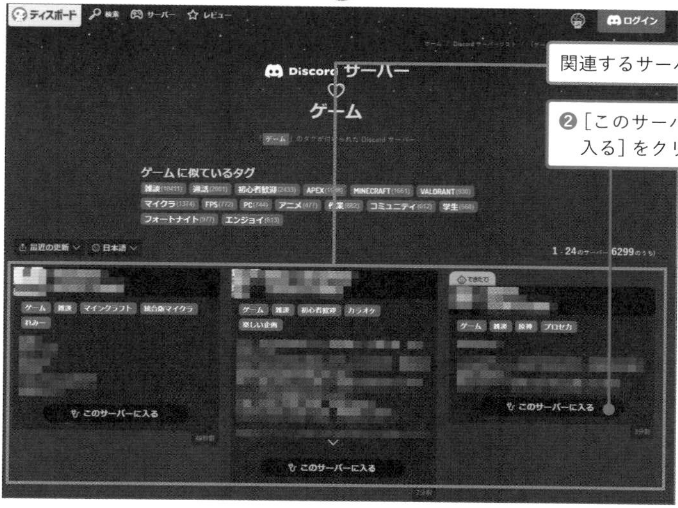

Discordのデスクトップアプリまたはスマートフォンアプリの画面に切り替わります

● 探し方② Twitterから探す

Twitterもまた、Discordサーバーを見つける有効な手段です。特に、特定のトピックに特化したサーバーを探すのに役立ちます。

Twitterの検索バーに「Discord」と入力し、それに続けて自分の関心事や趣味をキーワードとして入力すれば、該当するDiscordサーバーの招待リンクをツイートしているアカウントを見つけられるかもしれません。

Discordのデスクトップアプリまたはスマートフォンアプリの画面に切り替わります

サーバーへの参加方法は？

ディスボードなら［このサーバーに入る］をクリックしたときに、Twitterなら招待リンクをクリックしたときに、Discordのデスクトップアプリまたはスマートフォンアプリに切り替わります。その際、［招待を受ける］などのリンクを選択することで、サーバーに参加できます。詳しい手順はSection 11の「交流の要となるサーバーに参加しよう！」で説明しているので、そちらもご参照ください。

Chapter 2

Discordの基本操作とよく使う機能

本章では、まったく初めての方でもDiscordを使いこなせるように、アカウントの作成からフレンド＆サーバーの追加方法、テキストチャット、ボイスチャンネルの使い方、画面共有の仕方まで、Discord活用に欠かせない基本操作とよく使う機能を1つひとつ丁寧に解説します。

Section 05

Discordの対応機器や動作環境を知っておこう！

Discord はWindows & Macのデスクトップアプリ、スマートフォンアプリ、また各OSに対応するWebブラウザーから利用できます。ここでは、それらの対応機器や動作環境を整理します。

● OSごとの対応動作環境

パソコンでは、各種Webブラウザー及び、Windows & Macの専用デスクトップアプリからDiscordを利用することができます。

デスクトップアプリの動作環境

OS	対応動作環境
Windows	Windows 7以上※
Mac	macOS 10.13以上

※Windows 7は2020年にサポートが終了しているため、本書ではそれ以上を推奨

スマートフォンでは、スマートフォン向けアプリ及びWebブラウザーを用いてDiscordを利用することができます。

スマートフォンアプリの動作環境

OS	対応動作環境
iOS	iOS 11.0以上
Android	Android 6以上

Androidに関してDiscordは、Google Playサービスがデフォルトで搭載されているデバイスにのみ対応しています。また、Amazon Kindleなどの一部のデバイスはサポートされていません。

Webブラウザーの対応動作環境

Webブラウザー名	利用可能なOS
Google Chrome	Windows、macOS、iOS、Android
Firefox	Windows、macOS、iOS、Android （Webブラウザーのバージョン80以上）

Opera	Windows、macOS、iOS、Android
Microsoft Edge	Windows、macOS、iOS、Android （Webブラウザーのバージョン17以上）
Safari	macOS、iOS （Webブラウザーのバージョン11以上）

●本書における動作環境（必ずお読みください）

Discordの基本的な使い方を説明する**第2章は、パソコンではWindows 11向けデスクトップアプリを、スマートフォンではiOS 16.31以降対応のアプリ**を用いて、パソコン＆スマホの両面から解説します。

続く、**第3章ではサーバーの設営について取り上げるため、設定や機能が豊富なWindows 11向けデスクトップアプリを用いて解説**します。

他のOSやデバイスを使っている方は、操作方法や機能は基本的に同じなので、適宜読み替えてお試しください。なお、OSやデバイスによって異なる機能があった場合は、別途補足します。また、本書では読みやすさを重視して**Discordの見栄えを「ライト」テーマにして解説（Section 09参照）**します。

デスクトップアプリ（左）とスマートフォンアプリ（右）の画面

✔ アプリとWebブラウザーどちらがおすすめ？

Discordアプリはそれぞれのデバイス向けにパフォーマンスが最適化されているため、基本的にはアプリでの利用をおすすめします。アプリをダウンロードせずに素早く利用したい場合や簡単なチャットやファイルの共有、サーバーの閲覧が主な目的の場合は、Webブラウザーを利用するのもよいでしょう。

Section 06

アカウントの新規作成と会員登録を済ませよう！

Discordのアカウント作成は、パソコンのWebブラウザー及びスマートフォンアプリから行えます。ここではパソコンのWebブラウザー上から作成する方法、スマートフォンアプリから作成する方法を順に解説します。

● パソコンからアカウントを新規作成する

まずはパソコンからアカウントを新規作成する手順を紹介します。パソコンからはWebブラウザーを使いますが、Google ChromeやMicrosoft Edgeなど一般的なもので構いません。なお、アカウントの作成は、13歳以上でないと行えないため注意しましょう。

discord.com
Discord
Download
Nitro
Discover
Safety
Support
Blog
Careers
Login
❶ WebブラウザーでDiscordの公式サイトにアクセス（https://discord.com/）
❷ 画面右上にある［Login］をクリック
想像してみてください……
……ここは学校のクラブにも、ゲーミンググループにも、世界規模のアート・コミュニティにも参加できてしまう場所。あるいは、身近な友達とのんびりするだけでもOKな場所。毎日話して、いっぱい集まることが、もっと簡単になる場所なのです。

おかえりなさい！
またお会いしましたね！
メールアドレスまたは電話番号
パスワード
パスワードをお忘れですか？
ログイン
アカウントが必要ですか？ 登録
QRコードでログイン
こちらをDiscordモバイルアプリでスキャンすると、簡単ログインします。
❸［登録］の文字の部分をクリック

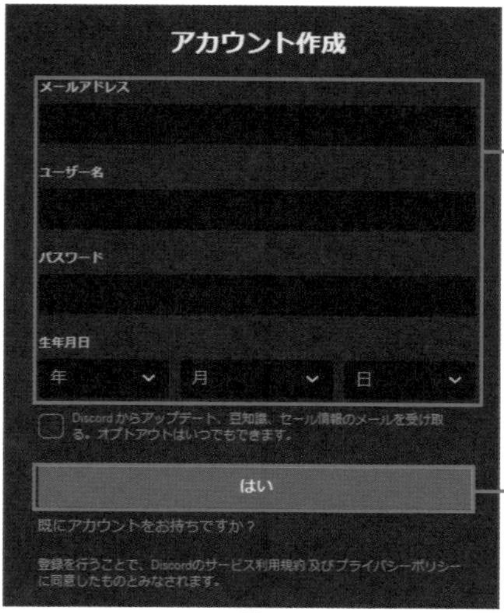

アカウントの作成画面に遷移します

❹メールアドレス、ユーザー名、パスワード、生年月日を入力

❺［はい］をクリック

この後、ユーザーがロボットではないことを確認するための画像認証画面が表示されるので、画面の指示に従い、認証を行いましょう

初めてのDiscordサーバーを作成する
サーバーは、あなたとフレンドが交流する場所です。サーバーを1つ作って会話を始めましょう。
オリジナルの作成
テンプレートから始める
ゲーム
学校のクラブ
もう招待されていますか？ サーバーに参加

Discordサーバーの作成画面が表示されますが、後から設定できるので、スキップします

❻［×］をクリック

アカウントの作成が完了し、Discordのメイン画面へと遷移します

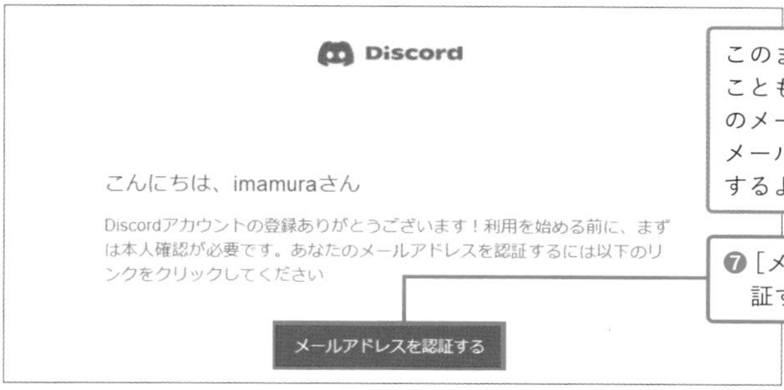
Discord
こんにちは、imamuraさん
Discordアカウントの登録ありがとうございます！利用を始める前に、まずは本人確認が必要です。あなたのメールアドレスを認証するには以下のリンクをクリックしてください
メールアドレスを認証する

このままDiscordを使用することもできますが、登録済みのメールアドレス宛てに認証メールが届くため、必ず認証するようにしましょう

❼［メールアドレスを認証する］をクリック

●スマートフォンアプリからアカウントを新規作成する

スマートフォンの場合、アカウントの作成の際はアプリをインストールして行います。iOS、Androidのどちらにも対応しているため、手持ちのデバイスで試してみましょう（ここでは、iOSを例にします）。なお、アカウントの作成は、13歳以上でないと行えないため注意しましょう。

App Store

Google Play

❶スマートフォンのカメラでQRコードを読み取り、Discordアプリをインストール

インストールしたアプリを起動します

❷［登録］をタップ

❸［電話番号］または［メールアドレス］を選択（ここでは、［メールアドレス］を選択した）

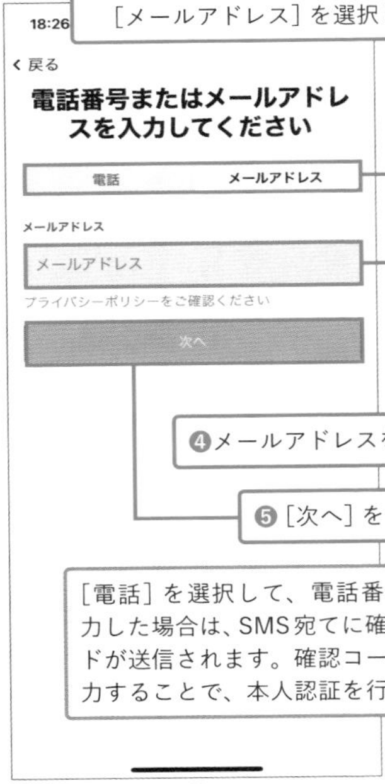

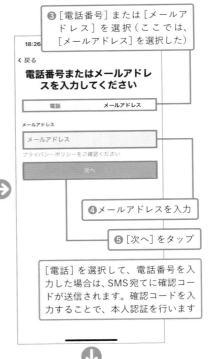

❹メールアドレスを入力

❺［次へ］をタップ

［電話］を選択して、電話番号を入力した場合は、SMS宛てに確認コードが送信されます。確認コードを入力することで、本人認証を行います

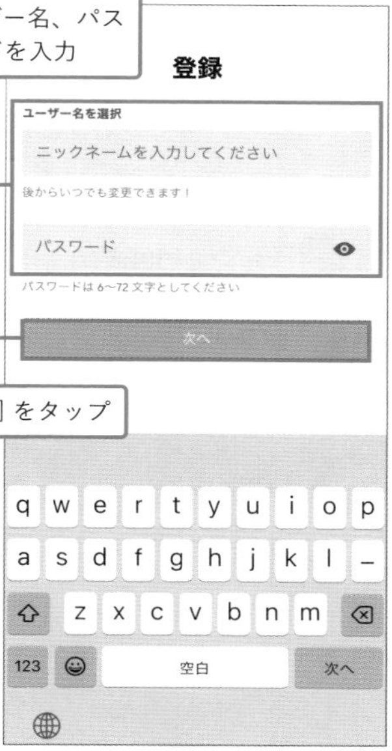

❻ユーザー名、パスワードを入力

❼［次へ］をタップ

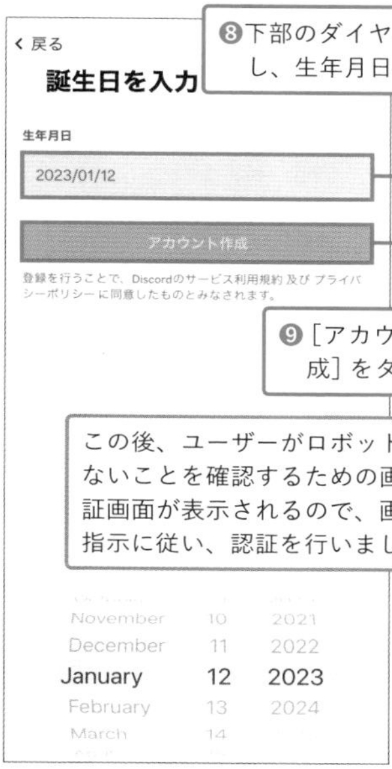

❽下部のダイヤルを回し、生年月日を選択

❾［アカウント作成］をタップ

この後、ユーザーがロボットではないことを確認するための画像認証画面が表示されるので、画面の指示に従い、認証を行いましょう

❿［スキップ］をタップ

アバターは後から設定で変更できるため、ここではスキップしておきます

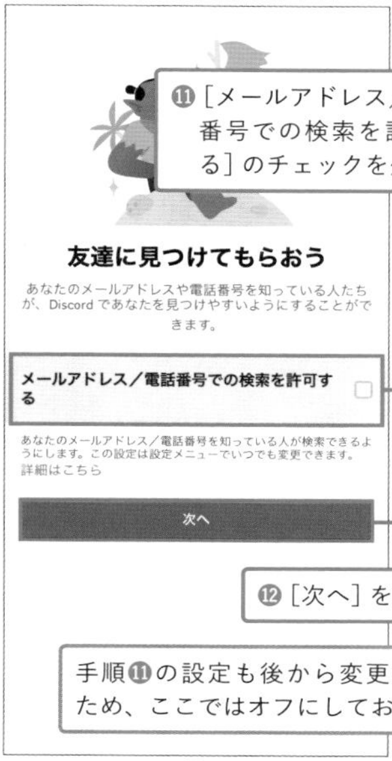

⓫［メールアドレス／電話番号での検索を許可する］のチェックを外す

⓬［次へ］をタップ

手順⓫の設定も後から変更できるため、ここではオフにしておきます

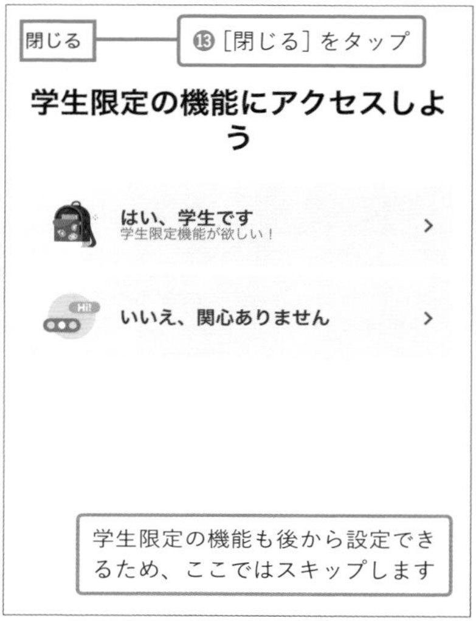

閉じる
学生限定の機能にアクセスしよう
はい、学生です
学生限定機能が欲しい！
いいえ、関心ありません

⑬［閉じる］をタップ

学生限定の機能も後から設定できるため、ここではスキップします

閉じる
サーバーの作成
サーバーは、あなたとフレンドが交流する場所です。サーバーを1つ作って会話を始めましょう。
オリジナルの作成
テンプレートから始める
ゲーム
学校のクラブ

⑭［閉じる］をタップ

Discordサーバーの作成画面が表示されますが、後から設定できるので、スキップします

ダイレクトメッセージ
タップしてサーバーを追加！
メッセージがありません！
フレンドと直接チャットすると、ここに表示されます。
フレンドを追加

アカウントの作成が完了し、Discordのメイン画面へと遷移します

Discord
宛先: 今村享嗣
21:26
メールアドレスを確認してください
Discord
こんにちは、imamuraさん
Discordアカウントの登録ありがとうございます！利用を始める前に、まずは本人確
メールアドレスを認証する

⑮［メールアドレスを認証する］をタップ

このままDiscordを使用することもできますが、登録済みのメールアドレス宛てに認証メールが届くため、必ず認証するようにしましょう

「学生限定の機能」とは？

Discordには「Discord Student Hub」という学生限定の機能が存在します。
Discord Student Hubは、学生が自分の学校の他のユーザーとのつながりを深めるための特別な場所（ハブ）として設計されています。
各ハブへのアクセスは、その学校に関連するEメールアドレスを持つユーザーだけに制限されています。学生たちはハブを通じて同じ学校のユーザーを探し出し、自身のサーバーをハブに追加したり、クラスメートのサーバーを見つけたりすることができます。
重要な点は、ハブは学校が公式に提携しているわけでも、管理しているわけでもないということです。実際、学生ハブは学生が運営するサーバーの集まりで、同じ学校のユーザー同士が互いのサーバーを見つけやすくするための機能を提供しています。
Discord Student Hubは学生たちが自分たちのコミュニティを形成し、学校生活をより豊かにするための一助となっています。

Section 07 デスクトップアプリをインストールしよう！

Discordには、Windows及びMac向けにデスクトップアプリが用意されています。ここではWindows向けデスクトップアプリを例に、インストール方法を紹介します。基本的に、Macも同様の操作でインストールが可能です。

●デスクトップアプリをインストールする

以下、Windows 11の環境でデスクトップアプリをインストールする手順を紹介しますが、Macも基本的には同じなので適宜読み替えてお試しください。

discord.com
Discord
Download
Nitro
Discover
Safety
Support
Blog
Careers
Open Discord
想像してみてください……
……ここは学校のクラブにも、ゲーミンググループにも、世界規模のアート・コミュニティにも参加できてしまう場所。あるいは、身近な友達とのんびりするだけでもOKな場所。毎日話して、いっぱい集まることが、もっと簡単になる場所なのです。
Windows版をダウンロード
Discordをブラウザで開く
❶Webブラウザーで Discordの公式サイトにアクセス（https://discord.com/）
❷トップページにある［Windows版をダウンロード］ボタンをクリック

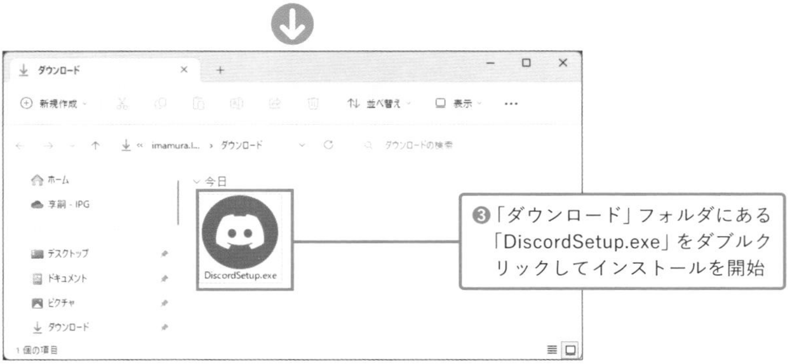
ダウンロード
新規作成
並べ替え
表示
imamura.l...
ダウンロード
ダウンロードの検索
ホーム
今日
デスクトップ
ドキュメント
ピクチャ
ダウンロード
DiscordSetup.exe
1個の項目
❸「ダウンロード」フォルダにある「DiscordSetup.exe」をダブルクリックしてインストールを開始

デスクトップアプリのインストールから起動まで、自動的に行われます

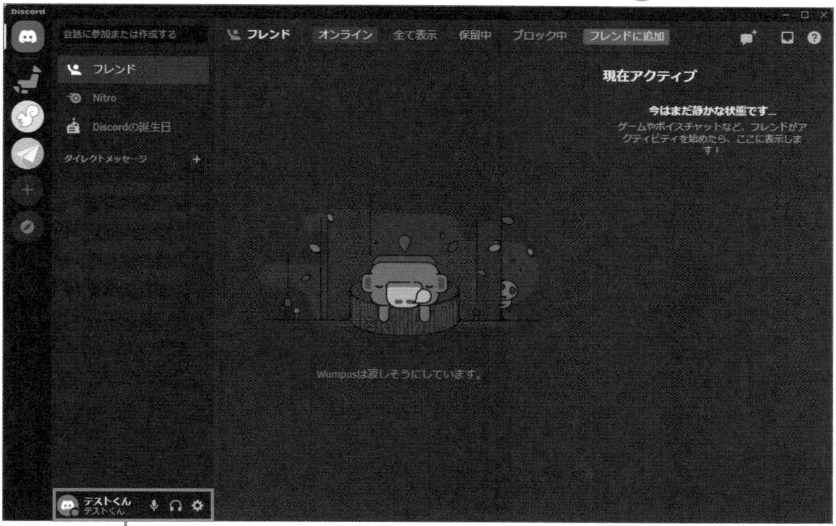

Webブラウザーでログイン中のアカウントで自動ログインされました

Tips 定期的にアップデートしよう

Discordアプリに更新があると、アプリの右上に緑色の矢印マークが表示されます。クリックすることで、アプリのアップデートが行えます。マークを見かけたらアップデートするようにしましょう。

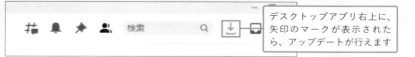

デスクトップアプリ右上に、矢印のマークが表示されたら、アップデートが行えます

Section 08 Discordにログインしてみよう！

アカウント作成時に使用したメールアドレスとパスワードを入力することで、Discordにログインできます。デスクトップアプリならQRコードログインによって、パスワードの入力なしにログインすることもできて便利です。

●デスクトップアプリからログインする

Discordのデスクトップアプリを起動すると、ログインしていない場合にログイン画面が表示されます。ログインするには、**メールアドレスとパスワードを入力する方法とQRコードを読み取る方法の２通り**があります。

●メールアドレスとパスワードでログインする

Discordでアカウント登録したメールアドレスとパスワードを入力し［ログイン］をクリックすることでログインする方法です。アカウントに電話番号の登録を行っている場合は、メールアドレスの代わりに電話番号を使用してログインすることもできます。

❶メールアドレスとパスワードを入力
おかえりなさい！
またお会いしましたね！
メールアドレスまたは電話番号 *
パスワード *
パスワードをお忘れですか？
ログイン
アカウントが必要ですか？ 登録
QRコードでログイン
こちらをDiscordモバイルアプリでスキャンすると、簡単ログインします。
❷［ログイン］をクリック

アカウント作成時に電話番号を登録した場合は、メールアドレスの代わりに入力してもOKです

●QRコードでログインする

アカウントに登録したメールアドレス（または電話番号）とパスワードを入力する代わりに、スマートフォンのDiscordアプリを使用することで、QRコードの読み取りから簡単にログインすることができます。

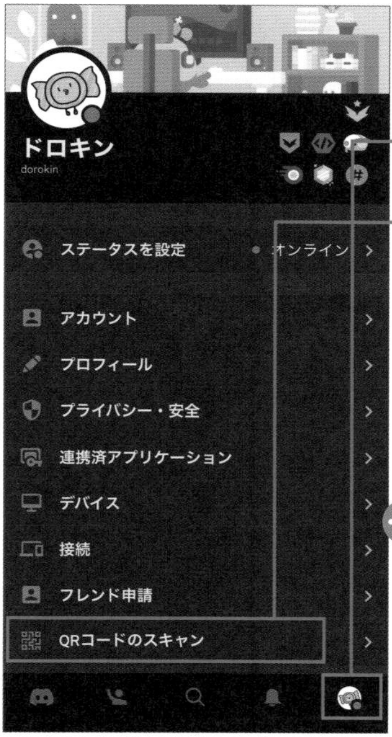

QRコードを読み取る前に、スマートフォン用アプリでログインしておきましょう

❶スマートフォン用アプリの画面右下の自分のアイコンをタップ

❷［QRコードのスキャン］をタップ

❸スマートフォンのカメラで、デスクトップアプリに表示されているQRコードを読み取る

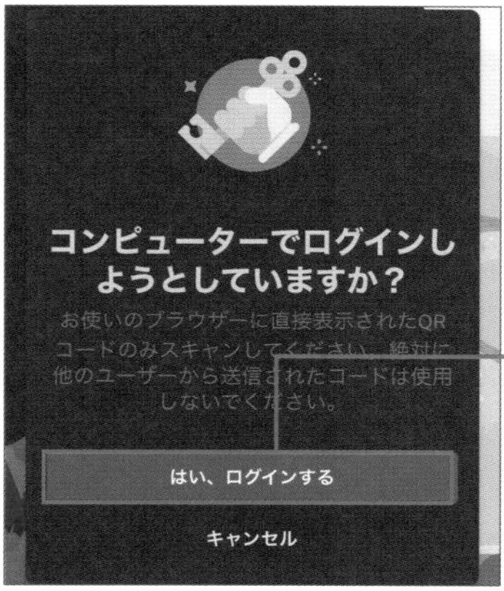

❹［はい、ログインする］をタップ

その後、スマートフォン用アプリ側で画面が切り替わり、「完了です！」と表示されます。同時に、デスクトップアプリ側でもログインが完了します

● スマートフォンアプリからログインする

スマートフォンアプリの場合は、**メールアドレス（または電話番号）とパスワードを入力**し［ログイン］をタップするだけです。

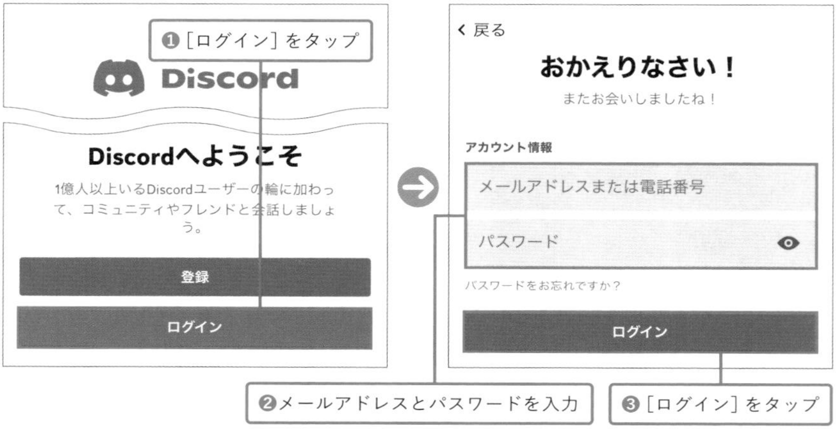

アカウント作成時に電話番号を登録した場合は、メールアドレスの代わりに入力してもOKです

● パスワードを忘れた場合の対処法（パソコン＆スマホ共通）

パスワードを忘れてアカウントにログインできない場合、パスワードを新しく作成し直すことができます。デスクトップアプリ、スマートフォンアプリどちらも同様の手順となるため、ここでは、デスクトップアプリの画面を例として掲載しています。

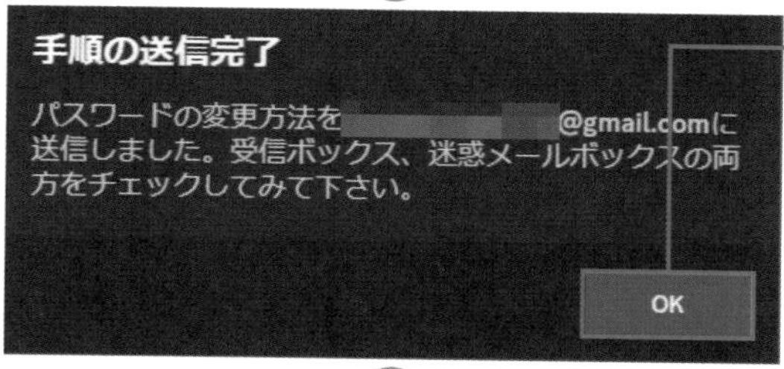
手順の送信完了
パスワードの変更方法を[redacted]@gmail.comに送信しました。受信ボックス、迷惑メールボックスの両方をチェックしてみて下さい。
OK

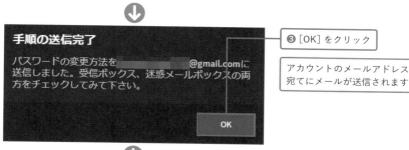

❸［OK］をクリック

アカウントのメールアドレス宛てにメールが送信されます

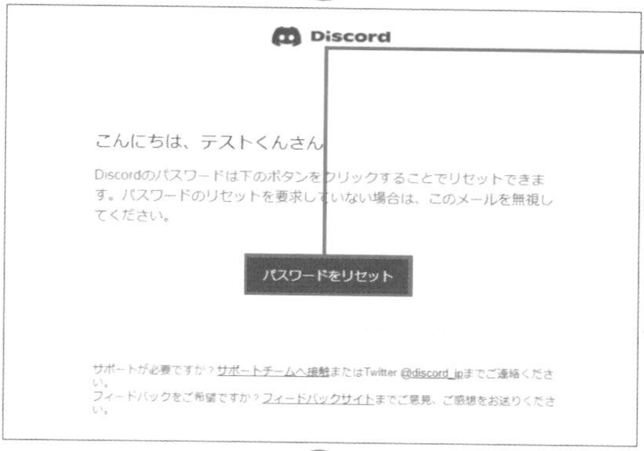
Discord
こんにちは、テストくんさん
Discordのパスワードは下のボタンをクリックすることでリセットできます。パスワードのリセットを要求していない場合は、このメールを無視してください。
パスワードをリセット
サポートが必要ですか？サポートチームへ接触またはTwitter @discord_jpまでご連絡ください。
フィードバックをご希望ですか？フィードバックサイトまでご意見、ご感想をお送りください。

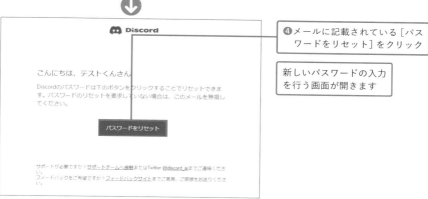

❹メールに記載されている［パスワードをリセット］をクリック

新しいパスワードの入力を行う画面が開きます

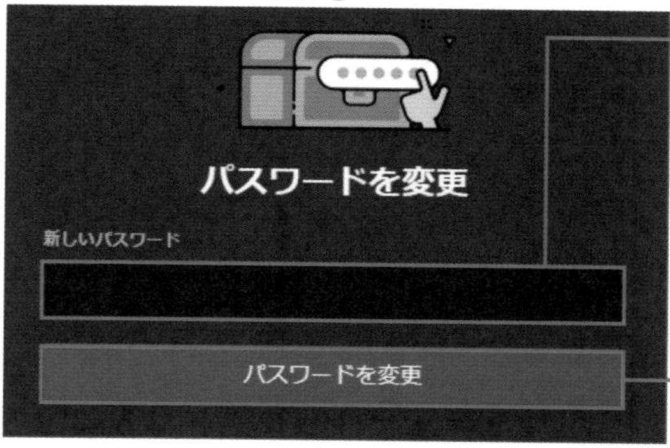
パスワードを変更
新しいパスワード
パスワードを変更

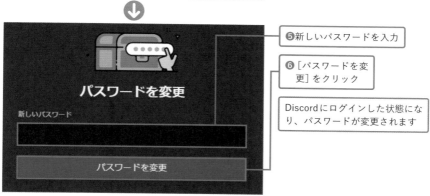

❺新しいパスワードを入力

❻［パスワードを変更］をクリック

Discordにログインした状態になり、パスワードが変更されます

Tips 電話番号からパスワードを作り直すには？

Discordのアカウント作成時にメールアドレスではなく、電話番号で登録した場合は、手順❶のところで電話番号を入力し、手順❷の［パスワードをお忘れですか？］をクリックします。すると、電話番号のSMS宛てに認証コードが送信されるので、コードを入力して認証します。あとは、上記の手順❺❻と同じ要領で、新しいパスワードを入力して変更すればOKです。

Section 09

画面の見え方をテーマから変更しよう！

Discordの画面は、デフォルトの状態では「ダーク」テーマが適用され、全体がダークグレーで表示されています。テーマは変更でき、画面全体の見栄えを、より自分好みに変更できます。

これ以降、本書では「ライト」テーマを用いて解説

Discordはデフォルトで「ダーク」テーマが適用され、背景はダークグレーで、テキストは白色で表示されます。ただ、これだとちょっと画面が暗いので、**本書では読みやすさを重視して、これ以降「ライト」テーマを用いて解説**します。

ここで、テーマの変更方法を紹介しますので、読者の皆さんもどちらか好きなほうを選んでみてください。

デスクトップアプリでテーマを変更する

まずパソコンのデスクトップアプリでテーマを変更する手順を紹介します。

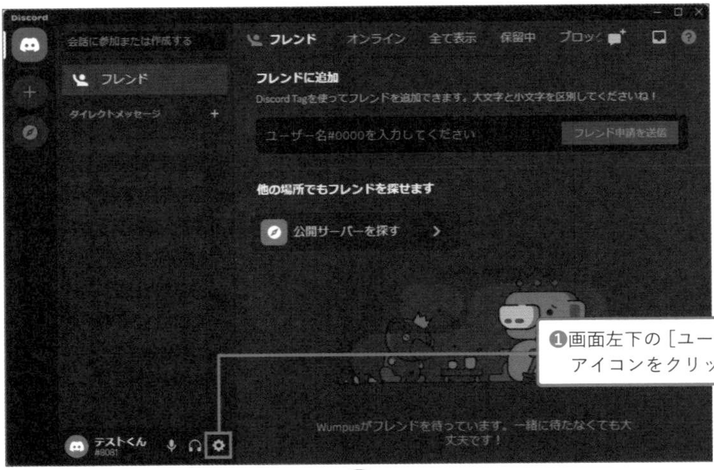

❶画面左下の［ユーザー設定］のアイコンをクリック

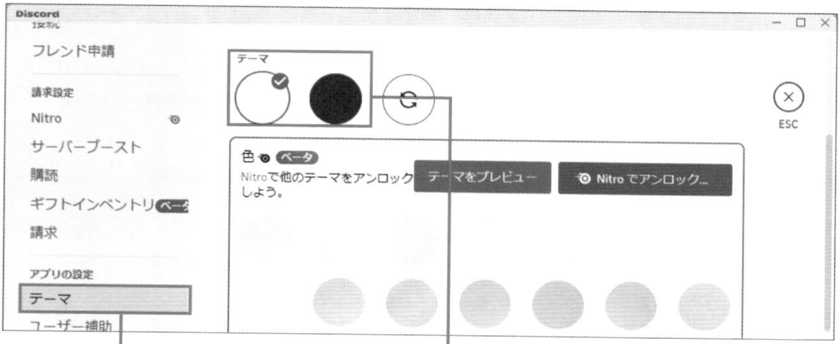

❷画面左のメニューをスクロールして、[テーマ]をクリック

❸[テーマ]の欄にある[ライト]をクリック

画面全体の見え方が変化します

● スマートフォンアプリでテーマを変更する

スマートフォンアプリの設定もデスクトップアプリと同様です。

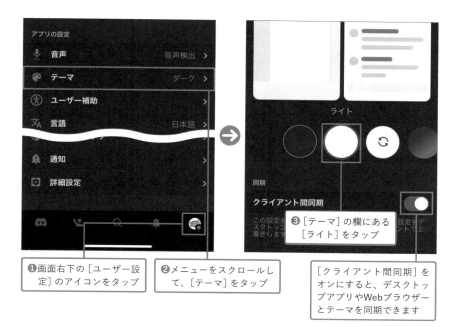

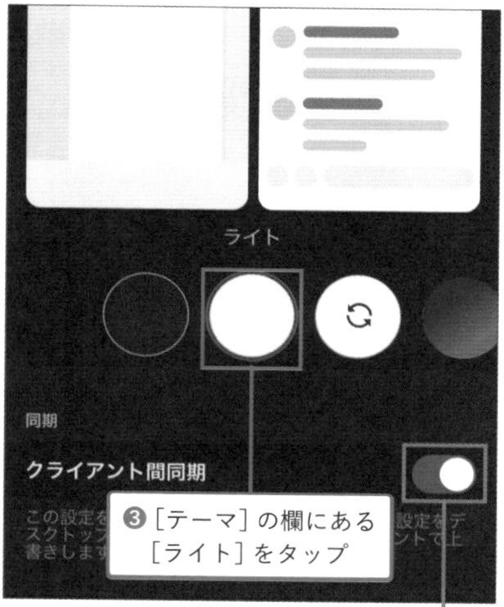

❸[テーマ]の欄にある[ライト]をタップ

❶画面右下の[ユーザー設定]のアイコンをタップ

❷メニューをスクロールして、[テーマ]をタップ

[クライアント間同期]をオンにすると、デスクトップアプリやWebブラウザーとテーマを同期できます

Section 10

ひとりじゃ意味がない。フレンドを追加しよう！

コミュニケーションツールであるDiscordを存分に楽しむには、話し相手が必要です。他のユーザーとフレンドとしてつながり、DMによる会話やボイスチャットをはじめるきっかけを作りましょう。

● フレンドとつながると可能なことは？

　Discordには特定のユーザーと「フレンド」になり、つながる機能があります。フレンドになると、フレンド欄に追加され、ダイレクトメッセージによる会話、グループチャットの作成、ボイスチャットなどの交流が容易になります。

　フレンドを追加するスタンダードな方法は、「ユーザーネーム」というユーザー固有のIDを知人に教えてもらい、このIDを手がかりにフレンド申請を行う方法です。以下、デスクトップアプリとスマートフォンアプリの両方で、申請手順を紹介します。

あらかじめユーザーネームを確認しておこう

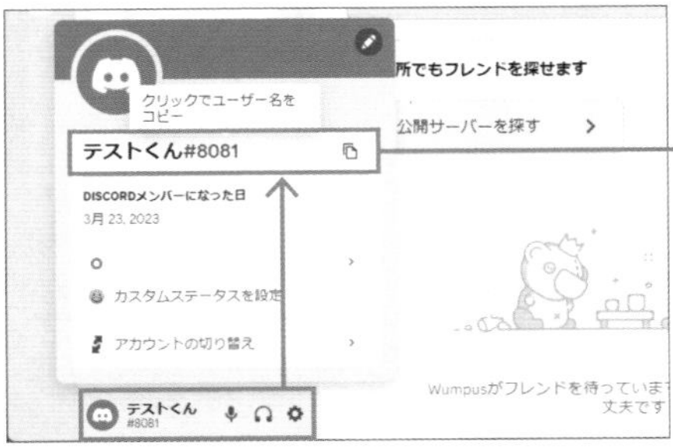

デスクトップアプリの場合、画面左下の自分のアカウント名をクリックすると、ユーザーネームが表示されます。このとき、マウスを重ねると右側に表示される［クリックでユーザー名をコピー］をクリックすると、ユーザーネームをクリップボードにコピーできます

そのほか、ユーザーのプロフィール画面からもユーザーネームを確認できます

● デスクトップアプリでフレンドを追加する

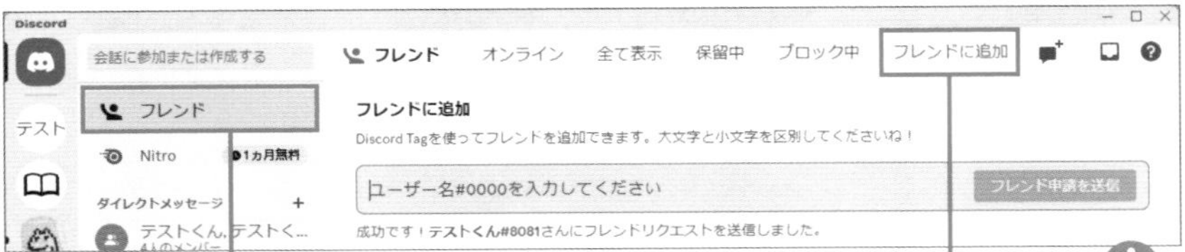

❶画面左上の［フレンド］をクリック

❷画面右上の［フレンドに追加］をクリック

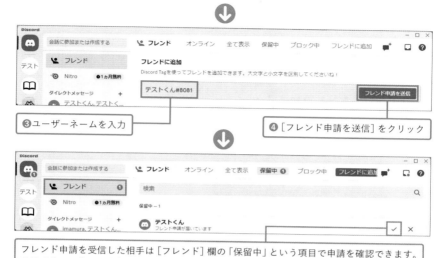

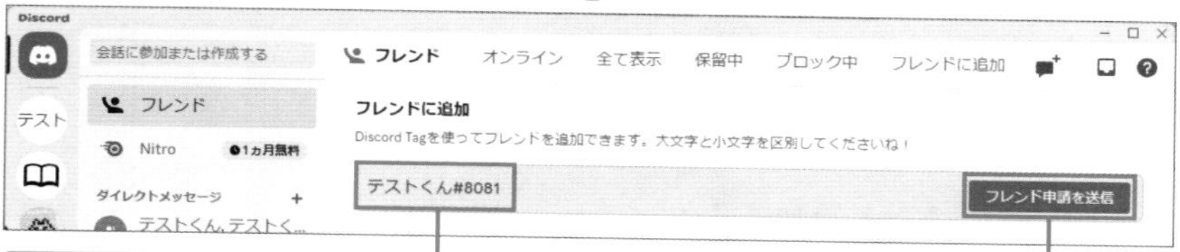

❸ユーザーネームを入力

❹［フレンド申請を送信］をクリック

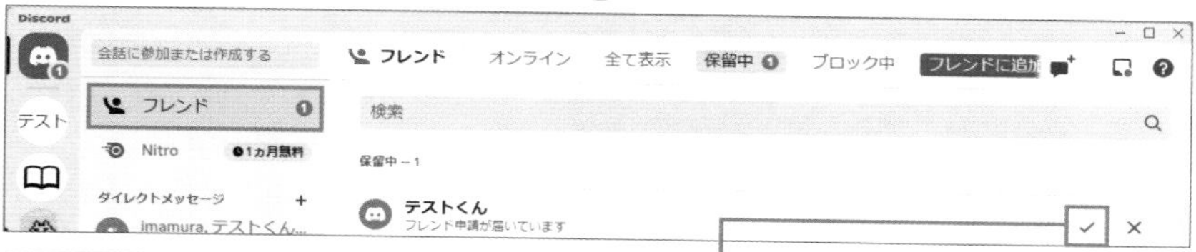

フレンド申請を受信した相手は［フレンド］欄の「保留中」という項目で申請を確認できます。ここでチェックマークをクリックし承認することで、お互いにフレンドになることができます

●スマートフォンアプリでフレンドを追加する

スマートフォンアプリの場合も、基本的にはデスクトップアプリと同様の手順でフレンドの追加が行えます。

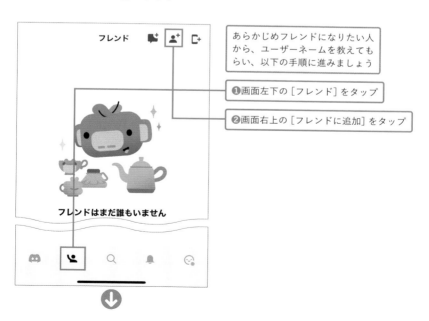

あらかじめフレンドになりたい人から、ユーザーネームを教えてもらい、以下の手順に進みましょう

❶画面左下の［フレンド］をタップ

❷画面右上の［フレンドに追加］をタップ

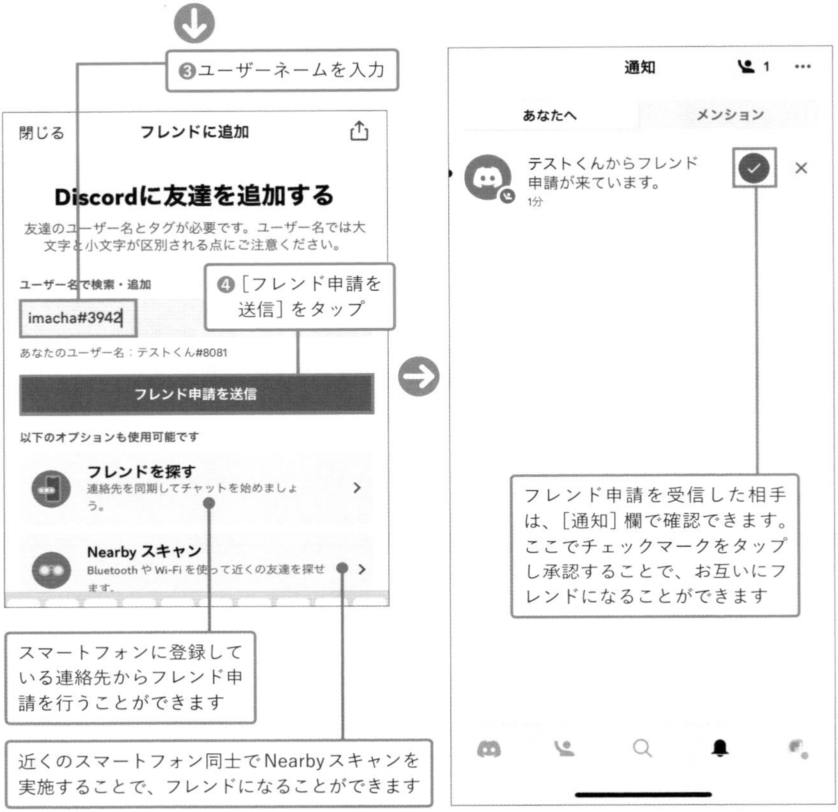
❸ユーザーネームを入力
閉じる
フレンドに追加
Discordに友達を追加する
友達のユーザー名とタグが必要です。ユーザー名では大文字と小文字が区別される点にご注意ください。
ユーザー名で検索・追加
imacha#3942
あなたのユーザー名：テストくん#8081
❹［フレンド申請を送信］をタップ
フレンド申請を送信
以下のオプションも使用可能です
フレンドを探す
連絡先を同期してチャットを始めましょう。
Nearby スキャン
Bluetooth や Wi-Fi を使って近くの友達を探せます。
スマートフォンに登録している連絡先からフレンド申請を行うことができます
近くのスマートフォン同士でNearbyスキャンを実施することで、フレンドになることができます
通知
あなたへ
メンション
テストくんからフレンド申請が来ています。
1分
フレンド申請を受信した相手は、［通知］欄で確認できます。ここでチェックマークをタップし承認することで、お互いにフレンドになることができます

● サーバー上で見かけた人とフレンドになるには？

これまで紹介したフレンドの追加方法はユーザーネームを教えてくれる人、つまり「知人」でなければなりません。では、**何かしらのサーバー上で見かけた「他人」（知り合いでない人）にフレンド申請をするにはどうしたらよい**でしょうか（サーバーに参加する方法は次のSectionで解説）？

最も手軽なのは、その人の**プロフィール画面を開き、フレンド申請する方法**です。これにより、「今まで会話したことがないけれども、サーバー上で見かける人」と手軽につながることができます。

パソコンの場合

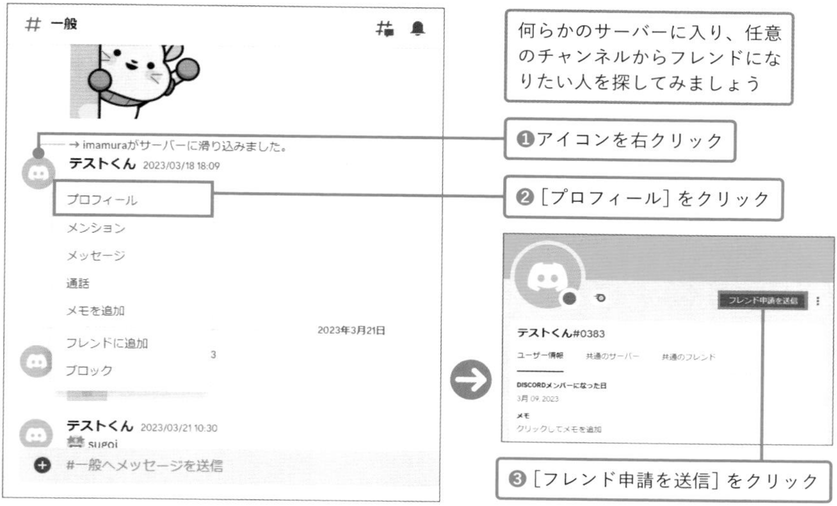

何らかのサーバーに入り、任意のチャンネルからフレンドになりたい人を探してみましょう

❶アイコンを右クリック

❷［プロフィール］をクリック

❸［フレンド申請を送信］をクリック

スマートフォンの場合

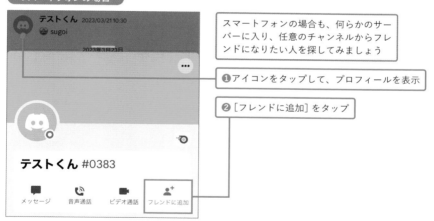

スマートフォンの場合も、何らかのサーバーに入り、任意のチャンネルからフレンドになりたい人を探してみましょう

❶アイコンをタップして、プロフィールを表示

❷［フレンドに追加］をタップ

Tips フレンド申請が送れない場合は？

Discordでフレンド申請が送れない場合、以下のような原因が考えられますので、確認するようにしましょう。

- **フレンド申請を送ろうとした相手が、フレンド申請を受信しない設定にしている**
- **フレンド申請を送ろうとした相手にブロックされている**
- **ユーザーネームの入力内容が間違っている**

Section 11

交流の要となるサーバーに参加しよう！

Discordを使っていくと、コミュニケーションの場はサーバーが中心になります。ビジネス向けの閉鎖的なコミュニティとして活用してもよし、趣味のコミュニティに参加して仲間を探すのもよし。楽しく活用しましょう。

● サーバーとは

「サーバー」とは**Discordのコミュニケーションの中心となる場**です。下図のように、1つのサーバー内に目的別の「チャンネル」が複数立てられることが一般的で、チャンネルごとにテキストチャットやボイスチャットによるコミュニケーションが行えます。

サーバーは、**公開サーバーと非公開サーバーに分かれますが、どちらの場合も「招待制」**になります。前者の場合は、そのサーバーを運営する企業や団体、個人が運営するWebサイトやSNS上で招待リンクが公開されています。後者の場合は、非公開のため、友人などから直接招待リンクを発行してもらうことになります（**サーバー名を右クリックして［友達を招待］から発行可能**）。

Discordサーバーの構成

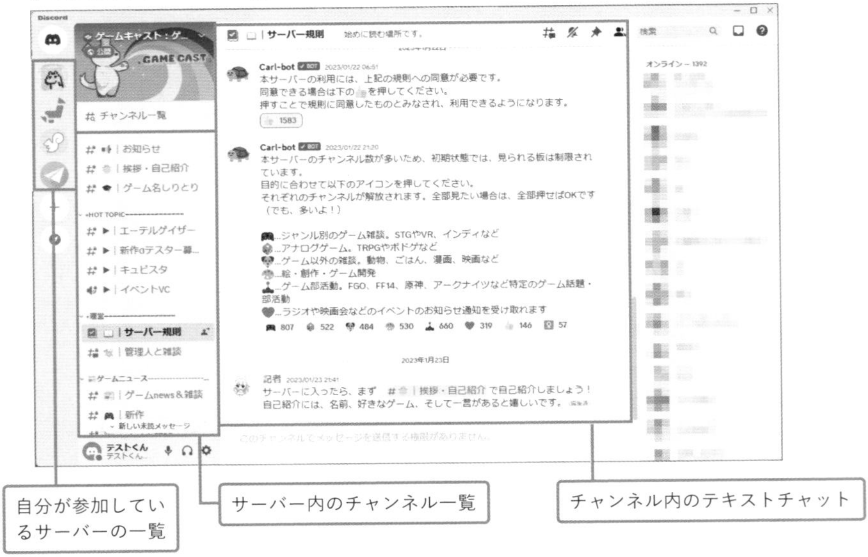
Discord
ゲームキャスト：ゲ...
GAME CAST
チャンネル一覧
お知らせ
挨拶・自己紹介
ゲーム名しりとり
HOT TOPIC
エーテルゲイザー
新作αテスター募...
キュピスタ
イベントVC
サーバー規則
管理人と雑談
ゲームニュース
ゲームnews＆雑談
新作
新しい未読メッセージ
テストくん
サーバー規則　始めに読む場所です。
Carl-bot BOT 2023/01/22 06:51
本サーバーの利用には、上記の規則への同意が必要です。
同意できる場合は下のを押してください。
押すことで規則に同意したものとみなされ、利用できるようになります。
1583
Carl-bot BOT 2023/01/22 21:20
本サーバーのチャンネル数が多いため、初期状態では、見られる板は制限されています。
目的に合わせて以下のアイコンを押してください。
それぞれのチャンネルが解放されます。全部見たい場合は、全部押せばOKです（でも、多いよ！）
...ジャンル別のゲーム雑談。STGやVR、インディなど
...アナログゲーム。TRPGやボドゲなど
...ゲーム以外の雑談。動物、ごはん、漫画、映画など
...絵・創作・ゲーム開発
...ゲーム部活動。FGO、FF14、原神、アークナイツなど特定のゲーム話題・部活動
...ラジオや映画会などのイベントのお知らせ通知を受け取れます
807 522 484 530 660 319 146 57
2023年1月23日
記者 2023/01/23 21:41
サーバーに入ったら、まず #挨拶・自己紹介 で自己紹介しましょう！
自己紹介には、名前、好きなゲーム、そして一言があると嬉しいです。
検索
オンライン — 1392
自分が参加しているサーバーの一覧
サーバー内のチャンネル一覧
チャンネル内のテキストチャット

● サーバーに参加する

サーバーの招待リンクは、下図の文字列で構成されています。サーバー招待リンクを取得したら、**先頭部分が異なっていないことを確認**しましょう。先頭部分が異なっている場合、招待リンクとは異なる別サイトへのリンクとなるため、注意しましょう。**特にわざと先頭部分の文字を似せているようなリンクである場合、悪意のあるサイト（フィッシングサイトなど）への誘導の可能性が高い**です。

招待リンクの先頭部分を必ずチェック！

https://discord.gg/XXXXXXXXX

先端部分は固定　　末尾部分はサーバーによって異なる

以下では、URLの確認を入念に行っていただきたいため、サーバーへの参加方法をパソコンのデスクトップアプリを例に紹介します。

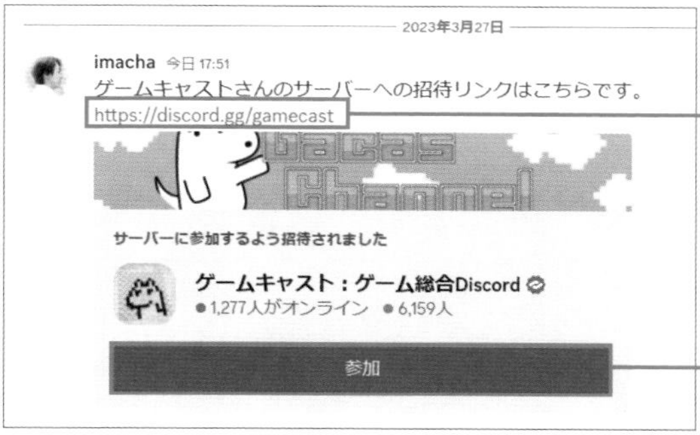
2023年3月27日
imacha 今日 17:51
ゲームキャストさんのサーバーへの招待リンクはこちらです。
https://discord.gg/gamecast
サーバーに参加するよう招待されました
ゲームキャスト：ゲーム総合Discord
1,277人がオンライン 6,159人
参加

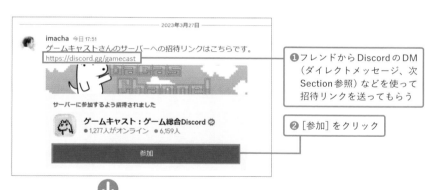

❶フレンドからDiscordのDM（ダイレクトメッセージ、次Section参照）などを使って招待リンクを送ってもらう

❷［参加］をクリック

ゲームキャスト：ゲーム総合Discordへようこそ
ここはゲーム情報サイトのゲームキャスト管理人が運営する、ゲームを楽しむための場所です。節度を守って楽しんでいってね。
まずはこれを！
入ったらまずはここを読んでね
サーバー規則
今は見るだけで

サーバーに参加すると、サーバーの画面に移動しますが、コミュニティサーバーの場合は、一番始めに「ようこそ画面」が表示されることがあります。サーバーの規則や一番初めに確認すべきチャンネルなどが書かれている場合があるので、しっかりと確認しましょう

❸「ようこそ画面」の指示に従い、サーバーに参加するためのリンクをクリック

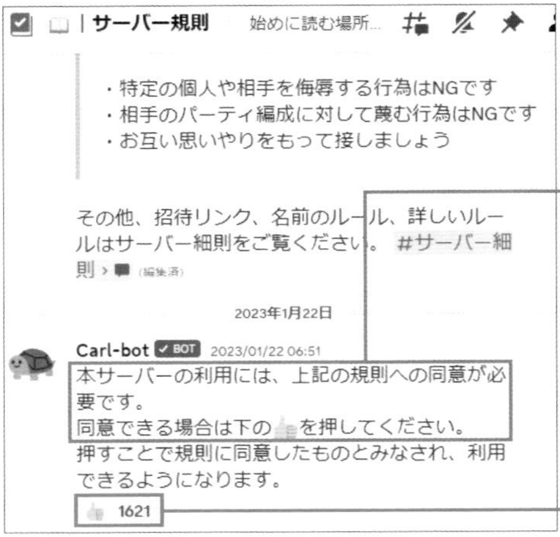
サーバー規則
始めに読む場所…
・特定の個人や相手を侮辱する行為はNGです
・相手のパーティ編成に対して蔑む行為はNGです
・お互い思いやりをもって接しましょう
その他、招待リンク、名前のルール、詳しいルールはサーバー細則をご覧ください。 #サーバー細則
(編集済)
2023年1月22日
Carl-bot BOT 2023/01/22 06:51
本サーバーの利用には、上記の規則への同意が必要です。
同意できる場合は下のを押してください。
押すことで規則に同意したものとみなされ、利用できるようになります。
1621

サーバーにより、利用規約が表示される場合があります。その場合も画面の指示に従い、同意しましょう

左のサーバーの場合は、リアクションのボタンをクリックすると、利用規約に同意したことになります

❹利用規約に同意するためにボタンをクリック（規約への同意方法はサーバーによって異なる）

Tips メールや他のSNSから招待リンクを得た場合は？

メールや他のSNSなどで招待リンクを送ってもらった場合は、Discordの画面左上にある［サーバーを追加］ボタンから招待リンクを自分で追加し、参加手続きに進むこともできます。

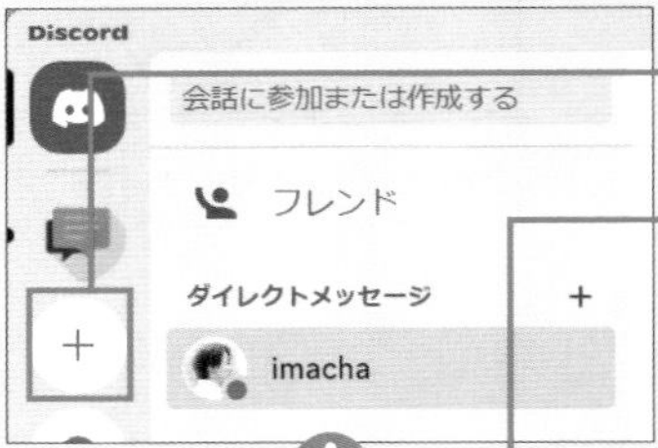
Discord
会話に参加または作成する
フレンド
ダイレクトメッセージ
imacha

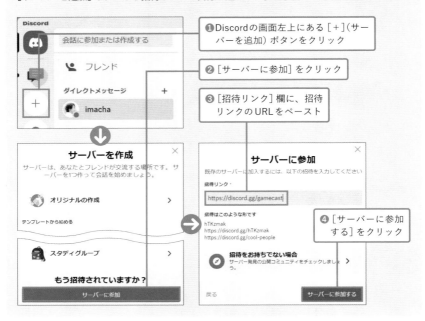

❶Discordの画面左上にある［＋］（サーバーを追加）ボタンをクリック

❷［サーバーに参加］をクリック

❸［招待リンク］欄に、招待リンクのURLをペースト

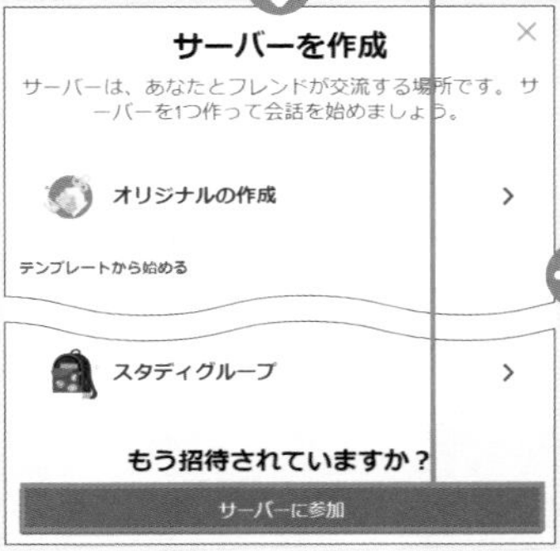
サーバーを作成
サーバーは、あなたとフレンドが交流する場所です。サーバーを1つ作って会話を始めましょう。
オリジナルの作成
テンプレートから始める
スタディグループ
もう招待されていますか？
サーバーに参加

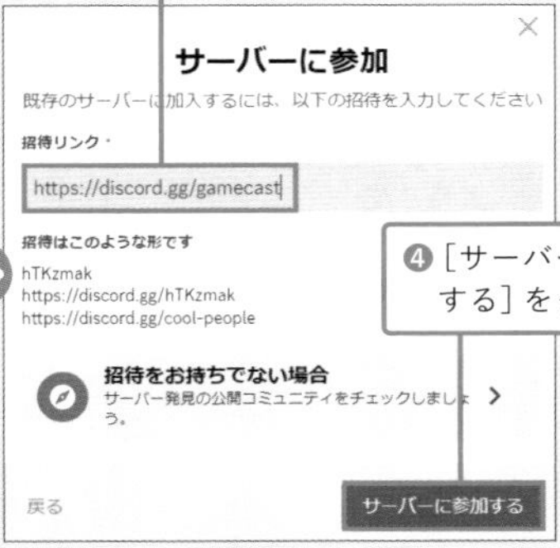
サーバーに参加
既存のサーバーに加入するには、以下の招待を入力してください
招待リンク *
https://discord.gg/gamecast
招待はこのような形です
hTKzmak
https://discord.gg/hTKzmak
https://discord.gg/cool-people
招待をお持ちでない場合
サーバー発見の公開コミュニティをチェックしましょう。
戻る
サーバーに参加する

❹［サーバーに参加する］をクリック

● 参加サーバーを整理しよう

複数のサーバーに参加した場合は、Discordの画面左上にアイコンがいくつも表示されるようになります。このアイコンは**よく使う順に並べ替えたり、同じジャンルやカテゴリごとに1つのフォルダにまとめたりできます。**

アイコンを並べ替える

Discordの画面左上にあるサーバーのアイコンを移動したいところへドラッグ

アイコンをフォルダにまとめる

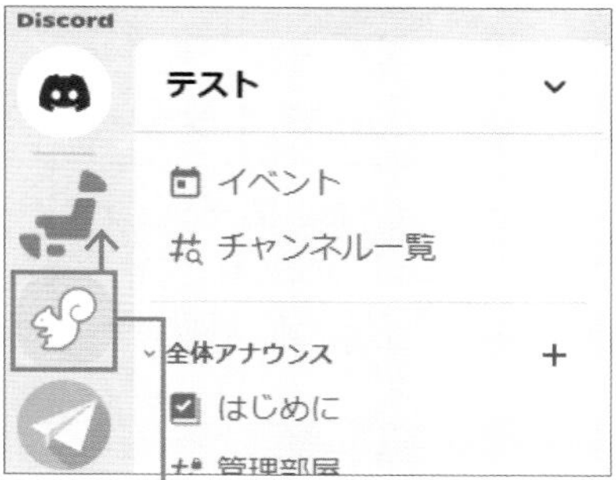

サーバーのアイコンをドラッグして、他のアイコンに重ねる

● サーバーから脱退する

サーバー名をクリックし、サーバーメニューから［サーバーから脱退］を選択することで、サーバーから脱退することができます。

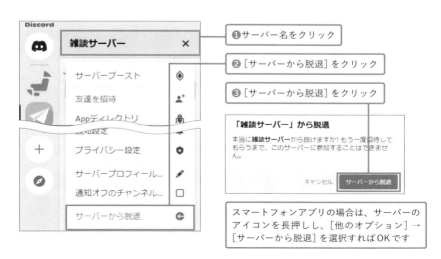

❶サーバー名をクリック

❷［サーバーから脱退］をクリック

❸［サーバーから脱退］をクリック

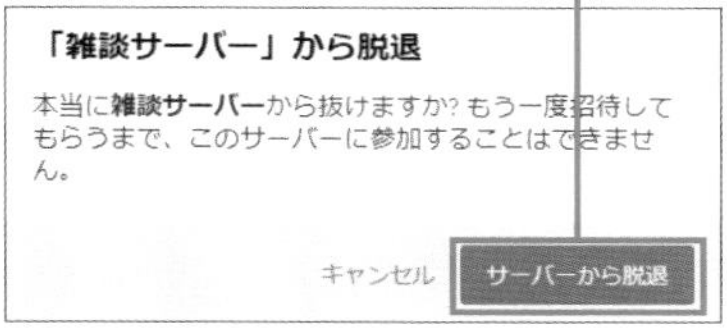
「雑談サーバー」から脱退
本当に雑談サーバーから抜けますか? もう一度招待してもらうまで、このサーバーに参加することはできません。
キャンセル
サーバーから脱退

スマートフォンアプリの場合は、サーバーのアイコンを長押しし、［他のオプション］→［サーバーから脱退］を選択すればOKです

Section 12 Discordでメッセージをやり取りしてみよう！

Discordでは他人とメッセージのやり取りを行う機能として、サーバーとDM（ダイレクトメッセージ）の2つが存在します。どちらの機能も把握しておくことで、用途によって使い分けられるようになります。

● サーバーでメッセージをやり取りする

「サーバー」とは、同一コミュニティ内のメンバー同士が会話するためのグループチャットのようなものです。サーバーに参加すると、Discord上ではパソコン、スマートフォンともに画面左側にアイコンで表示されます。

パソコンの場合　　スマートフォンの場合

パソコン、スマートフォンともに、参加したサーバーは画面左側にアイコンで表示され、選択すると中に入ることができます。この中で、メンバー同士でグループチャットを行うことができます

Tips 事前にサーバーに参加しておこう

前Sectionで解説したとおり、Discordサーバーは招待制です。パブリックで公開されている招待リンクを取得するか、友人や知り合いなどからそのサーバーの招待リンクをもらって、事前に何かのサーバーに参加しておきましょう。

● テキストチャンネルとボイスチャンネル

サーバー内では「**テキストチャンネル**」という、特定のトピックや目的に関連したテキストチャットを行うスペースが利用できます。また、「**ボイスチャンネル**」という音声通話も利用可能です。チャンネルへの書き込みは、そのチャンネルを閲覧できる権限のあるユーザーなら誰でも確認することができます。

パソコンの場合

スマートフォンの場合

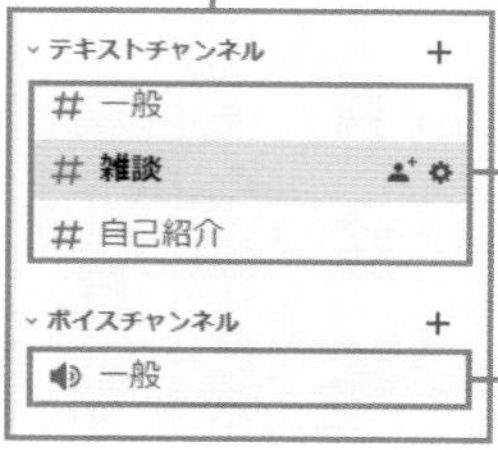

テキストチャンネル。自己紹介や雑談など、メンバー同士でチャットを行えます。チャンネル名の頭には「#」が付きます

ボイスチャンネル。メンバー同士で音声通話が行えます

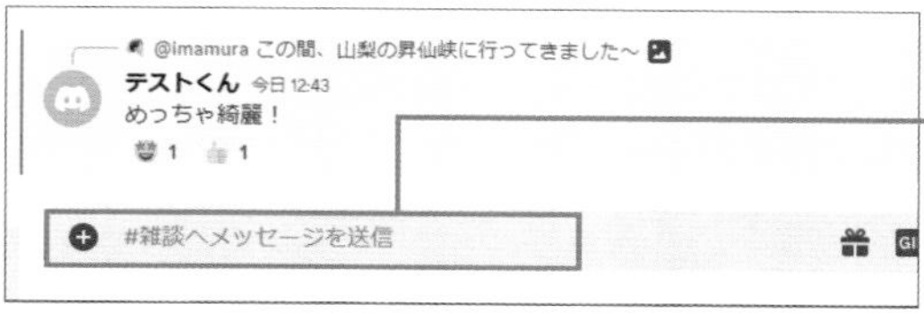

テキストチャンネルに書き込む権限のあるユーザーは、テキストチャンネルに入り、画面下の入力欄にメッセージを入力すれば、チャットを開始できます

DMでやり取りする

ダイレクトメッセージ（以下、DM）機能は、Discordユーザー間の私的なチャット機能です。1対1またはグループチャット形式で会話でき、音声通話も利用できます。DMのメッセージは、DMに参加しているユーザーにのみ共有されます。DMは、同じサーバーに参加しているユーザー、またはフレンド間で利用可能です。

パソコンの場合

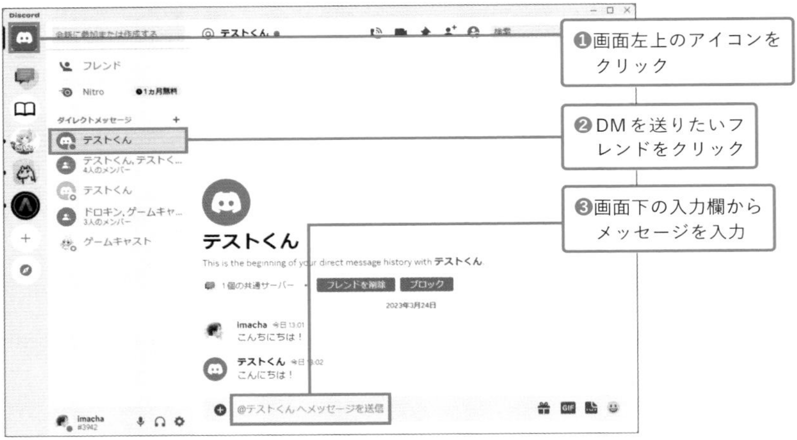

❶画面左上のアイコンをクリック
❷DMを送りたいフレンドをクリック
❸画面下の入力欄からメッセージを入力
フレンド
Nitro
ダイレクトメッセージ
テストくん
ゲームキャスト
テストくん
This is the beginning of your direct message history with テストくん.
フレンドを削除
ブロック
imacha
こんちにちは！
こんにちは！
@テストくんへメッセージを送信

スマートフォンの場合

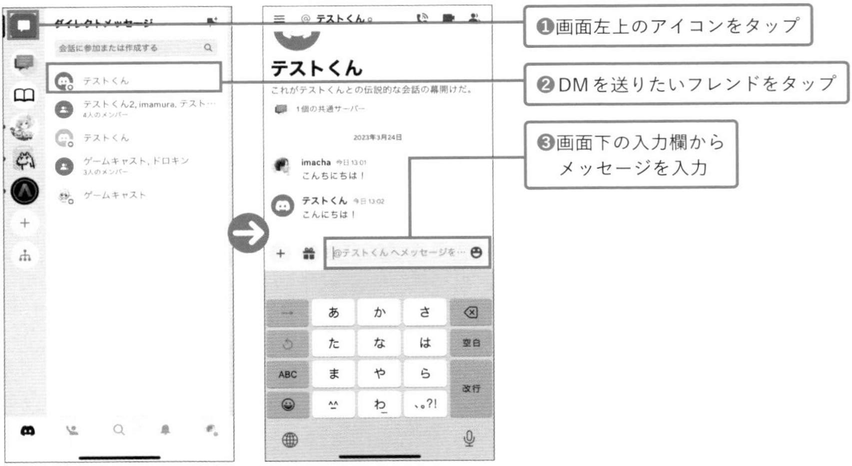

❶画面左上のアイコンをタップ
❷DMを送りたいフレンドをタップ
❸画面下の入力欄からメッセージを入力
ダイレクトメッセージ
会話に参加または作成する
テストくん
テストくん
これがテストくんとの伝説的な会話の幕開けだ。
1個の共通サーバー
imacha
こんちにちは！
こんにちは！
@テストくんへメッセージを…

DMのさまざまな便利機能

フレンドとDMを開始すると、音声通話やビデオ通話、またグループチャットなど、さまざまな機能が利用できるようになります。

パソコンの場合

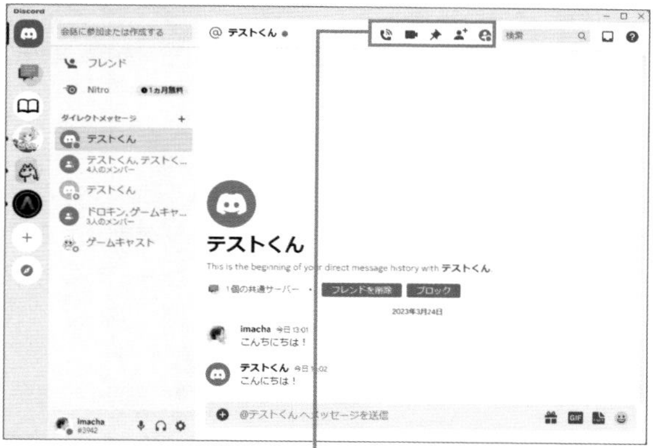

音声通話

ビデオ通話

メッセージのピン留め

現在のDMにフレンドを追加する（複数人でDMが行えるグループチャット）

スマートフォンの場合

スマートフォンの場合、人型のアイコンをタップするか、画面右端を左方向にスワイプすると、隠れている機能を表示できます

Tips メッセージが受信されないときは？

同じサーバーを共有していても、相手のプライバシー設定の［サーバーにいるメンバーからのダイレクトメッセージを許可する］がオフになっていた場合（Section 32「②DMの受信設定を行う」を参照）、メッセージを送信しても受信されません。その場合は、サーバー上で連絡を取りましょう。
上記以外にも、DMが受信されない原因としては下記が挙げられます。

- **受信者と同じサーバーにいない**
- **受信者と同じサーバーにいるが、受信者がメンバーシップ要件を満たしていない**
- **受信者がフレンドからのDMのみを許可している**
- **受信者からブロックされている**

Section 13

メッセージを編集したり削除したりするには？

Discordのサーバー及びDMを含むテキストチャットでは、メッセージを送信して交流するだけでなく、多様な機能を利用できます。ここでは、よく使う機能として、メッセージの編集と削除の方法を紹介します。

● メッセージを編集する

サーバーやDMで**一度送信したメッセージは、編集することができます**。パソコンの場合は編集したいメッセージを右クリックし、［メッセージを編集］をクリックすればOKです。スマートフォンの場合は編集したいメッセージを長押しすると表示される［メッセージを編集］をタップすればOKです。

パソコンの場合

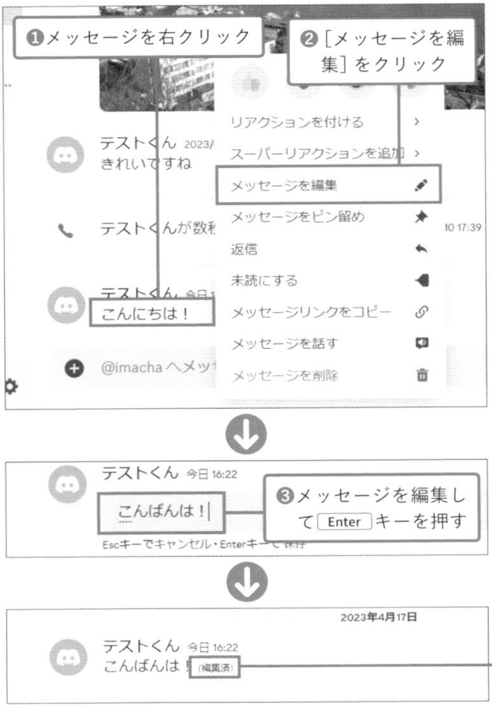

メッセージが再投稿され、［編集済］と表示されます

スマートフォンの場合

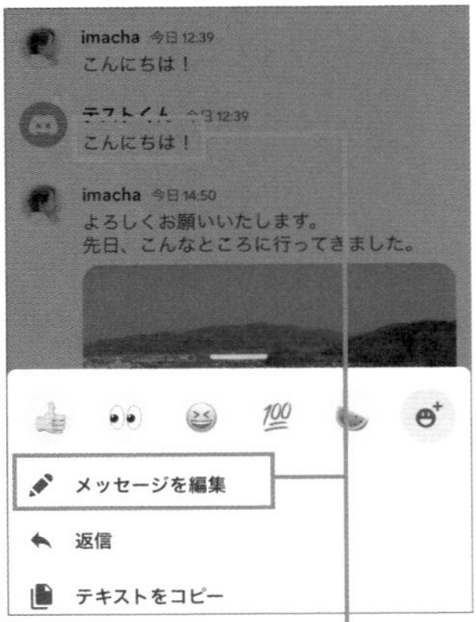

スマートフォンの場合は、メッセージを長押しすると表示される［メッセージを編集］から編集が行えます

メッセージを削除する

既に送信した**自分のメッセージを削除**することもできます。パソコンの場合は、削除したいメッセージを右クリックし、[メッセージを削除] をクリックすればOKです。スマートフォンの場合は削除したいメッセージを長押しすると表示される [メッセージを削除] をタップすればOKです。

なお、サーバーの場合、「メッセージの管理」の権限をもつロールが割り当てられているユーザーであれば、自分のメッセージ以外に、他のユーザーのメッセージを削除することも可能です。

パソコンの場合

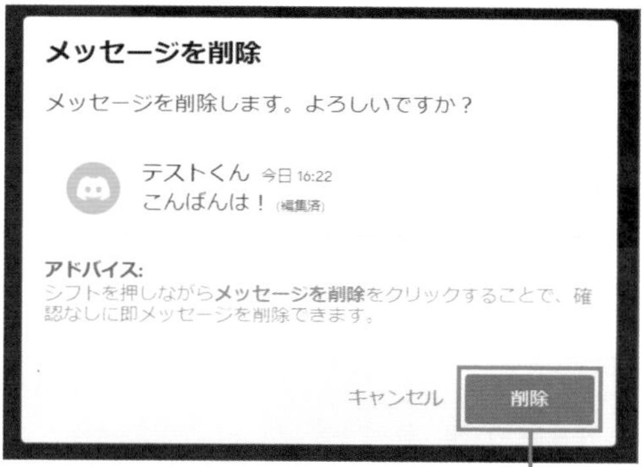

メッセージを削除
メッセージを削除します。よろしいですか？
テストくん 今日 16:22
こんばんは！ (編集済)
アドバイス:
シフトを押しながらメッセージを削除をクリックすることで、確認なしに即メッセージを削除できます。
キャンセル
削除

❸ [削除] をクリック

スマートフォンの場合

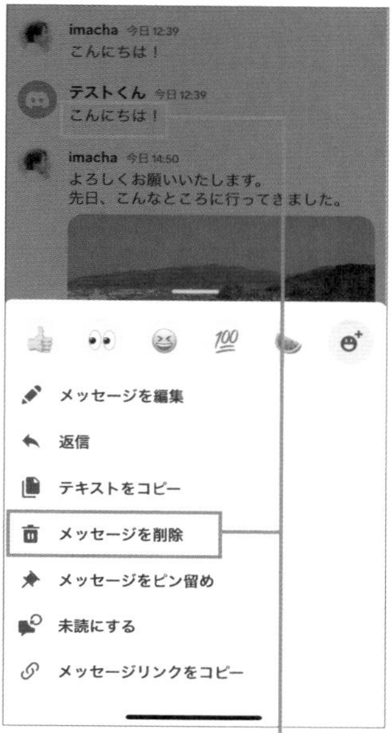

スマートフォンの場合は、メッセージを長押しすると表示される [メッセージを削除] から削除が行えます

Section 14

メンションしたり返信したりするには？

Discordのサーバー及びDMを含むテキストチャットでは、メッセージを送信して交流するだけでなく、多様な機能を利用できます。ここでは、特定の相手にメッセージを通知するメンションと返信の仕方について紹介します。

メンションとは

「メンション」とは、特定の相手にメッセージを通知する機能です。メッセージの入力欄に半角の「@」（アットマーク）を入力した後、ユーザー名やロール名を記述することで、そのユーザーに対して通知を送信することができます。

重要な情報を相手に知らせたい場合や、タイムライン上のメッセージ量が多く、重要な情報が埋もれてしまう場合などに役立ちます。

特定のユーザーにメンションをする

メンションできる相手は、DMであればグループチャットを形成しているユーザー、サーバーであれば同じサーバー内にいるユーザーです。なお、**メンションのやり方はパソコンもスマートフォンも同じなので、このSectionではパソコンを例に解説**します。

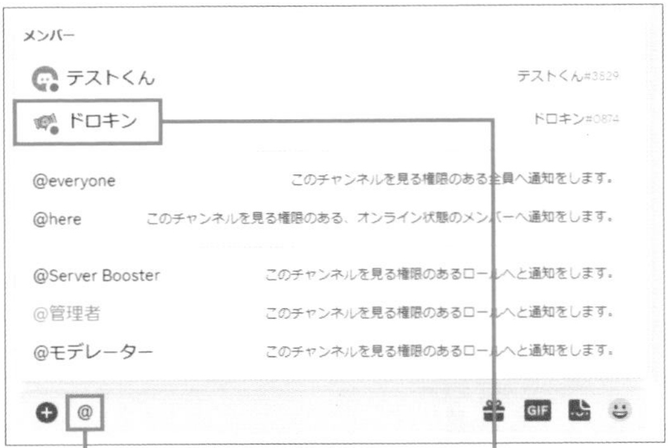

メンバー
テストくん
テストくん#3829
ドロキン
ドロキン#0874
@everyone
このチャンネルを見る権限のある全員へ通知をします。
@here
このチャンネルを見る権限のある、オンライン状態のメンバーへ通知をします。
@Server Booster
このチャンネルを見る権限のあるロールへと通知をします。
@管理者
このチャンネルを見る権限のあるロールへと通知をします。
@モデレーター
このチャンネルを見る権限のあるロールへと通知をします。
@
GIF

❶メッセージの入力欄に半角で「@」と入力

❷候補が表示されるので、メンションをする相手を選択

Tips 候補が多すぎて、目的の相手が見つからない場合は？

サーバーやDM内にユーザーが多い場合、候補が多く、自分がメンションをしたい相手が表示されない場合があります。そんなときは、相手のユーザー名を先頭から入力することで、候補を絞りましょう。
例えば、下記はユーザー名「ドロキン」にメンションするために、@の後ろに「ド」を入力することで、候補をユーザー名が「ド」から始まるユーザーに絞っています。

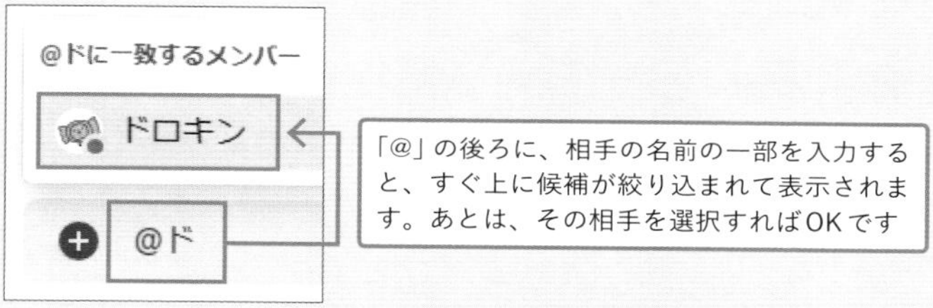
@ドに一致するメンバー
ドロキン
@ド
「@」の後ろに、相手の名前の一部を入力すると、すぐ上に候補が絞り込まれて表示されます。あとは、その相手を選択すればOKです

「@」を入力して、候補からユーザーを選択すると、「@ユーザー名」と入力欄に表示されます。複数のユーザーを選択することも可能です。「@ユーザー名」を入力したあとは、続けてメッセージを入力することで、メンションをした状態で、メッセージを送信できます。

@ドロキン
テストくん 今日 21:16
@ドロキン こんにちは！
❸「@ユーザー名」が入力されていることを確認
❹続けてメッセージを入力して送信

Tips パソコンなら、ユーザー名やアイコンからもメンションできる

パソコン版のデスクトップアプリを使っていて、サーバー及びDM内に3人以上のユーザーがいる場合は、タイムライン上のユーザー名、またはアイコンを右クリックしたときに表示される［メンション］をクリックすることでもメンションできます。

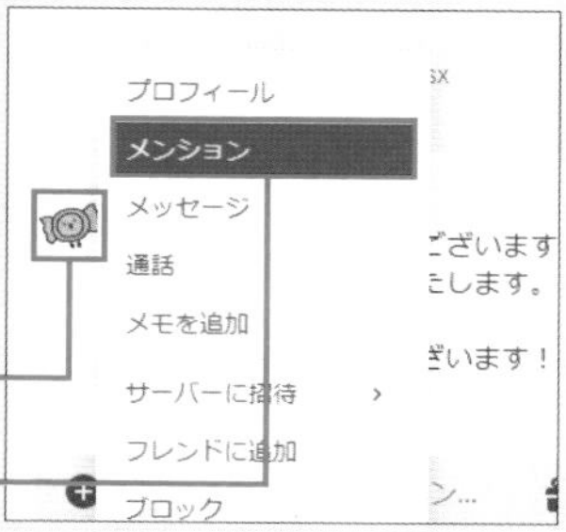
プロフィール
メンション
メッセージ
通話
メモを追加
サーバーに招待
フレンドに追加
ブロック

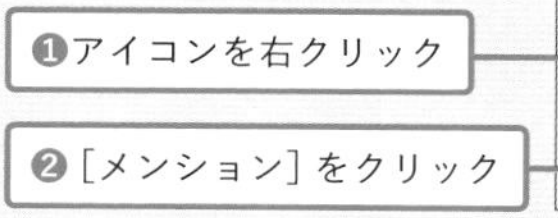
❶アイコンを右クリック
❷［メンション］をクリック

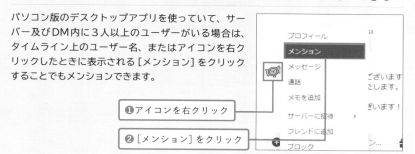

● 全ユーザーにメンションをする

複数のユーザーに対して、一斉にメンションを送ることも可能です。その際、**「@everyone」、「@here」の２種類のメンションが存在**し、次表のような使い分けが可能です。**@everyoneは全ユーザーへ、@hereは全ユーザーのうちオンライン限定**で通知します。非常に広範囲に通知が飛ぶため、全体で共有すべき重要な連絡などで使用しましょう。

@everyoneと@hereの違い

	サーバーの場合	DMの場合
@everyone	サーバーに参加しているすべてのユーザー	DMに参加しているすべてのユーザー
@here	サーバーに参加しているすべてのオンラインユーザー	DMに参加しているすべてのオンラインユーザー

● 権限がある場合と、ない場合の表示の違いについて

下図は使用権限のあるユーザーが「@everyone」を入力した場合の様子です。

左側にハイライトが表示されています
テストくん 今日 21:21
@everyone

一方、下図は権限のないユーザーが「@everyone」を入力した場合の様子です。違いは、権限の設定によって**使用が制限されている場合は、左側にハイライトが表示されない**ことです。

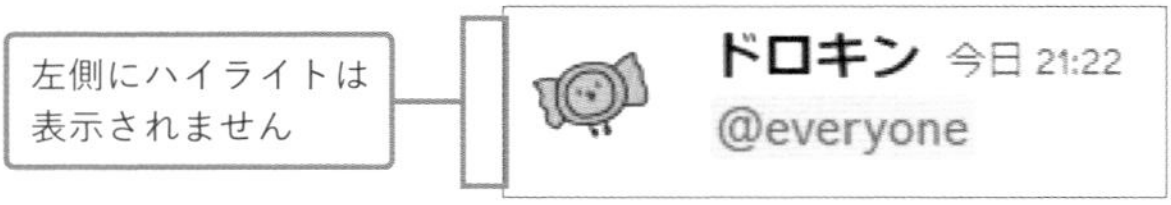
左側にハイライトは表示されません
ドロキン 今日 21:22
@everyone

この状態は、全員へ通知するメンションであるにもかかわらず、自分に通知が来ていないということであり、結果として誰にもメンションされておらず、通知も行われていません。

@everyone、@hereを使用するには、サーバー上で［@everyone、@here、全てのロールにメンション］の権限が必要となります。

特定のロールへメンションする

サーバー上では、**特定のロールを対象としてメンションすることが可能**です（ロールについてはSection 42で解説）。メンションを行ったロールに属しているメンバー全員へ通知が行われます。特定のロールへのメンションを使用するには、ロール側の設定で［このロールに対して@mentionを許可する］がオンになっている必要があります。また、サーバー上で［@everyone、@here、全てのロールにメンション］の権限を保有している場合、ロール側の設定に関係なく使用できます。例えば、「管理者」というロールが存在するサーバーで、管理者全員へメンションを行いたい場合は、下記の手順のように行います。

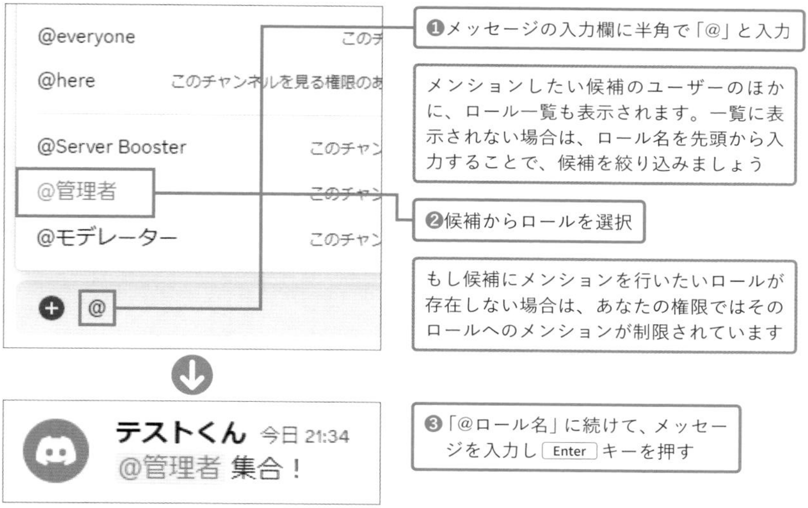
@everyone
@here
このチャンネルを見る権限のあ
@Server Booster
@管理者
@モデレーター
@
❶メッセージの入力欄に半角で「@」と入力
メンションしたい候補のユーザーのほかに、ロール一覧も表示されます。一覧に表示されない場合は、ロール名を先頭から入力することで、候補を絞り込みましょう
❷候補からロールを選択
もし候補にメンションを行いたいロールが存在しない場合は、あなたの権限ではそのロールへのメンションが制限されています
テストくん 今日 21:34
@管理者 集合！
❸「@ロール名」に続けて、メッセージを入力し Enter キーを押す

メンションを受けた場合の見え方

メンション付きメッセージは、**背景色がハイライト**されます。

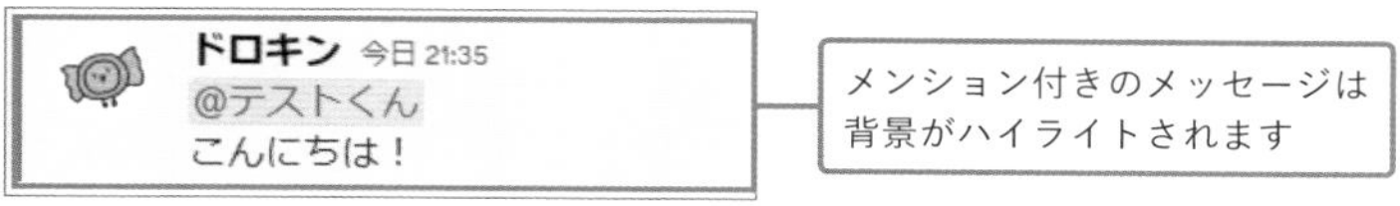

メンションを受けた場合の通知のされ方

また、相手が通知設定をオンにしている場合は、下図のようにメンションを受けた**サーバーのアイコンとチャンネルに、赤い数字の通知マークが表示**されます。この表示はパソコンとスマートフォンで共通です。

サーバーとチャンネルへの通知

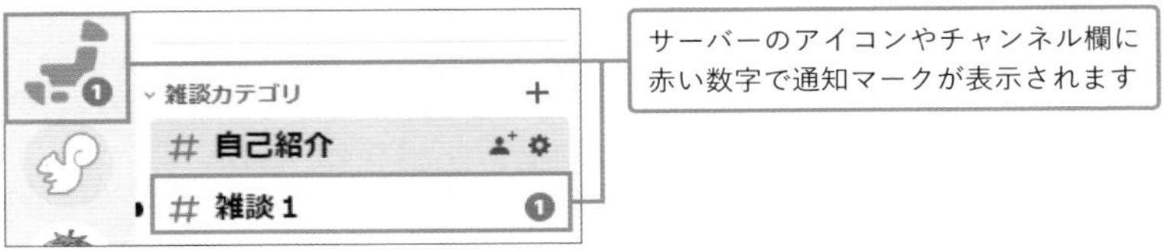

そのほか、パソコンのデスクトップアプリでは画面右上の受信ボックスから、スマートフォンアプリでは通知欄からも、メンションを確認できます。

パソコンの場合

スマートフォンの場合

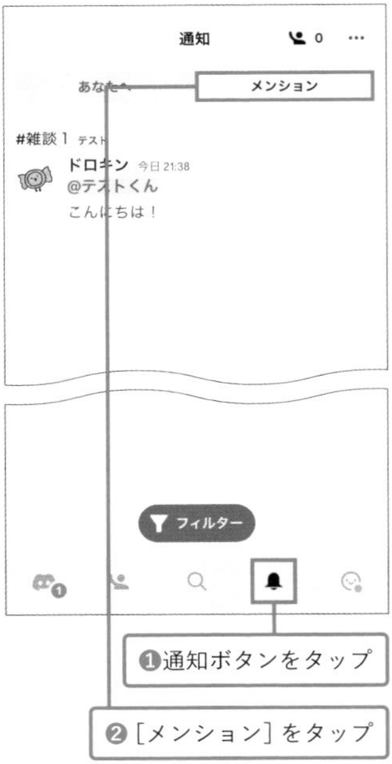

メッセージに返信する

すでに送信された自分のメッセージ、または他人のメッセージに対して「**返信**」することができます。返信を使用することで、特定のメッセージに対する意見やコメントを、直接そのメッセージと関連付けて表示することができます。

これにより、メッセージを読む際に、どのメッセージに対するコメントなのかが明確になり、読み手が理解しやすくなります。また、**返信を受けたメッセージを書き込んだユーザーに通知が届く**ため、返信された側もそのことに気づきやすくなります。

使い方は、パソコンのデスクトップアプリの場合には返信したいメッセージを右クリック、スマートフォンアプリの場合は長押しをしたあとに、[返信] を選択するだけです。

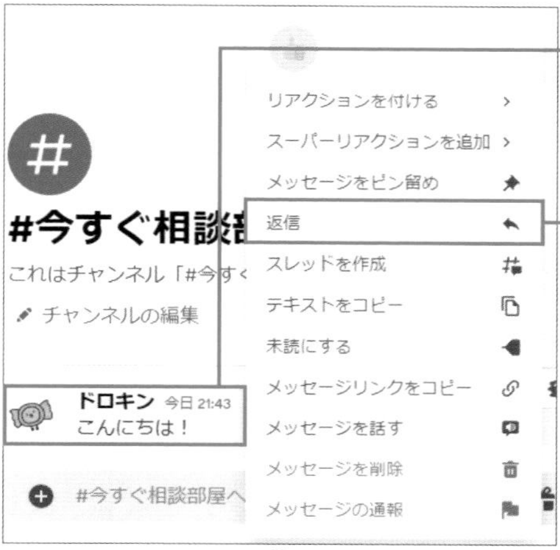

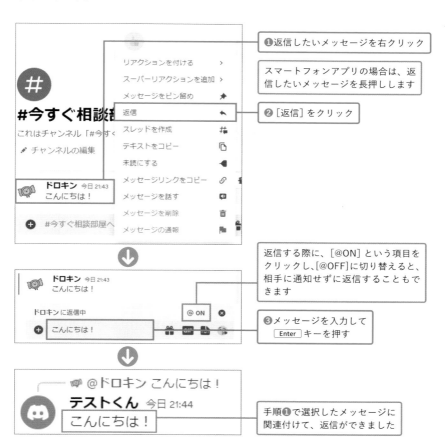

❶返信したいメッセージを右クリック

スマートフォンアプリの場合は、返信したいメッセージを長押しします

❷［返信］をクリック

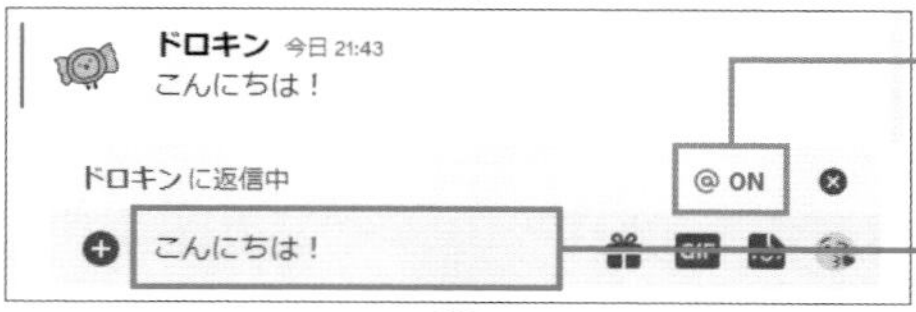

返信する際に、[@ON] という項目をクリックし、[@OFF] に切り替えると、相手に通知せずに返信することもできます

❸メッセージを入力して Enter キーを押す

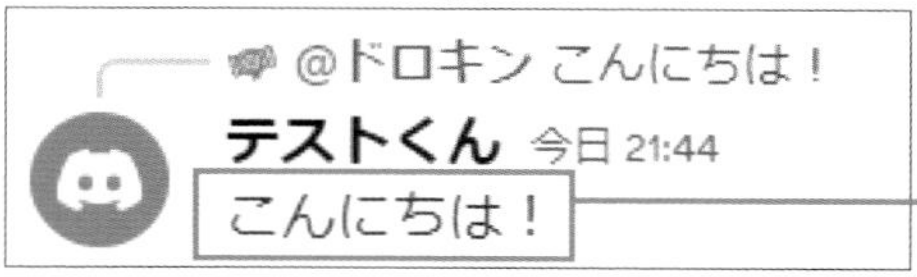

手順❶で選択したメッセージに関連付けて、返信ができました

Section 15

メッセージでファイルを送信するには？

Discordのサーバー及びDMを含むテキストチャットでは、メッセージに画像、音楽ファイル、動画ファイルなどを付けて送信することもできます。メッセージから送信したファイルは、チャット上で閲覧できます。

●送信できるファイルの種類とサイズは？

Discordのメッセージで送信できるファイルの種類と形式は下表の通りです。

一方、送信できるファイルサイズは通常8MBまでですが、Nitroユーザー（Section 30参照）であれば、500MBまでアップロード可能となります。また、サーバーブーストによってレベルが2になっているサーバーについては、どのユーザーでも50MBまで、レベル3であれば100MBまでのサイズのアップロードが可能です。

送信できるファイルの種類と形式

ファイルの種類	ファイル形式
画像	JPEG、PNG、GIFなど
音声	MP3、M4A、WAVなど
動画	MP4、MOV、AVIなど
ドキュメント	TXT、PDF、ZIP、DOCX、XLSX、PPTXなど

テキストチャットに送信された音声と動画

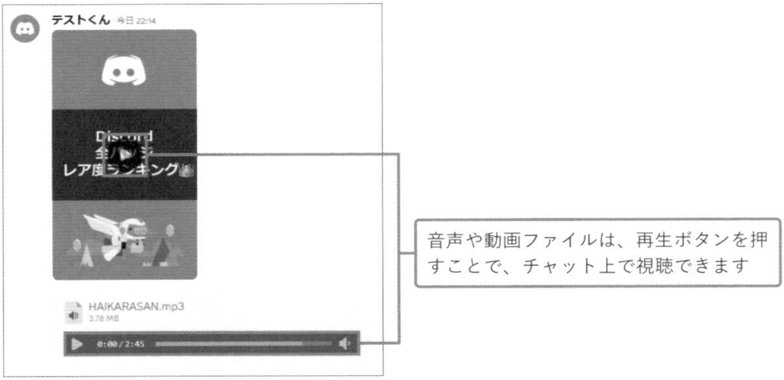
テストくん 今日 22:14
HAIKARASAN.mp3
3.78 MB
0:00 / 2:45
音声や動画ファイルは、再生ボタンを押すことで、チャット上で視聴できます

●デスクトップアプリでファイルを送信する

まずは、パソコンのデスクトップアプリでファイルを送信する方法を紹介します。サーバー及びDMでのメッセージで、やり方に違いはありません。

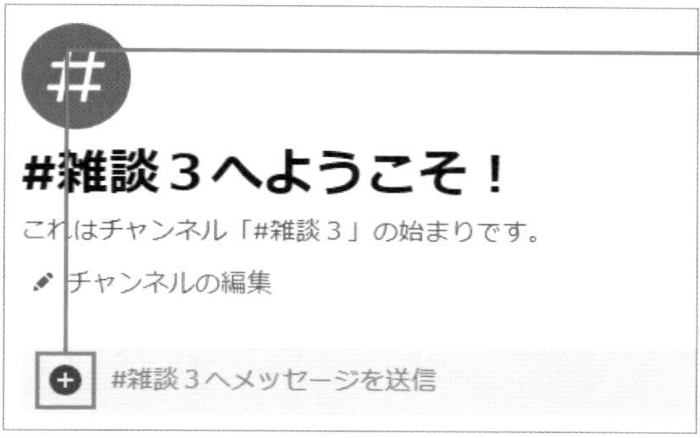

❶メッセージの入力欄にある［+］をクリック

［+］をダブルクリックしても、ファイルの送信機能が利用できます

❷［ファイルをアップロード］をクリック

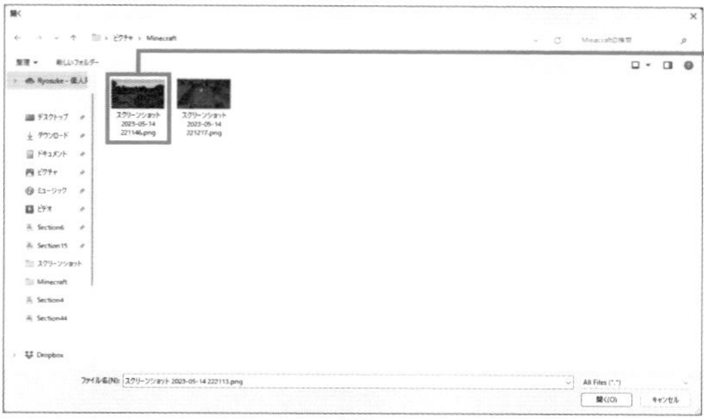

❸送信したいファイルをダブルクリック

#雑談３へようこそ！
これはチャンネル「#雑談３」の始まりです。
チャンネルの編集
スクリーンショット 2023-05-...
#雑談３へメッセージ...
GIF

チャット欄にファイルのプレビューが表示されました

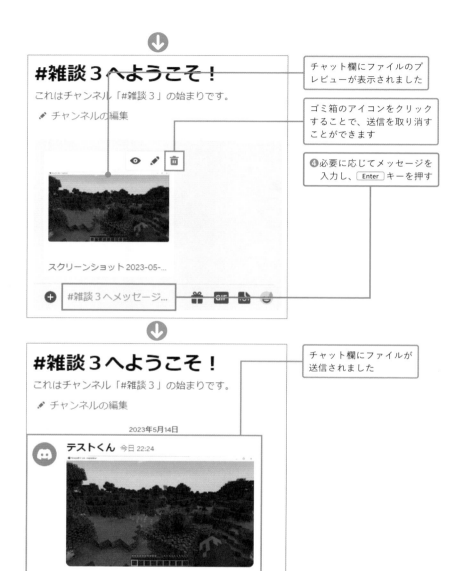

ゴミ箱のアイコンをクリックすることで、送信を取り消すことができます

❹必要に応じてメッセージを入力し、Enterキーを押す

#雑談３へようこそ！
これはチャンネル「#雑談３」の始まりです。
チャンネルの編集
2023年5月14日
テストくん 今日 22:24
#雑談３へメッセージ...
GIF

チャット欄にファイルが送信されました

Tips **ドラッグ＆ドロップでも送信できる**

パソコンのデスクトップアプリなら、チャット欄にファイルを直接ドラッグ＆ドロップすることで、より手軽に送信することもできます。

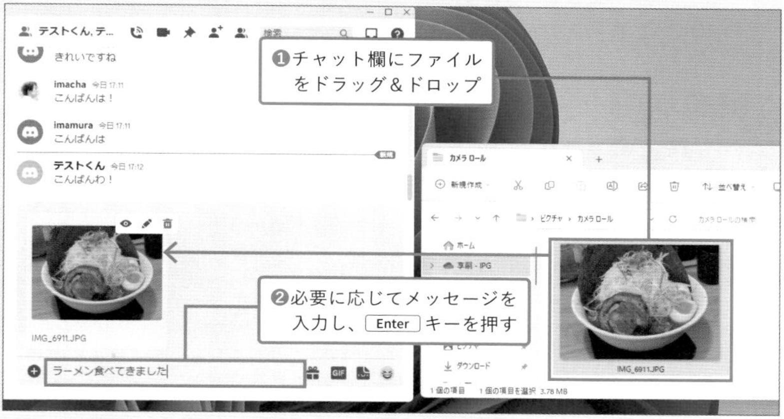

❶チャット欄にファイルをドラッグ＆ドロップ
❷必要に応じてメッセージを入力し、Enter キーを押す

● スマートフォンアプリでファイルを送信する

スマートフォンアプリのファイル送信機能が対応するのは、現状スマートフォン内に保存されている画像ファイル、またはその場で撮影した画像ファイルのみです（それ以外の形式のファイルを送信するケースについては後述）。

#雑談３へようこそ！
チャンネル「#雑談３」の始まりです。
チャンネルの編集
#雑談３へメッセージ…
全て表示
カメラ
スレッド
コマンド
❶メッセージ入力欄の［＋］をタップ
❷送信したい画像をタップ

❸必要に応じてメッセージを入力し、送信ボタンをタップ

チャット欄に画像が送信されました

● スマートフォンアプリで画像以外のファイルを送信する

スマートフォンのファイル共有機能を利用し、共有先をDiscordにすることで、スマートフォン内に保存されているさまざまな形式のファイルを送信できます。以下はiPhoneのファイル共有機能を例にします。

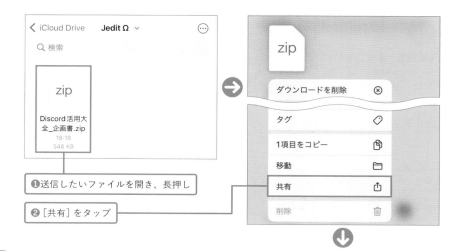

❶送信したいファイルを開き、長押し

❷[共有]をタップ

iCloud Drive
Jedit Ω
検索
zip
Discord活用大全_企画書.zip
18:18
548 KB
Discord活用大全_企画書
コピーを送信
#雑談 ー テスト
#一般 ー テスト
テストくん2, imamura, im...
メッセージ
メール
Discord
Messenger

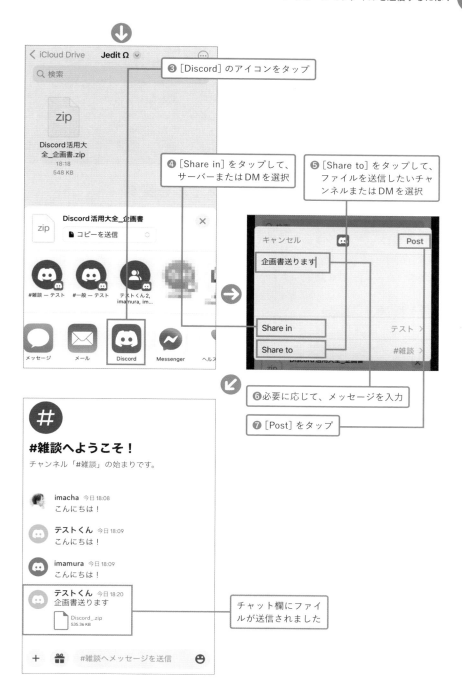

❸［Discord］のアイコンをタップ

❹［Share in］をタップして、サーバーまたはDMを選択

❺［Share to］をタップして、ファイルを送信したいチャンネルまたはDMを選択

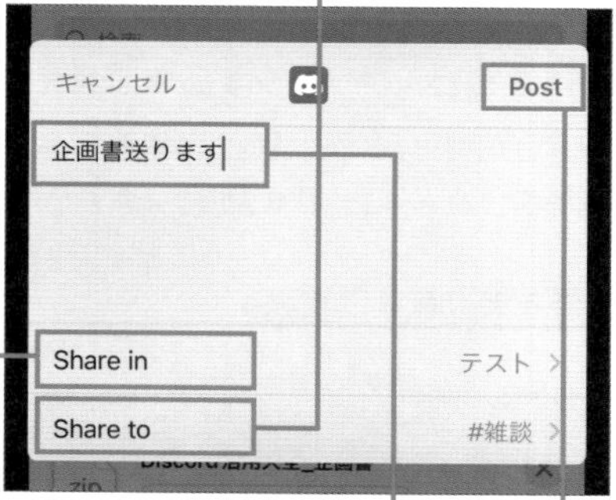
キャンセル
Post
企画書送ります
Share in
テスト
Share to
#雑談

❻必要に応じて、メッセージを入力

❼［Post］をタップ

#雑談へようこそ！
チャンネル「#雑談」の始まりです。
imacha 今日 18:08
こんにちは！
テストくん 今日 18:09
こんにちは！
imamura 今日 18:09
こんにちは！
テストくん 今日 18:20
企画書送ります
Discord_.zip
535.36 KB
#雑談へメッセージを送信

チャット欄にファイルが送信されました

16 Section 画像にネタバレ防止・代替テキストを付けよう！

Discordのサーバー及びDMを含むテキストチャットに送信する画像には、ネタバレ防止を設定したり、代替テキストを付加したりできます。ここぞというときに使える便利な機能なので、使い方を知っておきましょう。

● ネタバレ防止機能で送信ファイルを隠す

テキストチャットにファイルを送信する際、**ネタバレ防止機能（スポイラー）を利用すると、クリックするまで見えない状態**にできます。ゲームなどのファンコミュニティ内ではネタバレを嫌がるユーザーもいるため、そうした配慮ができる機能です。以下では、画像にネタバレ機能を利用する例を紹介します。

パソコンの場合

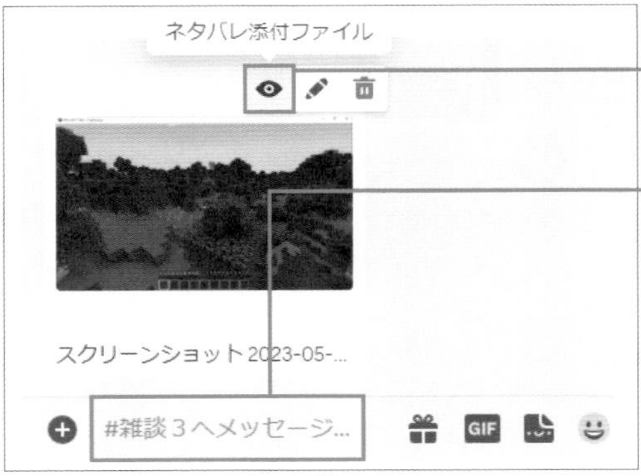

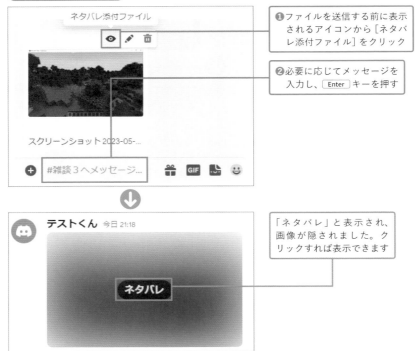

❶ファイルを送信する前に表示されるアイコンから［ネタバレ添付ファイル］をクリック

❷必要に応じてメッセージを入力し、Enter キーを押す

「ネタバレ」と表示され、画像が隠されました。クリックすれば表示できます

スマートフォンの場合

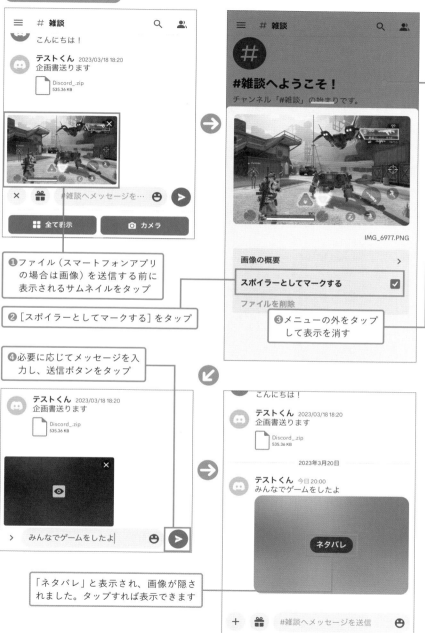

❶ファイル（スマートフォンアプリの場合は画像）を送信する前に表示されるサムネイルをタップ

❷［スポイラーとしてマークする］をタップ

❸メニューの外をタップして表示を消す

❹必要に応じてメッセージを入力し、送信ボタンをタップ

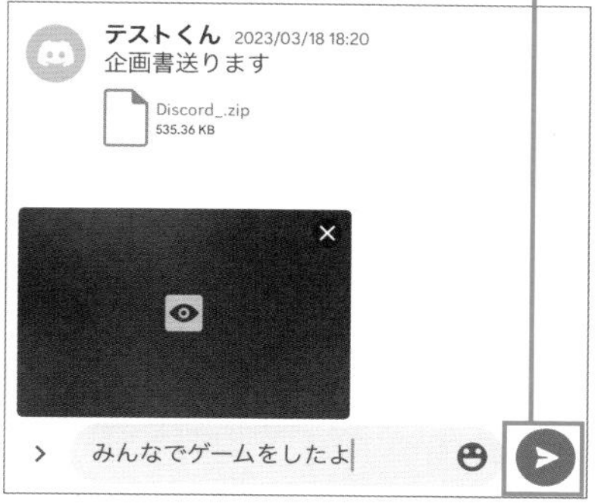

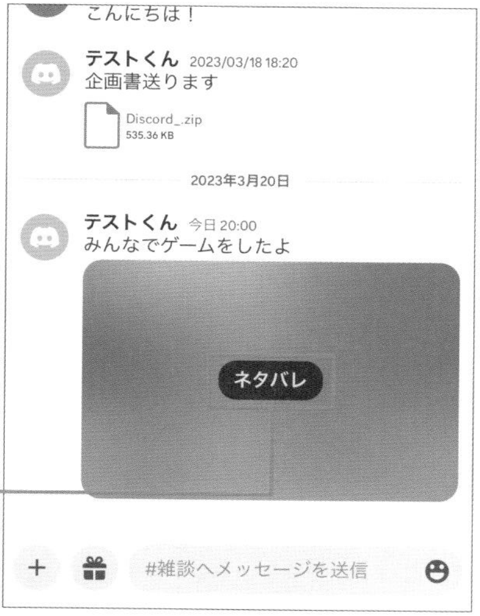

「ネタバレ」と表示され、画像が隠されました。タップすれば表示できます

●画像に代替テキストを付加する

画像に代替テキスト（Alt Text）を追加することができます。代替テキストとは、画像に付与される短文の説明で、目の悪い人などへのアクセシビリティに配慮した機能です。画像内左下の［代替］という文字をクリックすることで説明が表示されるようになります。

画像に表示された［代替］をクリックすると、テキストが表示されるようになります

パソコンの場合

❶画像を送信する前に表示されるアイコンから［添付ファイルを編集］をクリック

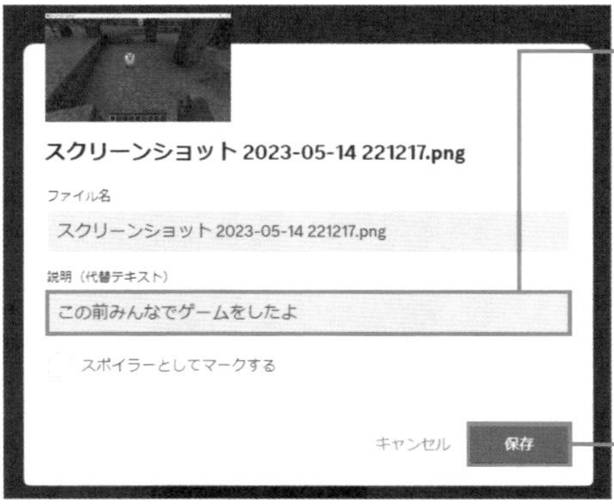

❷［説明（代替テキスト）］の欄に代替テキストを入力

❸［保存］をクリック

この状態で画像を送信すると、上記のように画像の左下に［代替］と表示されるようになります

スマートフォンの場合

❶ファイル（スマートフォンアプリの場合は画像）を送信する前に表示されるサムネイルをタップ

❷［画像の概要］をタップ

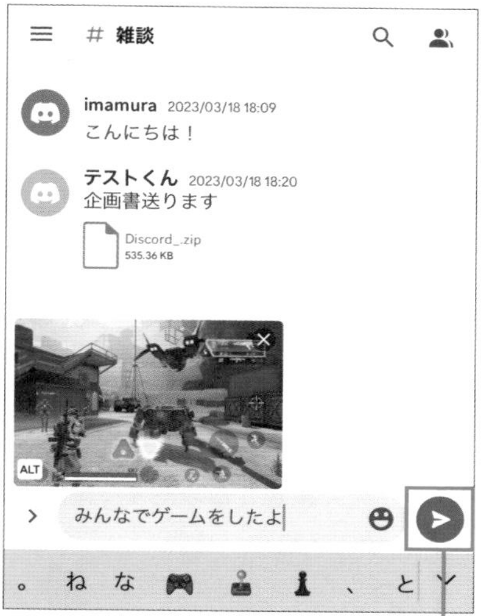

❸［説明（代替テキスト）］の欄に代替テキストを入力

❹［保存］をタップ

❺必要に応じてメッセージを入力し、送信ボタンをタップ

Section 17

会話が楽しくなる！絵文字とスタンプを使おう

Discordのサーバー及びDMを含むテキストチャットでは、メッセージに絵文字とスタンプを含めることができます。テキストでは表現できないこと、しづらいことなどを、イメージによって手軽に伝えることができます。

● 絵文字にはUnicode絵文字とカスタム絵文字の2種類がある

使用できる絵文字には、**Unicode絵文字**と**カスタム絵文字**の2種類があります。Unicode絵文字は、スマートフォンなどでよく使われる「😀」や「👍」などの基本的な絵文字のことです。一方、カスタム絵文字は、Discordのサーバー内で作成された、サーバー独自の絵文字です。

また、カスタム絵文字については、通常ユーザーとNitroユーザー（Section 30参照）で、下表のような制約の違いがあります。

Unicode絵文字

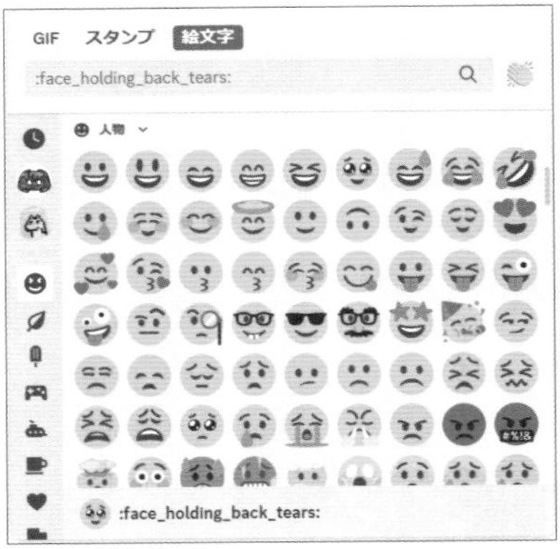

カスタム絵文字

ユーザーの種類ごとの使える絵文字の制約

ユーザーの種類	制約
通常のユーザー	使用したいカスタム絵文字が登録されているサーバー上でしか使用できない。また、動くカスタム絵文字は使用することができない
Nitroユーザー	サーバーの隔たりなくどこでも使用できる。また動くカスタム絵文字も使用することができる

デスクトップアプリで絵文字を使う

テキストチャットの入力欄で、顔文字のアイコンを押すと、使用できる絵文字の一覧が表示されます。その中から使用したい絵文字を選択し、クリックすることで使用できます。

❶テキストチャットの入力欄にある、絵文字のアイコンをクリック

❷サーバーのアイコンをクリック

そのサーバーのカスタム絵文字が表示されます。絵文字をクリックすると、テキストメッセージ欄に追加されます

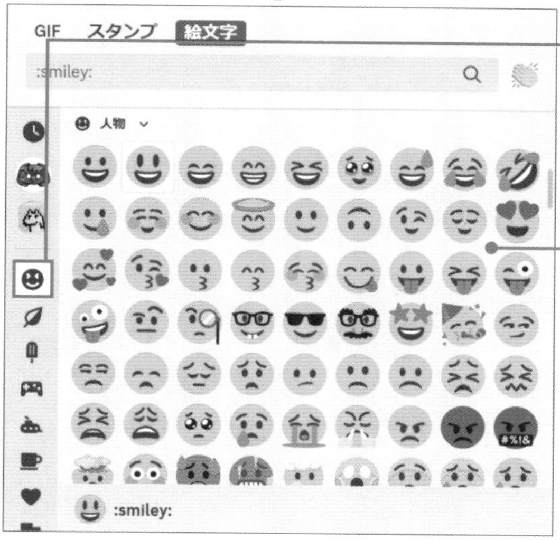

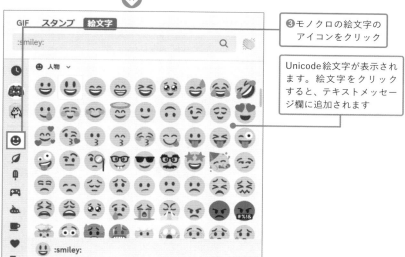

❸モノクロの絵文字のアイコンをクリック

Unicode絵文字が表示されます。絵文字をクリックすると、テキストメッセージ欄に追加されます

● スマートフォンアプリで絵文字を使う

スマートフォンアプリの場合も、使い方はデスクトップアプリと同じです。

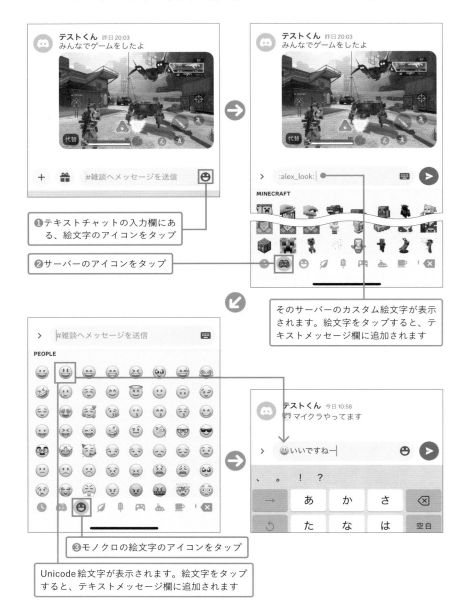

❶テキストチャットの入力欄にある、絵文字のアイコンをタップ

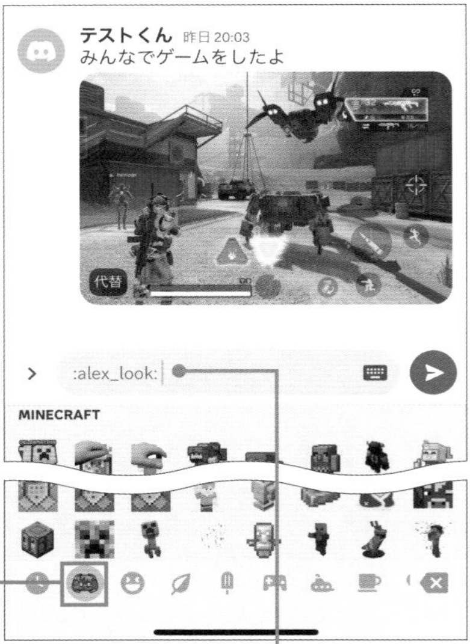

❷サーバーのアイコンをタップ

そのサーバーのカスタム絵文字が表示されます。絵文字をタップすると、テキストメッセージ欄に追加されます

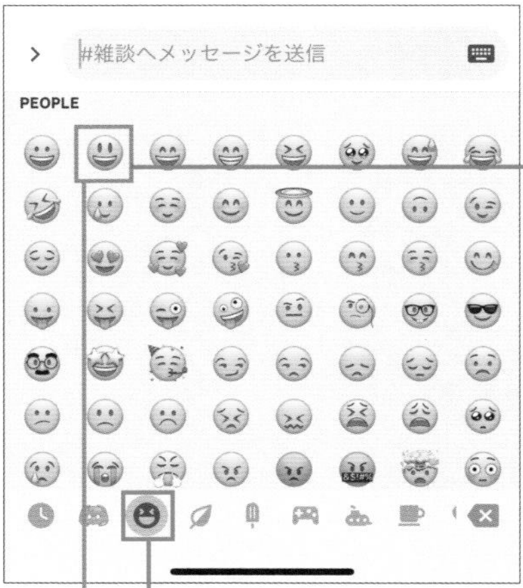

❸モノクロの絵文字のアイコンをタップ

Unicode絵文字が表示されます。絵文字をタップすると、テキストメッセージ欄に追加されます

スタンプとは

Discordのテキストチャット欄では、絵文字のほかに**スタンプ**を使用することができます。スタンプは絵文字とは異なり、サイズが大きいため、**テキストメッセージ内に含めることはできません**。

また、スタンプについても通常ユーザーとNitroユーザーとで、下表のような制約の違いがあります。

ユーザーの種類ごとの使えるスタンプの制約

ユーザーの種類	制約
通常のユーザー	使用したいスタンプが登録されているサーバー上でしか使用できない
Nitroユーザー	サーバーの隔たりなくどこでも使用できる。またNitro限定スタンプを使用することもできる

デスクトップアプリでスタンプを使う

テキストチャットの入力欄で、スタンプのアイコンを押すと、使用できるスタンプの一覧が表示されます。その中から使用したいスタンプを選択し、クリックすることで使用できます。

❷サーバーのアイコンをクリック

そのサーバーのスタンプが表示されます。スタンプをクリックすると、テキストチャット欄に投稿されます

❸サーバー以外のアイコンをクリック

Nitro限定のスタンプが表示されます。スタンプをクリックすると、テキストチャット欄に投稿されます

●スマートフォンアプリでスタンプを使う

スマートフォンアプリの場合も、使い方はデスクトップアプリと同じです。

❶テキストチャットの入力欄にある、スタンプの絵文字をタップ

❷［スタンプ］のタブをタップ

❸サーバーのアイコンをタップ

そのサーバーのスタンプが表示されます。スタンプをタップすると、テキストチャット欄に投稿されます

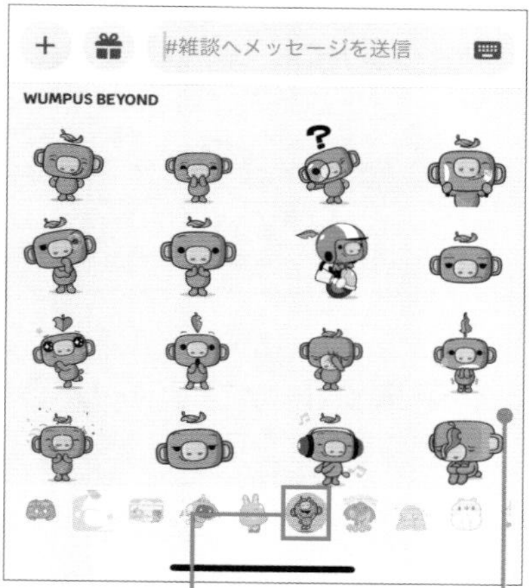

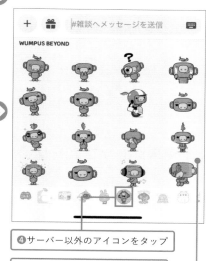

❹サーバー以外のアイコンをタップ

Nitro限定のスタンプが表示されます。スタンプをタップすると、テキストチャット欄に投稿されます

Section 18

メッセージに絵文字でリアクションを付けよう！

Discordに書き込まれたメッセージには、絵文字でリアクションを付けることができます。各種SNSにある「いいね」ボタンのようなもので、テキストではなく絵文字でこちらの感情を表現できます。

リアクションとは

リアクションは、**メッセージに対する反応を絵文字（Section 17参照）で表現するための機能**です。例えば、賛成や反対の意思表示、笑いや驚き、愛情など、さまざまな感情を表現するために使用されます。また、リアクションを付けることで、メッセージの発言者に対してテキストで返信するよりも、より簡潔に感情を表現することができます。なお、リアクションはメッセージの発信者に対して通知は行われません。

またデスクトップアプリでは、アニメーション付きのリアクションである「スーパーリアクション」を使用することができます。スーパーリアクションの使用数には制限があります。詳しくはSection 30を参照してください。

リアクションは、メッセージの下に絵文字で表示されます。Unicode絵文字とカスタム絵文字の両方を使うことができます

一番右側のハートの絵文字はスーパーリアクションです。リアクションがアニメーション付きで表示されます

デスクトップアプリでリアクションを付ける

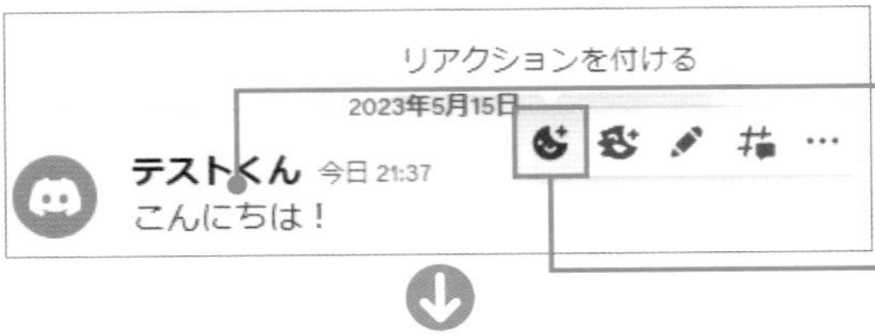

❶リアクションしたいメッセージに、マウスカーソルを重ねる

❷右上に表示される［リアクションを付ける］のアイコンをクリック

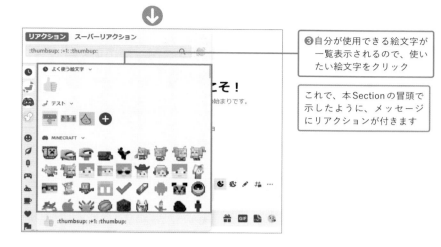

❸自分が使用できる絵文字が一覧表示されるので、使いたい絵文字をクリック

これで、本Sectionの冒頭で示したように、メッセージにリアクションが付きます

●デスクトップアプリでスーパーリアクションを付ける

スーパーリアクションは、通常のリアクションを選択する際に、メニューから［スーパーリアクション］を選択することで使用できます。

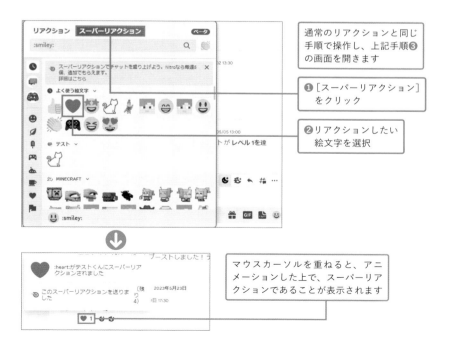

通常のリアクションと同じ手順で操作し、上記手順❸の画面を開きます

❶［スーパーリアクション］をクリック

❷リアクションしたい絵文字を選択

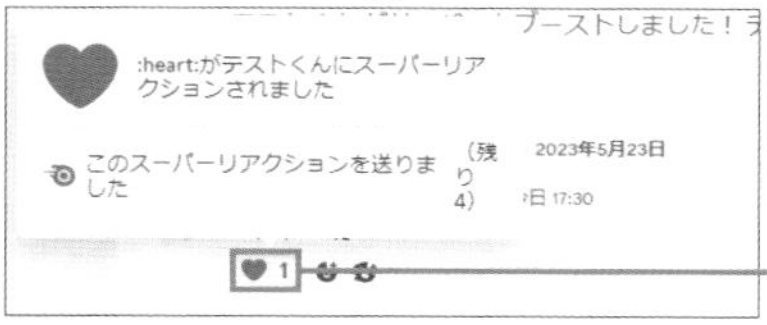

マウスカーソルを重ねると、アニメーションした上で、スーパーリアクションであることが表示されます

● デスクトップアプリでリアクションの使用者を確認する

リアクションをどのユーザーが付けたのか確認することができます。デスクトップアプリでは、次の手順のようにして確認できます。

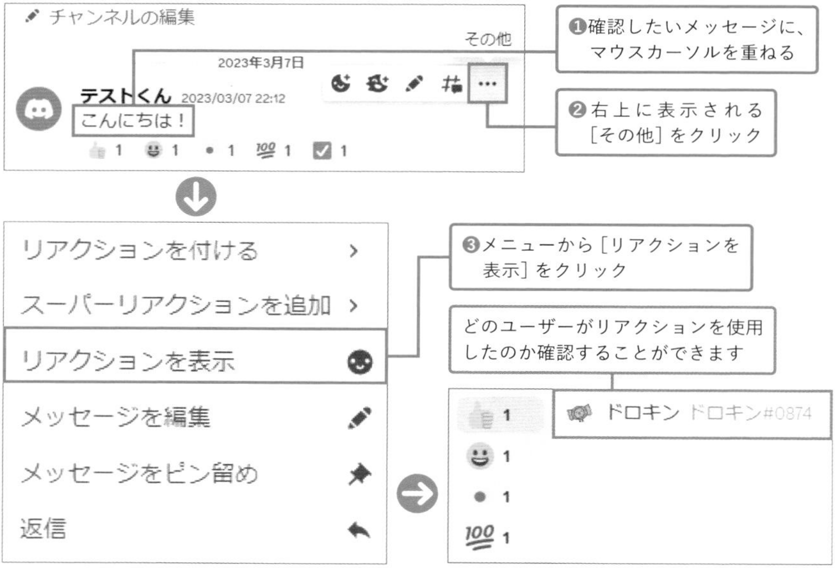

● スマートフォンアプリでリアクションを付ける

スマートフォンアプリでリアクションを付けるにはメッセージを長押しし、メニューからリアクションのアイコンをタップします。

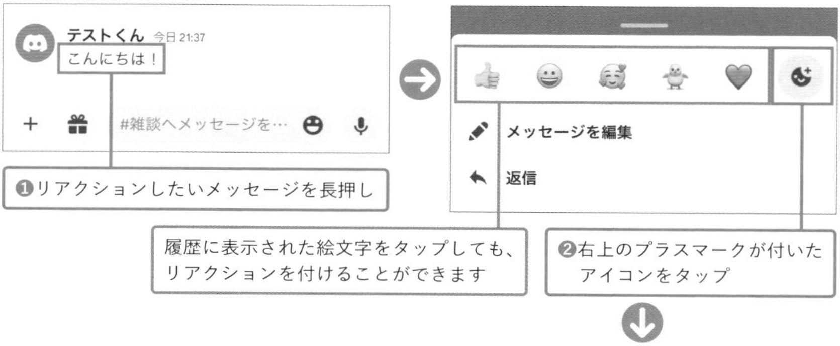

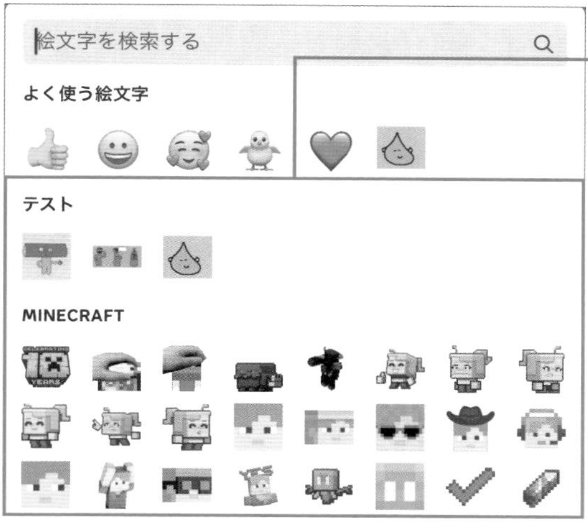

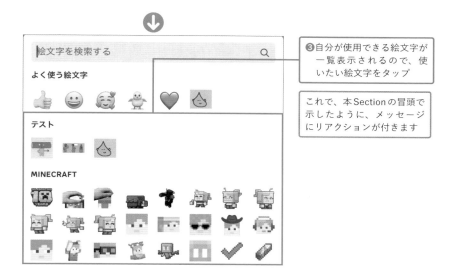

❸自分が使用できる絵文字が一覧表示されるので、使いたい絵文字をタップ

これで、本Sectionの冒頭で示したように、メッセージにリアクションが付きます

● スマートフォンアプリでリアクションの使用者を確認する

スマートフォンアプリからも誰がリアクションしたかを確認できます。この場合もメッセージを長押しして、メニューを選択します。

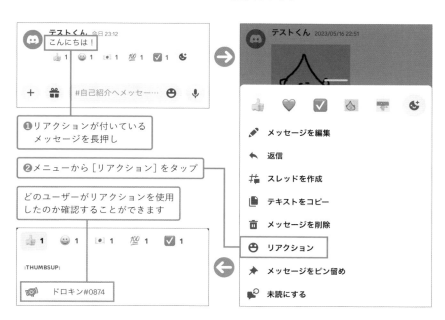

❶リアクションが付いているメッセージを長押し

❷メニューから［リアクション］をタップ

どのユーザーがリアクションを使用したのか確認することができます

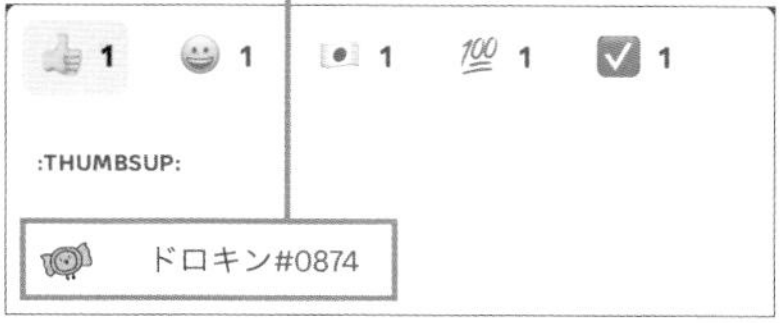

Section 19

メッセージリンクでメッセージを共有しよう！

Discordのサーバー及びDMを含むテキストチャットに書き込まれたメッセージは、リンクを作成して他のサーバー、チャンネル、DM内で共有することができます。これを「メッセージリンク」と呼びます。

● メッセージリンクとは

メッセージリンクは、特定のメッセージを簡単に共有するためのURLです。

メッセージリンクをクリックすると、共有元のメッセージにジャンプし、参照することができます。例えば、特定のメッセージに関する議論をしているときに、有意義な議論の１つをメッセージリンクで共有すれば、そのリンクを参考にしながら、さらに具体的に議論を進める、といった便利な使い方ができます。なお、メッセージリンクには、次の注意点があります。

メッセージリンクの注意点

- **対象のメッセージが削除された場合は機能しない**
- **共有されたメッセージが含まれるサーバーとチャンネルにアクセスできるユーザーのみが確認可能**

メッセージリンクの例

#雑談へようこそ！
これはチャンネル「#雑談」の始まりです。
チャンネルの編集
2023年5月15日
テストくん 今日 23:13
ドロキンさんが #自己紹介 で自己紹介をされていました
#雑談へメッセージを...
GIF
#自己紹介へようこそ！
これはチャンネル「#自己紹介」の始まりです。
チャンネルの編集
2023年5月15日
ドロキン 今日 23:42
ドロキンです！
Discordの本を書いています。
#自己紹介へメッセー...
GIF

メッセージリンクをクリックすると、そのメッセージの場所へジャンプします。この例では、別のチャンネルにあるメッセージに移動しているのがわかります

● メッセージリンクを送る

デスクトップアプリの場合は、返信したいメッセージを右クリック、スマートフォンアプリの場合は、返信したいメッセージを長押しすると表示される［**メッセージリンクをコピー**］を選択することで、メッセージリンクがクリップボードにコピーされます。コピーしたあとにテキストチャット入力欄にペーストして送信することで、メッセージリンクを共有できます。

使い方は共通なので、ここではパソコンのデスクトップアプリを例にします。

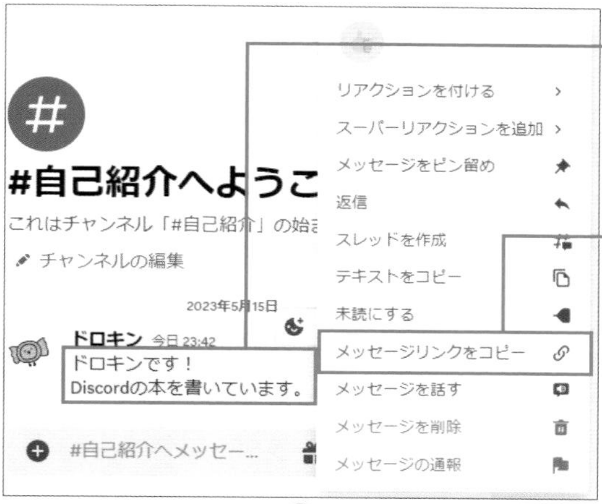

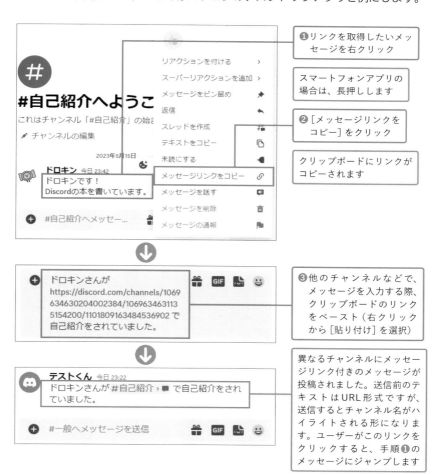

❶リンクを取得したいメッセージを右クリック

スマートフォンアプリの場合は、長押しします

❷［メッセージリンクをコピー］をクリック

クリップボードにリンクがコピーされます

❸他のチャンネルなどで、メッセージを入力する際、クリップボードのリンクをペースト（右クリックから［貼り付け］を選択）

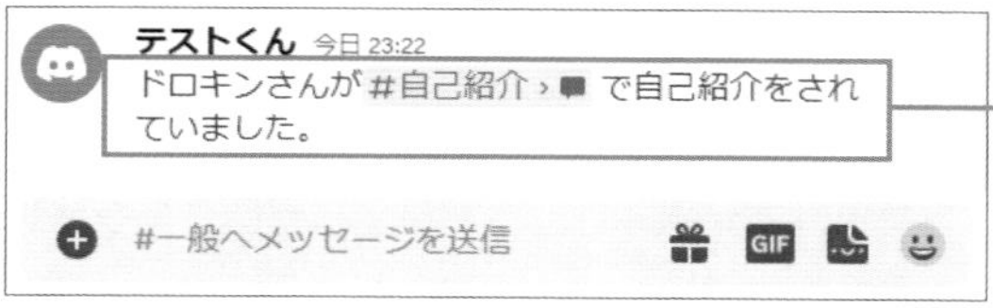

異なるチャンネルにメッセージリンク付きのメッセージが投稿されました。送信前のテキストはURL形式ですが、送信するとチャンネル名がハイライトされる形になります。ユーザーがこのリンクをクリックすると、手順❶のメッセージにジャンプします

Section 20

チャンネルリンクでチャンネルを共有しよう

Discordのサーバー上には、複数のチャンネルが作成されていることが一般的です。チャンネルリンクを作成すると、メッセージ内に任意のチャンネルのリンクを作成し、共有することができます。

チャンネルリンクとは

チャンネルリンクとは、**サーバー上で任意のチャンネルへのリンクを、メッセージとして送信する機能**です。ユーザーがチャンネルリンクをクリックすると、そのチャンネルへジャンプします。サーバー上に複数のチャンネルがある場合、あるチャンネルの説明をしたり、誘導したりする際に役立ちます。

チャンネルリンクの例

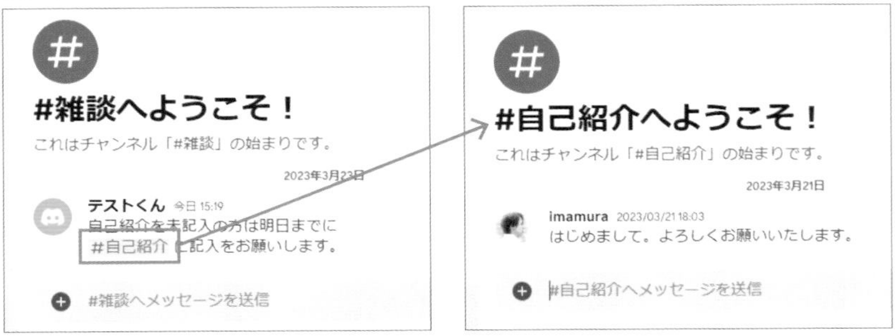
#
#雑談へようこそ！
これはチャンネル「#雑談」の始まりです。
2023年3月23日
テストくん 今日 15:19
自己紹介を未記入の方は明日までに
#自己紹介 に記入をお願いします。
#雑談へメッセージを送信
#
#自己紹介へようこそ！
これはチャンネル「#自己紹介」の始まりです。
2023年3月21日
imamura 2023/03/21 18:03
はじめまして。よろしくお願いいたします。
#自己紹介へメッセージを送信

メッセージ内に表示されたチャンネルリンクをクリックすると、そのチャンネルにジャンプします。この例では「雑談」から「自己紹介」チャンネルにジャンプしているのがわかります

チャンネルリンクを使用する

テキストチャット欄に入力する際に、**半角で「#」（シャープ）を入力すると、サーバー上のチャンネル一覧が表示**されるため、リンクを作成したいチャンネルを選択するだけでチャンネルリンクを作成できます。作成方法はデスクトップアプリもスマートフォンアプリも共通なので、以下ではデスクトップアプリを例に使い方を紹介します。

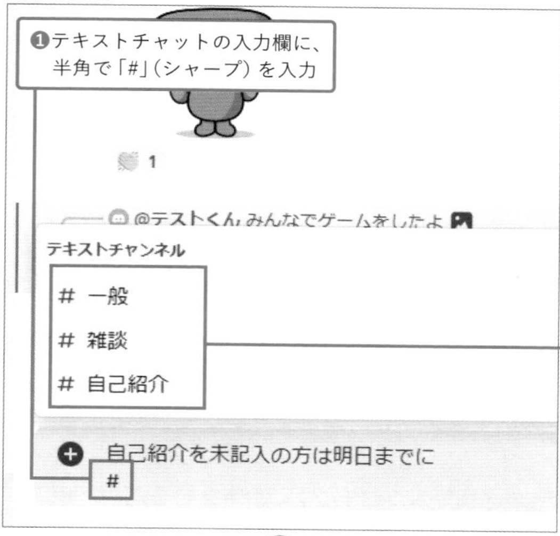
1
@テストくん みんなでゲームをしたよ
テキストチャンネル
一般
雑談
自己紹介
自己紹介を未記入の方は明日までに
#

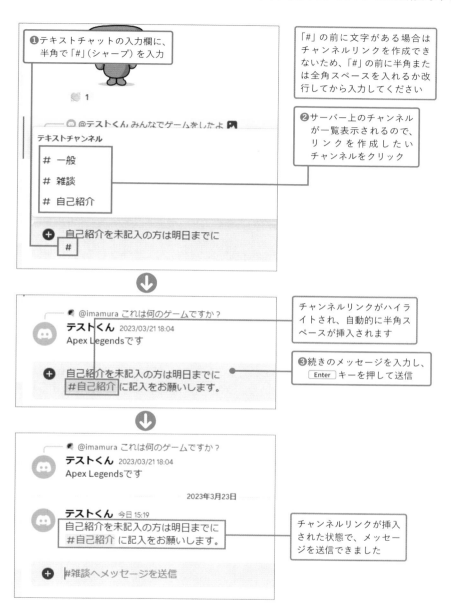

❶テキストチャットの入力欄に、半角で「#」（シャープ）を入力

「#」の前に文字がある場合はチャンネルリンクを作成できないため、「#」の前に半角または全角スペースを入れるか改行してから入力してください

❷サーバー上のチャンネルが一覧表示されるので、リンクを作成したいチャンネルをクリック

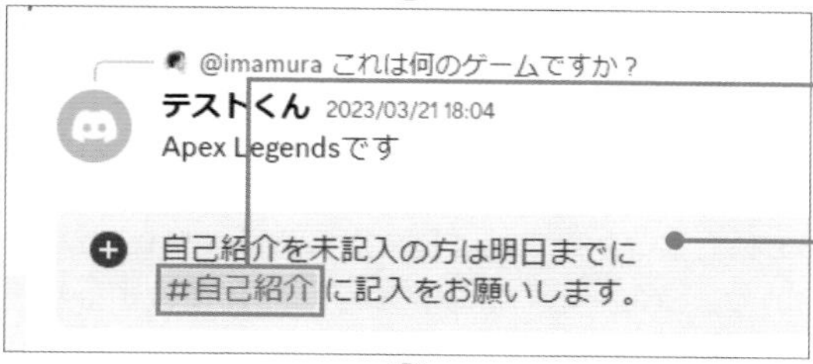
@imamura これは何のゲームですか？
テストくん 2023/03/21 18:04
Apex Legendsです
自己紹介を未記入の方は明日までに
#自己紹介 に記入をお願いします。

チャンネルリンクがハイライトされ、自動的に半角スペースが挿入されます

❸続きのメッセージを入力し、Enterキーを押して送信

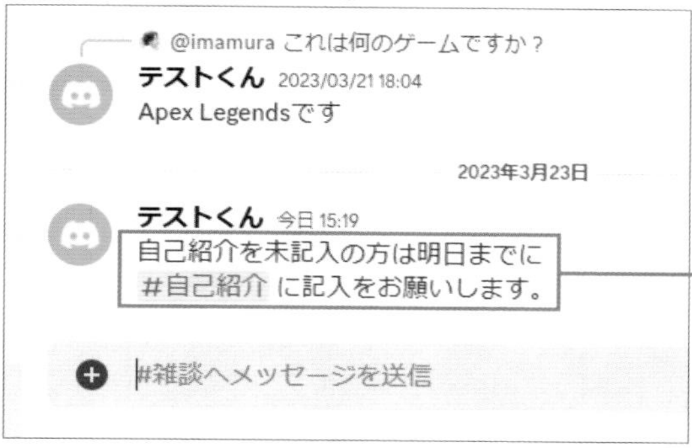
@imamura これは何のゲームですか？
テストくん 2023/03/21 18:04
Apex Legendsです
2023年3月23日
テストくん 今日 15:19
自己紹介を未記入の方は明日までに
#自己紹介 に記入をお願いします。
#雑談へメッセージを送信

チャンネルリンクが挿入された状態で、メッセージを送信できました

Section 21 大事なメッセージはピン留めしておこう！

Discordのサーバー及びDMに書き込まれたメッセージは、ピン留めをして、あとからアクセスしやすいように固定することができます。使い方は、パソコンのデスクトップアプリとスマートフォンアプリとでほぼ共通です。

ピン留めとは

ピン留めとは、**チャンネル内の重要なメッセージをマークして、あとで簡単にアクセスできるようにする機能**です。ピン留めされたメッセージは、サーバー上のチャンネルやDM内の［ピン留めされたメッセージ］に固定されるため、他のメンバーも簡単にアクセスできます。ただし、サーバーの場合、チャンネルごとにピン留めを行うことができますが、**［メッセージの管理］の権限が必要**になります。

メッセージをピン留めする

ピン留めは、任意のサーバー上のチャンネルまたはDM内にあるメッセージを、デスクトップアプリなら右クリック、スマートフォンアプリなら長押しすると表示される［メッセージをピン留め］を選択することで行えます。使い方は共通なので、ここではパソコンのデスクトップアプリを例にします。

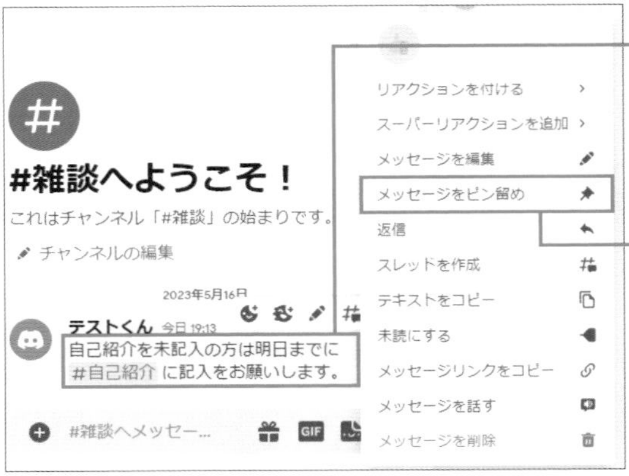

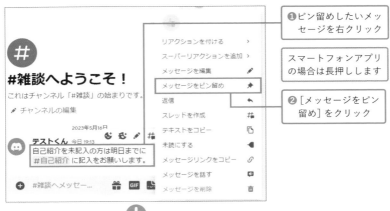

❶ピン留めしたいメッセージを右クリック

スマートフォンアプリの場合は長押しします

❷［メッセージをピン留め］をクリック

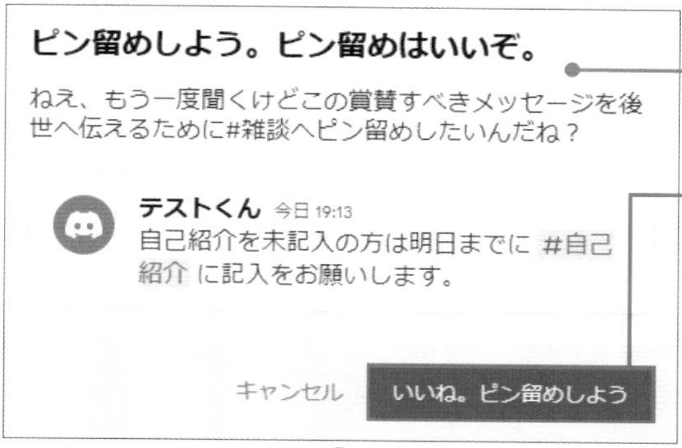
ピン留めしよう。ピン留めはいいぞ。
ねえ、もう一度聞くけどこの賞賛すべきメッセージを後世へ伝えるために#雑談へピン留めしたいんだね？
テストくん 今日 19:13
自己紹介を未記入の方は明日までに #自己紹介 に記入をお願いします。
キャンセル
いいね。ピン留めしよう

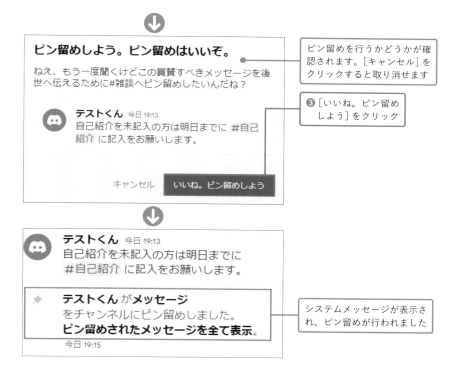

ピン留めを行うかどうかが確認されます。［キャンセル］をクリックすると取り消せます

❸［いいね。ピン留めしよう］をクリック

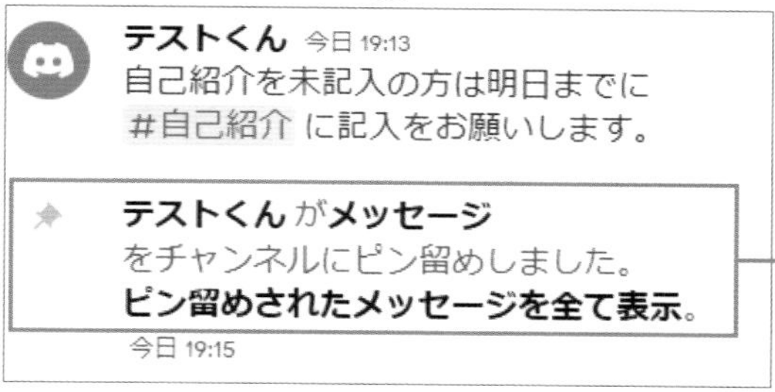
テストくん 今日 19:13
自己紹介を未記入の方は明日までに
#自己紹介 に記入をお願いします。
テストくん がメッセージ
をチャンネルにピン留めしました。
ピン留めされたメッセージを全て表示。
今日 19:15

システムメッセージが表示され、ピン留めが行われました

● ピン留めを解除する

ピン留めを解除したい場合は、デスクトップアプリならメッセージを右クリック、スマートフォンアプリなら長押しすると表示される［メッセージのピン留めを解除］を選択することで行えます。

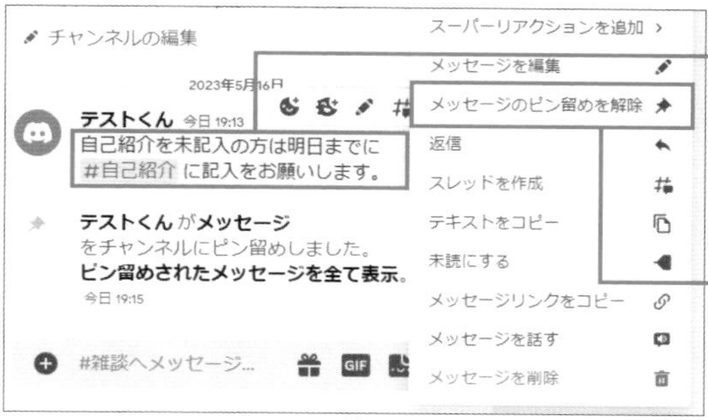
チャンネルの編集
2023年5月16日
テストくん 今日 19:13
自己紹介を未記入の方は明日までに
#自己紹介 に記入をお願いします。
テストくん がメッセージ
をチャンネルにピン留めしました。
ピン留めされたメッセージを全て表示。
今日 19:15
#雑談へメッセージ...
GIF
スーパーリアクションを追加
メッセージを編集
メッセージのピン留めを解除
返信
スレッドを作成
テキストをコピー
未読にする
メッセージリンクをコピー
メッセージを話す
メッセージを削除

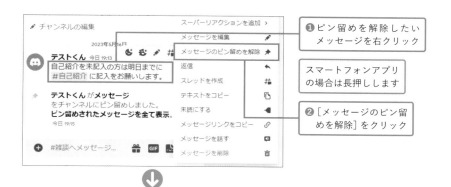

❶ピン留めを解除したいメッセージを右クリック

スマートフォンアプリの場合は長押しします

❷［メッセージのピン留めを解除］をクリック

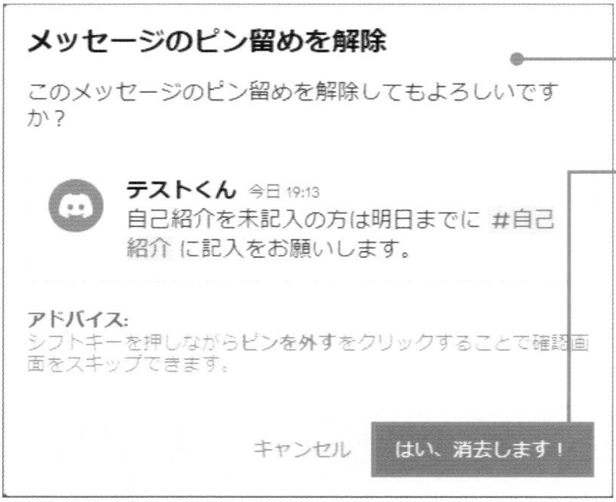
メッセージのピン留めを解除
このメッセージのピン留めを解除してもよろしいですか？
テストくん 今日 19:13
自己紹介を未記入の方は明日までに #自己紹介 に記入をお願いします。
アドバイス:
シフトキーを押しながらピンを外すをクリックすることで確認画面をスキップできます。
キャンセル
はい、消去します！

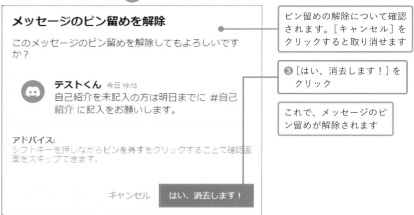

ピン留めの解除について確認されます。［キャンセル］をクリックすると取り消せます

❸［はい、消去します！］をクリック

これで、メッセージのピン留めが解除されます

● ピン留めされたメッセージを確認する

ピン留めされたメッセージは、一覧表示して確認でき、選択することでそのメッセージにジャンプできます。以下では、パソコンとスマートフォンでは少し手順が異なるので、別々に確認方法を紹介します。

パソコンの場合

雑談
検索
ピン留めされたメッセージ
テストくん 昨日 20:03
ジャンプ
みんなでゲームをしたよ
テストくん 2023/03/18 18:20
企画書送ります
Discord_.zip
535.36 KB
今日 18:11
今日 18:11

❶チャンネルまたはDM内のテキストチャット上部にあるピン型のアイコンをクリック

［ピン留めされたメッセージ］に、一覧表示されます。［ジャンプ］をクリックすると、そのメッセージにジャンプできます

スマートフォンの場合

❶チャンネルまたはDM内のテキストチャット上部にある人型のアイコンをタップ

❷［ピン留め］をタップ

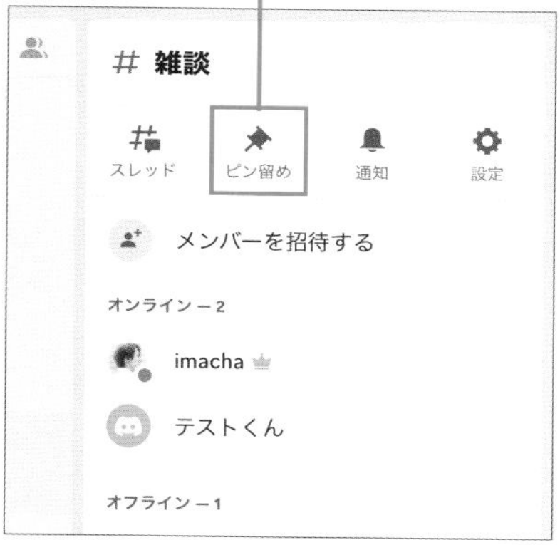

［ピン留めされたメッセージ］に、一覧表示されます。メッセージをタップすると、そのメッセージにジャンプできます

Section 22

テキストの装飾とビルトインコマンドの活用

Discordのサーバー及びDMにメッセージを入力する際、特別な記法を用いてテキストを装飾したり、ビルトインコマンドと呼ばれる組み込みコマンドによって、特定のアクションを実行できます。

● テキストを装飾する

メッセージを入力する際、下表のような記法を用いることで、**テキストを視覚的に装飾**できます。太字や斜体などの一般的なものはもちろん、ネタバレ防止や引用など、使い慣れればより思い通りにメッセージを表現できます。

テキスト装飾の種類と記法

装飾の種類	記法（記号はすべて半角入力）
太字	** テキスト **
斜体	* テキスト *
	_ テキスト _
取り消し線	~~ テキスト ~~
下線	__ テキスト __
ネタバレ防止（スポイラー）	|| テキスト ||
引用	> テキスト
コード	` テキスト `
コードブロック	``` テキスト ```
シンタックスハイライト	``` プログラミング言語名 テキスト ```

太字

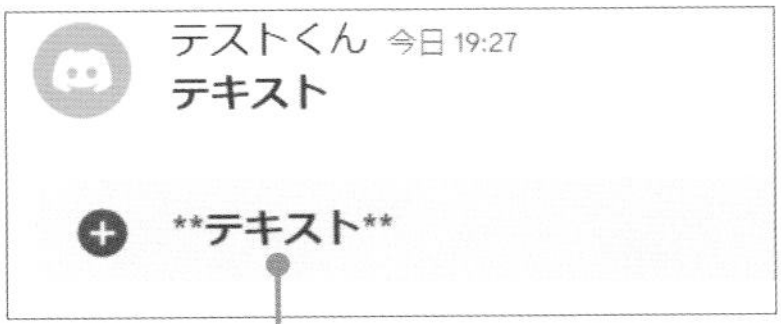

テキストを「*」（アスタリスク）2つずつで囲むと、太字で表示されます

斜体

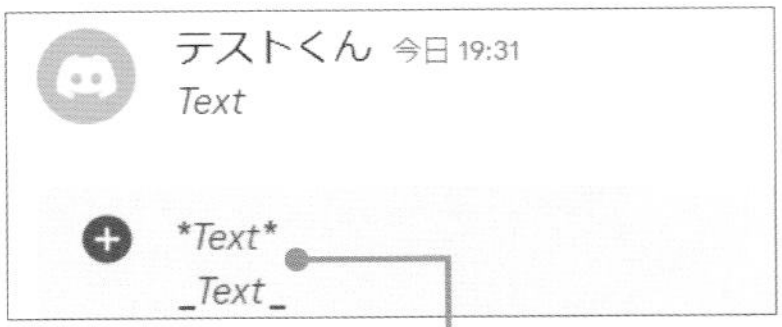

テキストを「*」（アスタリスク）または「 _ 」（アンダーバー）で囲むと、斜体で表示されます。斜体で表示できるのは英数字のみです

取り消し線

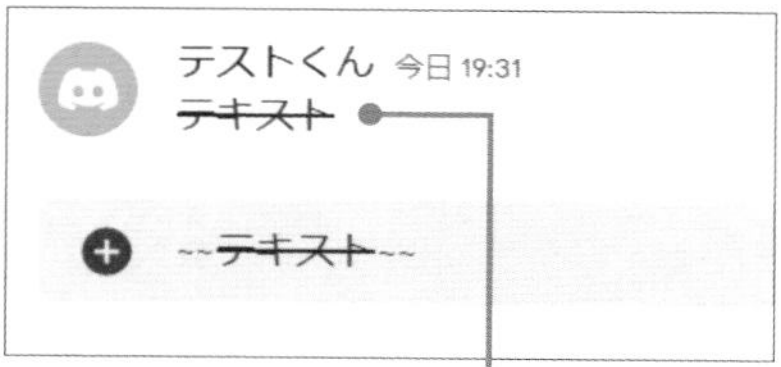
テストくん 今日 19:31
テキスト
~~テキスト~~

テキストを「~」(チルダ)2つずつで囲むと、取り消し線が表示されます

下線

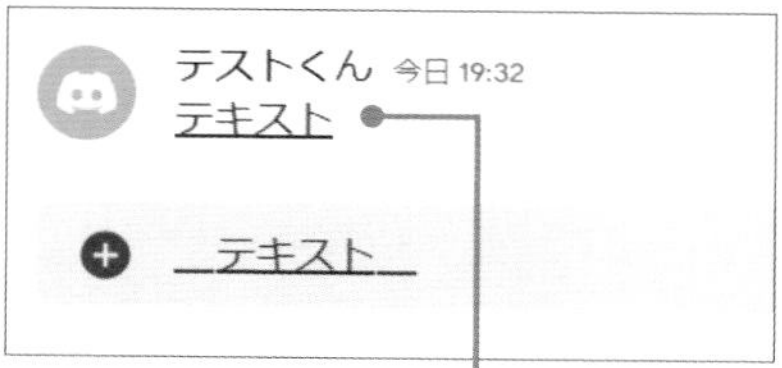
テストくん 今日 19:32
テキスト
__テキスト__

テキストを「_」(アンダーバー)2つずつで囲むと、下線で表示されます

ネタバレ防止(スポイラー)

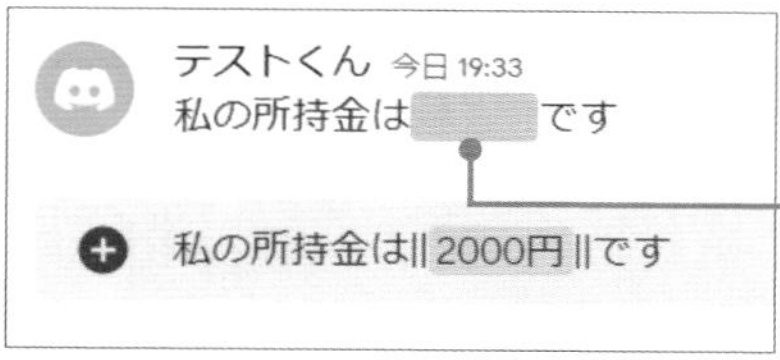
テストくん 今日 19:33
私の所持金は　です
私の所持金は||2000円||です

テストくん 今日 19:33
私の所持金は2000円です

テキストを「|」(縦線)2つずつで囲むと、文字を覆い隠すことができます。また、覆い隠された部分をクリックすると、文字が表示されるようになります

引用

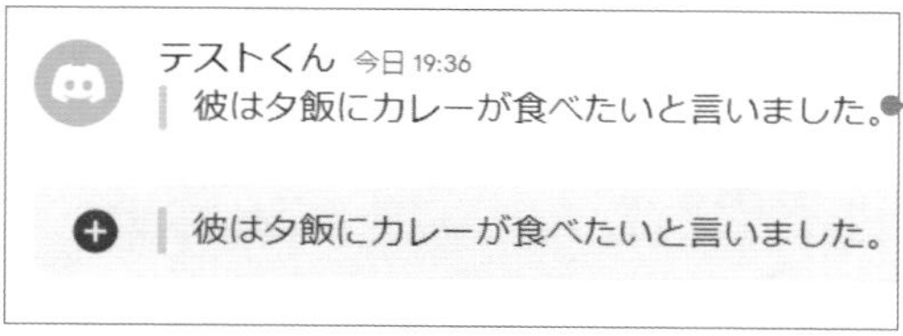
テストくん 今日 19:36
彼は夕飯にカレーが食べたいと言いました。
彼は夕飯にカレーが食べたいと言いました。

テキストの始まりに「>」(大なり)を付けると、引用表記になります。その際、「>」とテキストの間には、半角スペースの入力が必要となるので注意しましょう

コード

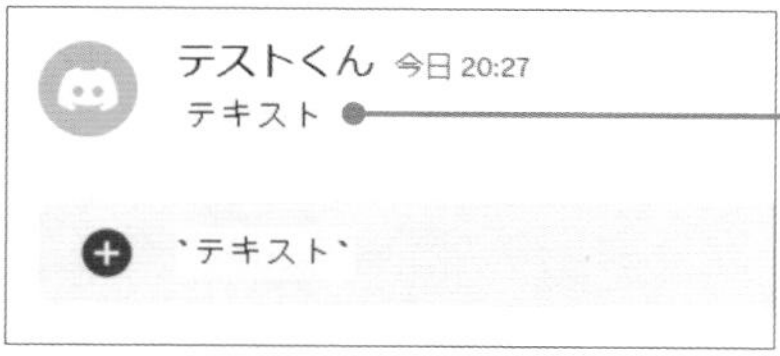
テストくん 今日 20:27
テキスト
`テキスト`

テキストを「`」(バッククォート)で囲むと、背景がハイライトされて表示されます

コードブロック

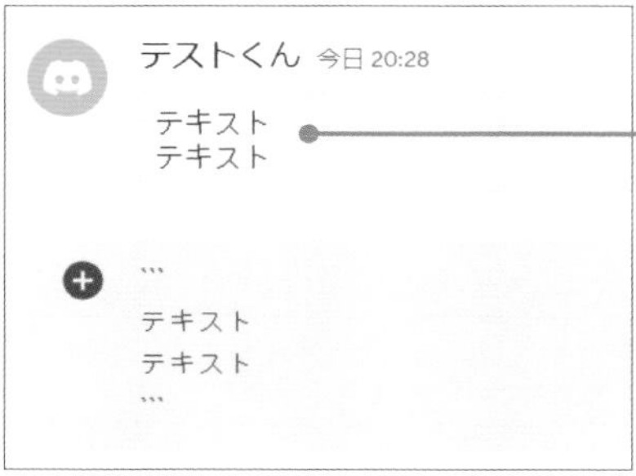
テストくん 今日 20:28
テキスト
テキスト
```
テキスト
テキスト
```

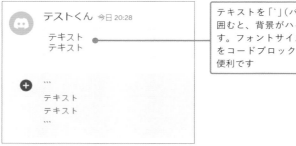

テキストを「`」(バッククォート)3つずつで囲むと、背景がハイライトされて表示されます。フォントサイズも小さくなるため、長文をコードブロックで囲むと読みやすくなり、便利です

シンタックスハイライト

テストくん 今日 20:32
print("Hello World")
```python
print("Hello World")
```

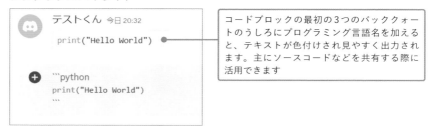

コードブロックの最初の3つのバッククォートのうしろにプログラミング言語名を加えると、テキストが色付けされ見やすく出力されます。主にソースコードなどを共有する際に活用できます

※テキストの色付けはパソコンのデスクトップアプリまたはWebブラウザーのみで確認できます

● ビルトインコマンドを活用する

Discordには、ビルトインコマンドと呼ばれる組み込みのコマンドがいくつか用意されています。コマンドにより、**テキストチャット内にGIF画像を貼り付けたり、メッセージの読み上げ機能を付けたりと、さまざまなアクションを実行**できます。テキストチャットで半角の「/」(スラッシュ)を入力すると、使用可能なビルトインコマンドが表示されます。

ビルトインコマンドの種類と内容

ビルトインコマンドの種類	内容
/giphy + [検索ワード]	GIF画像をhttps://giphy.com/から検索し、メッセージとして送信
/tenor + [検索ワード]	GIF画像をhttps://tenor.comから検索し、メッセージとして送信
/shrug + [任意のメッセージ]	メッセージに ¯_(ツ)_/¯ を追加

/tableflip + [任意のメッセージ]	メッセージに(╯°□°)╯︵ ┻━┻を追加
/unflip + [任意のメッセージ]	メッセージに┬─┬ノ(°_°ノ)を追加
/tts + [任意のメッセージ]	音声読み上げ機能を使用し、メッセージを送信したチャンネルを閲覧しているユーザーにメッセージを読み上げる ※実施するには[テキスト読み上げメッセージを送信する]の権限が必要
/me + [任意のメッセージ]	メッセージを強調して表示
/spoiler + [任意のメッセージ]	メッセージをネタバレ防止としてマーク
/nick + [新しいニックネーム]	サーバー上のニックネームを変更
/thread + [スレッド名] + [スレッドの最初のメッセージ]	サーバー上で新しいスレッドを作成
/kick + [ユーザー]	サーバーからユーザーをキック ※[メンバーをキック]の権限が必要
/ban + [ユーザー]	サーバーからユーザーをbanする ※[メンバーをBAN]の権限が必要
/timeout + [ユーザー]	サーバーからユーザーをタイムアウト ※[メンバーをタイムアウト]の権限が必要
/msg + [ユーザー] + [任意のメッセージ]	指定したユーザーにDMを送信

ビルトインコマンドの使用例

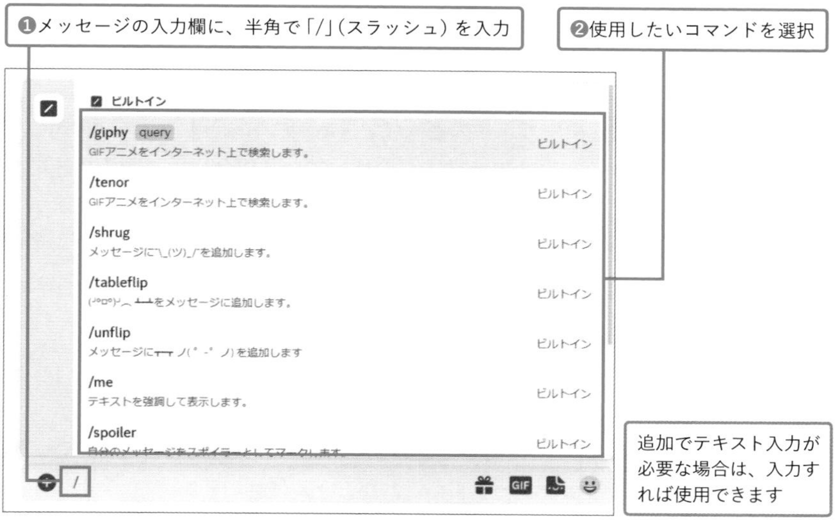

Section 23

テキストチャンネル、スレッド、フォーラムの違いとは？

Discordのサーバーには、通常の「テキストチャンネル」のほか、「スレッド」「フォーラム」といったチャンネルも存在します。一見、どれも似たようなチャットスペースですが、使い方や役割には大きな違いがあります。

Discord内にいくつも存在するチャンネル

Discordを使っているうちに、サーバーによってはアイコンの異なる複数のチャットスペースができていることに気づくことがあるでしょう。これまでの解説では通常の「**テキストチャンネル**」やDMを中心に取り上げてきましたが、そのほかにも、「**スレッド**」や「**フォーラム**」といったチャンネルが存在します。

テキストチャンネル、スレッド、フォーラムは、アイコンの違いによって見分けることが可能ですが、チャンネルの１種であることは同じです。

テキストチャンネルとは

サーバー上に並ぶチャットスペースのうち**頭に「#」が付いているのが、通常のテキストを主体としたチャンネル**です。本書ではSection 12をはじめ、テキストチャットの使い方について解説する際は、テキストチャンネルやDM上での会話を取り上げてきたため、特に迷うことなく使ってきたはずです。

スレッドとは

スレッドは、**テキストチャンネル内に作成できる別のチャットスペース**です。

例えば、テキストチャンネルで複数人が会話している場合や、複数の話題に関連する議論が行われているときに会話が埋もれてしまったり、混線してしまうことがあります。そんなときに、**スレッドを活用することで、テキストチャンネルを占有せず、切り分けて議論することができる**ようになります。

フォーラムとは

Discordのフォーラムとは、**サーバー内でトピックごとに投稿（スレッド）を作成できる、いわゆる掲示板のような機能**です。

「**タグ**」を利用することで、投稿を特定のジャンルに関連付けることができ、閲覧者もタグを利用して投稿をソートすることができ、便利です。

また、興味のある投稿を「**フォロー**」することで、その投稿に対して書き込みがあった場合に通知を受け取ることができます。フォローした投稿は、チャンネル欄に表示されます。

テキストチャンネル、スレッド、フォーラムが存在するサーバー

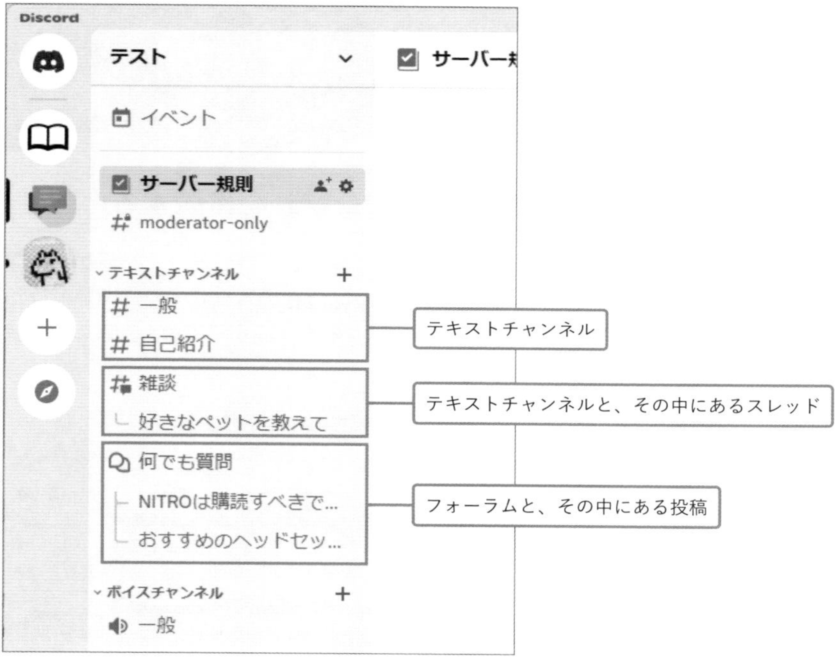

アイコンでテキストチャンネル、スレッド、フォーラムを見分ける

パターン	アイコン	説明
A		通常のテキストチャンネル。サーバー上のすべてのユーザーが閲覧することができる
B		パターンAのチャンネルにアクティブスレッドが存在している状態
C		特定のロールまたは特定のユーザーのみが閲覧できるチャンネル
D		パターンCのチャンネルにアクティブスレッドが存在している状態
E		フォーラム。サーバー内でトピックごとに投稿を作成できる。タグやフォロー機能がある

Section 24 テキストチャンネルを分けるスレッドを活用しよう！

テキストチャンネルでは、複数のスレッドを作成し、トピックごとにチャットをすることができます。ここでは、パソコンのデスクトップアプリとスマートフォンアプリの両方で、スレッドの作成方法とクローズの方法を解説します。

● デスクトップアプリで新規スレッドを作成する

新規にスレッドを作成する方法は２種類あります。１つはメッセージが何もない**空の新規スレッド**を作成する方法、もう１つは**既存のメッセージに関連付けた新規スレッド**を作成する方法です。またスレッドを作成するには［公開スレッドの作成］の権限が必要になります。順に説明します。

空の新規スレッドを作成する

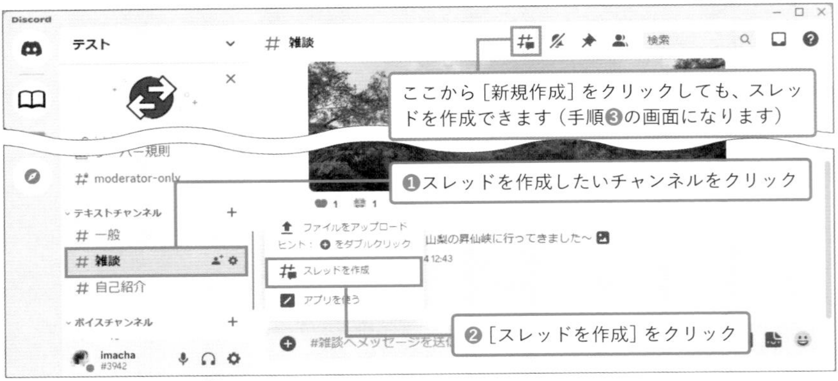

Discord
テスト
雑談
検索
ここから［新規作成］をクリックしても、スレッドを作成できます（手順❸の画面になります）
moderator-only
❶スレッドを作成したいチャンネルをクリック
テキストチャンネル
一般
雑談
自己紹介
ボイスチャンネル
ファイルをアップロード
スレッドを作成
アプリを使う
山梨の昇仙峡に行ってきました～
❷［スレッドを作成］をクリック
imacha
#3942

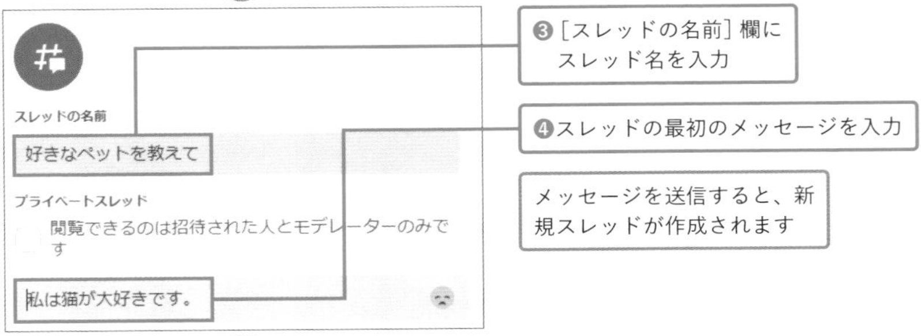

スレッドの名前
好きなペットを教えて
プライベートスレッド
閲覧できるのは招待された人とモデレーターのみです
私は猫が大好きです。
❸［スレッドの名前］欄にスレッド名を入力
❹スレッドの最初のメッセージを入力
メッセージを送信すると、新規スレッドが作成されます

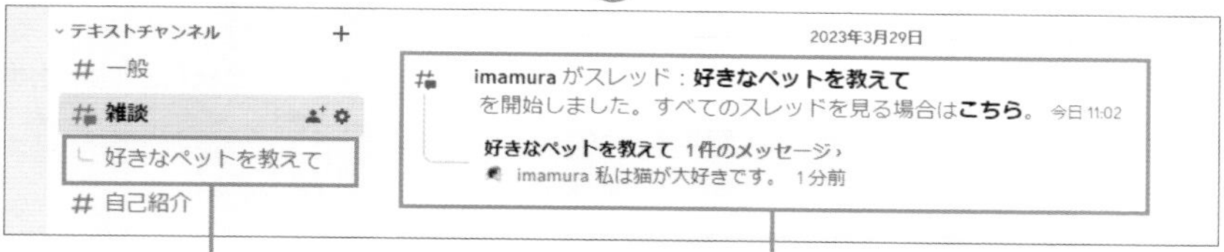

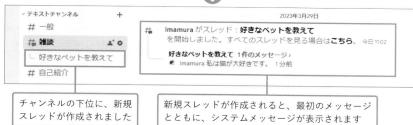

チャンネルの下位に、新規スレッドが作成されました

新規スレッドが作成されると、最初のメッセージとともに、システムメッセージが表示されます

既存のメッセージに関連付けた新規スレッドを作成する

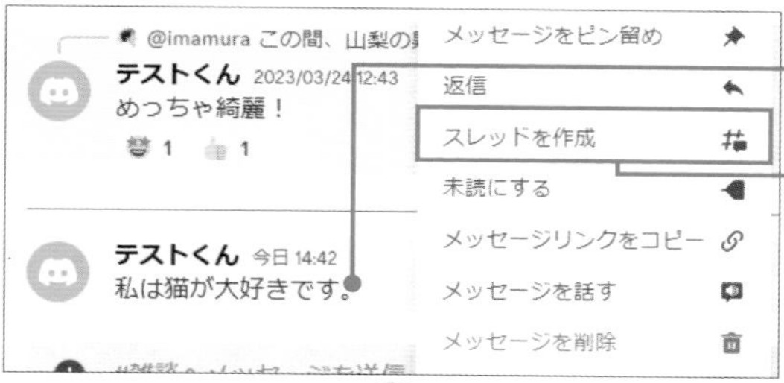

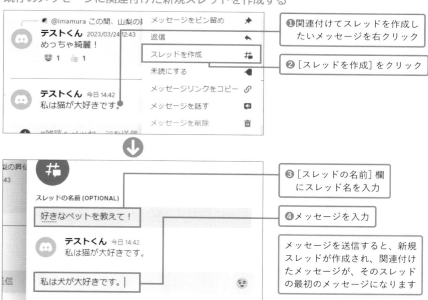

❶関連付けてスレッドを作成したいメッセージを右クリック

❷［スレッドを作成］をクリック

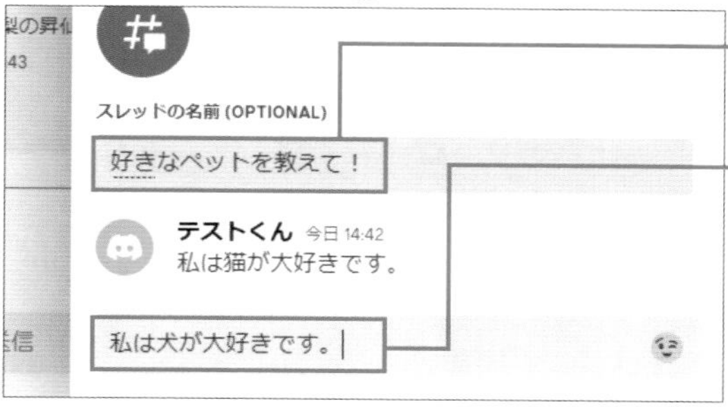

❸［スレッドの名前］欄にスレッド名を入力

❹メッセージを入力

メッセージを送信すると、新規スレッドが作成され、関連付けたメッセージが、そのスレッドの最初のメッセージになります

Tips プライベートスレッドを作成するには？

空の新規スレッドを作成する際、［プライベートスレッド］欄にあるチェックボックスをオンにすると、招待された人かモデレーター（［スレッドの管理］の権限を持つ人）のみ利用できるスレッドを作成できます。なお、プライベートスレッドを作成するには［プライベートスレッドの作成］の権限が必要になります。また、プライベートスレッドには、メッセージにメンションを付けると招待できます。

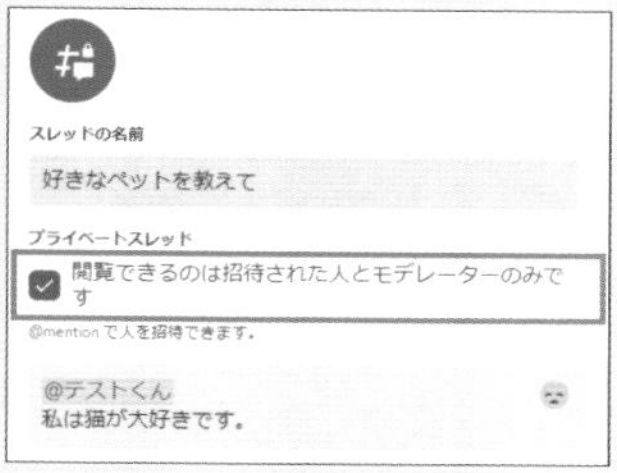

●スマートフォンアプリで新規スレッドを作成する

スマートフォンアプリでも、空の新規スレッドと既存のメッセージに関連付けた新規スレッドの両方が作成可能です。基本的な作成手順はデスクトップアプリと変わらず、同様の項目からプライベートスレッドも作成可能です。

空の新規スレッドを作成する

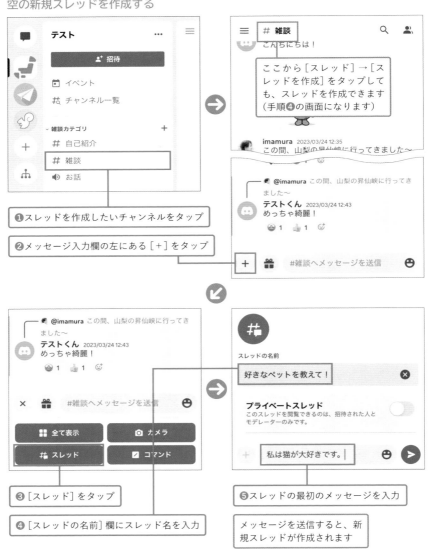

❶スレッドを作成したいチャンネルをタップ

❷メッセージ入力欄の左にある［＋］をタップ

ここから［スレッド］→［スレッドを作成］をタップしても、スレッドを作成できます（手順❹の画面になります）

❸［スレッド］をタップ

❹［スレッドの名前］欄にスレッド名を入力

❺スレッドの最初のメッセージを入力

メッセージを送信すると、新規スレッドが作成されます

既存のメッセージに関連付けた新規スレッドを作成する

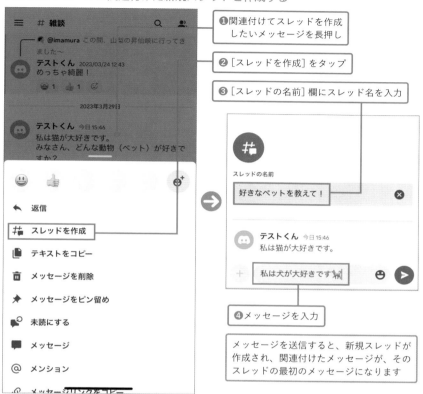

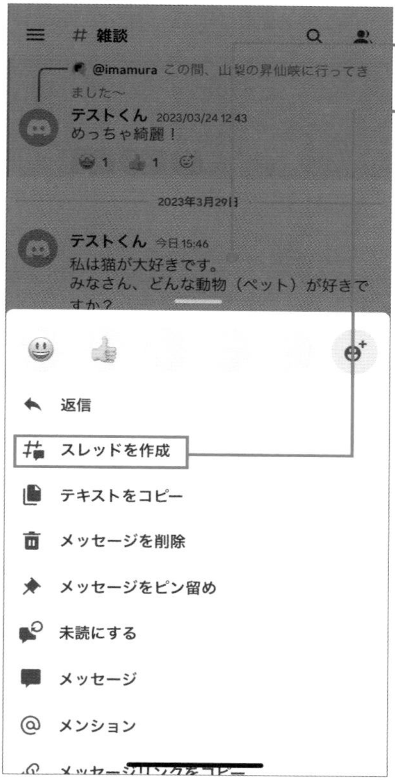

❶関連付けてスレッドを作成したいメッセージを長押し

❷［スレッドを作成］をタップ

❸［スレッドの名前］欄にスレッド名を入力

❹メッセージを入力

メッセージを送信すると、新規スレッドが作成され、関連付けたメッセージが、そのスレッドの最初のメッセージになります

Tips スレッドの一覧を確認しよう

チャンネル内に存在するスレッドは、各チャンネルを開いたとき、上部に表示される［スレッド］のアイコンから確認できます。右図はデスクトップアプリの例ですが、スマートフォンアプリの場合も、チャンネル内にスレッドが存在している場合は、同様にアイコンが表示されます。

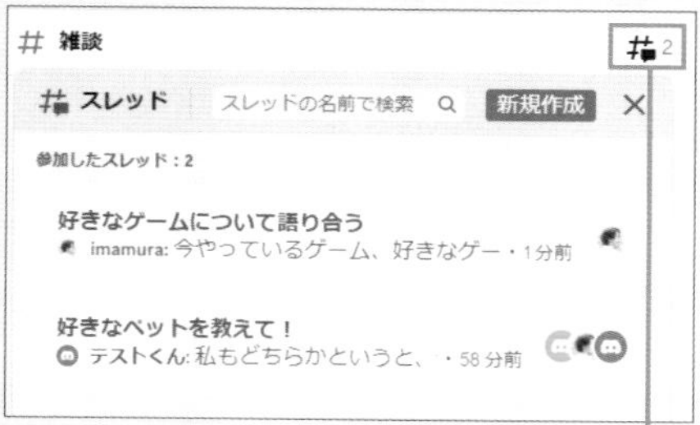

このアイコンをクリックすると、チャンネル内のスレッドが一覧表示されます

●デスクトップアプリでスレッドを退出／クローズ／ロックする

参加したスレッドから**「退出」することで、チャンネル一覧に表示されない**ようになります。また、スレッドを作成したユーザーまたは、[スレッドの管理]の権限をもつユーザーは、スレッドを「クローズ」することが可能です。

クローズしたスレッドは[古いスレッド]という項目に移動しますが、古いスレッドの状態でも新規で書き込みがあれば、またアクティブなスレッドとして扱われる仕様です。もし、それを防ぎたい場合は、スレッドを「ロック」してからスレッドをクローズしましょう。**ロックされたスレッドは、[スレッドの管理]の権限がないと書き込むことはできません**。また、スレッドのロックにも[スレッドの管理]の権限が必要となります。

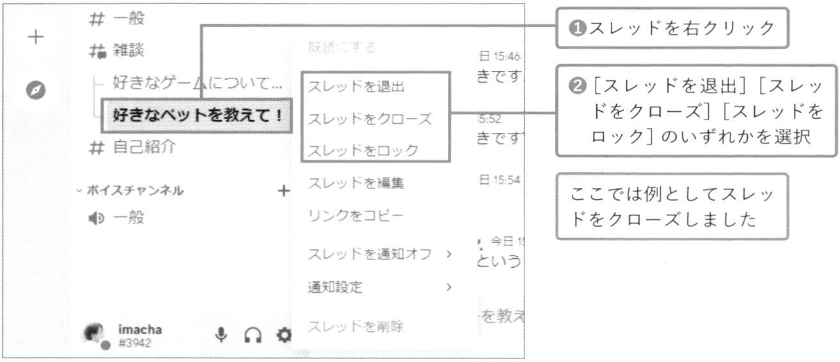

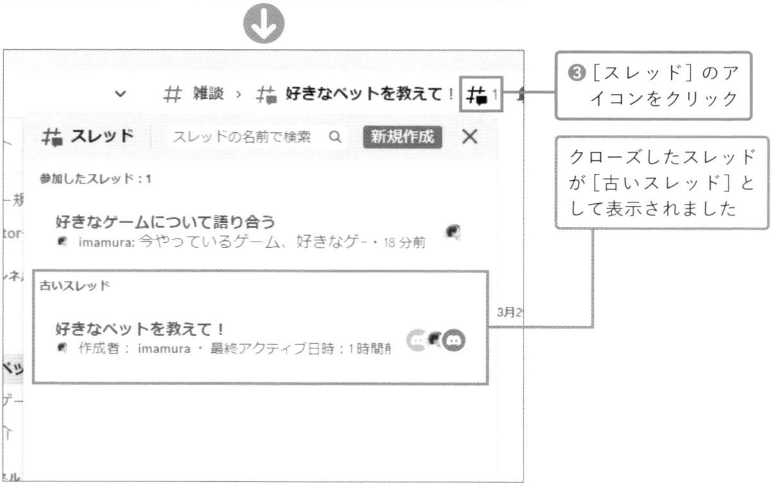

● スマートフォンアプリでスレッドを退出／クローズ／ロックする

　スマートフォンアプリでも同様に、スレッドを退出／クローズ／ロックができます。基本的にはデスクトップアプリで右クリックして表示したメニューを長押しで表示することで、各項目を選択できます。

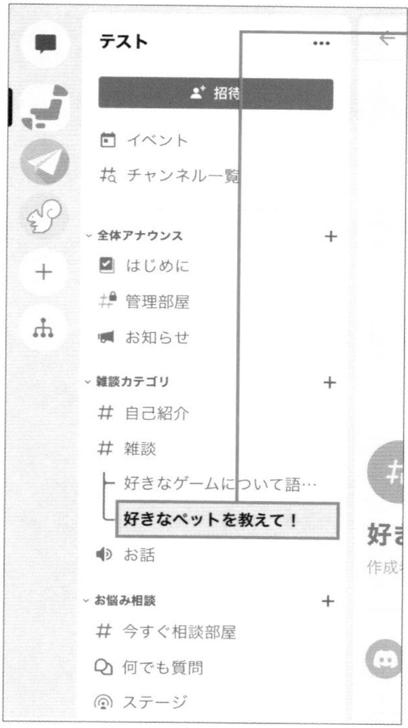

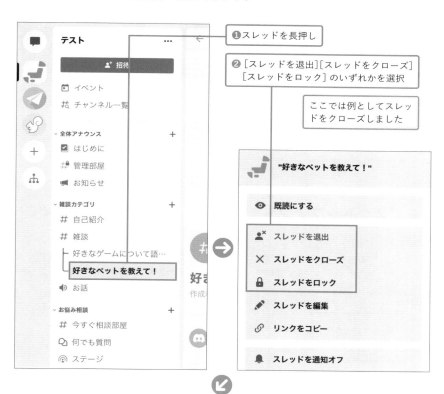

❶スレッドを長押し

❷［スレッドを退出］［スレッドをクローズ］［スレッドをロック］のいずれかを選択

ここでは例としてスレッドをクローズしました

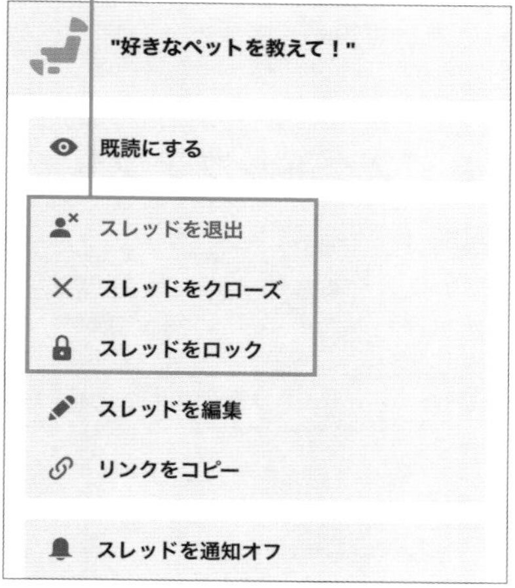

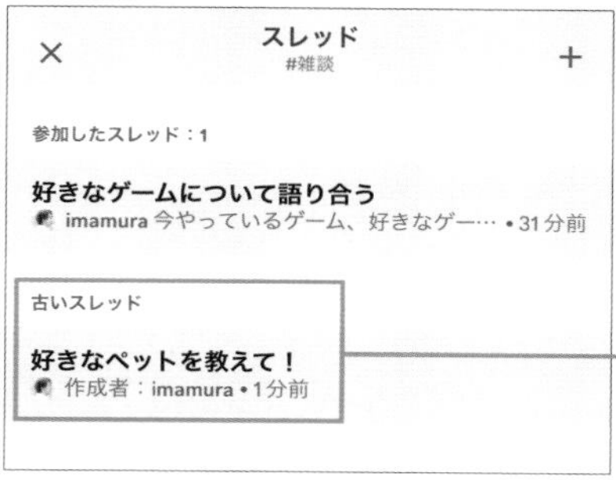

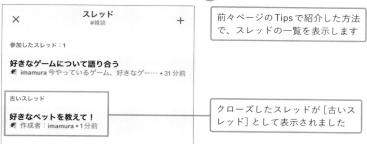

前々ページのTipsで紹介した方法で、スレッドの一覧を表示します

クローズしたスレッドが［古いスレッド］として表示されました

Section 25

掲示板のように使える フォーラムを活用しよう！

サーバー内でトピックごとに投稿を作成し、その中でタグやフォローなどの機能を利用しながら掲示板のように会話できるのがフォーラムです。ここではフォーラムへの投稿方法を中心に、基本操作を説明します。

フォーラムへの「投稿」について

Discordのフォーラムにコメントを書き込む行為は、一見前Sectionで説明したスレッドを作成することと似ていますが、公式ヘルプの用語では、フォーラムにコメントを書き込む行為を「**投稿**（Post）」と呼んでいます。本書でもその表記に準じて説明します。

デスクトップアプリでフォーラムに投稿＆返信する

投稿する

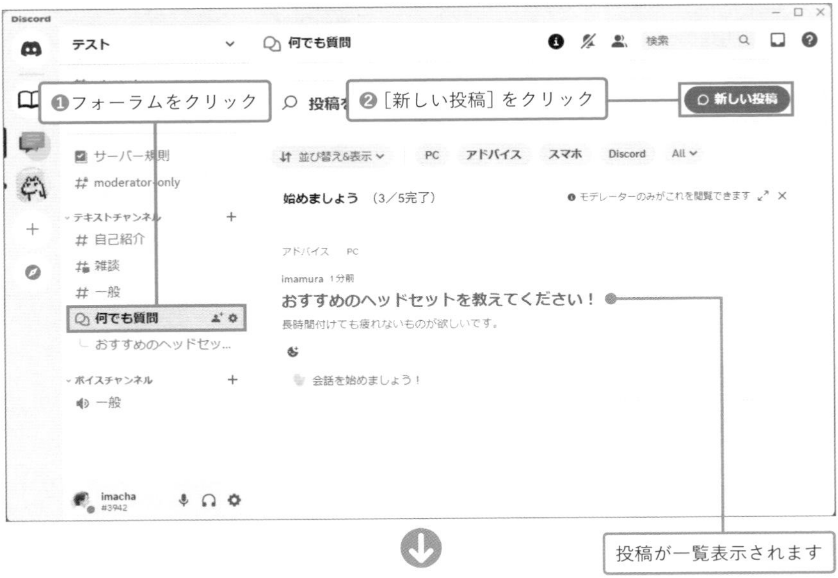

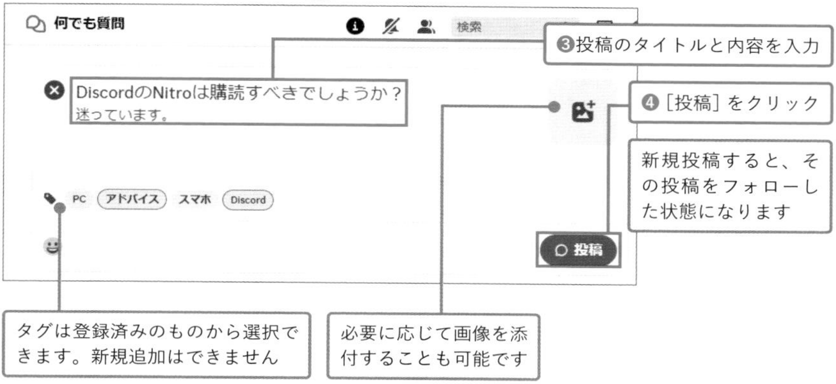

③投稿のタイトルと内容を入力

④［投稿］をクリック

新規投稿すると、その投稿をフォローした状態になります

タグは登録済みのものから選択できます。新規追加はできません

必要に応じて画像を添付することも可能です

返信する

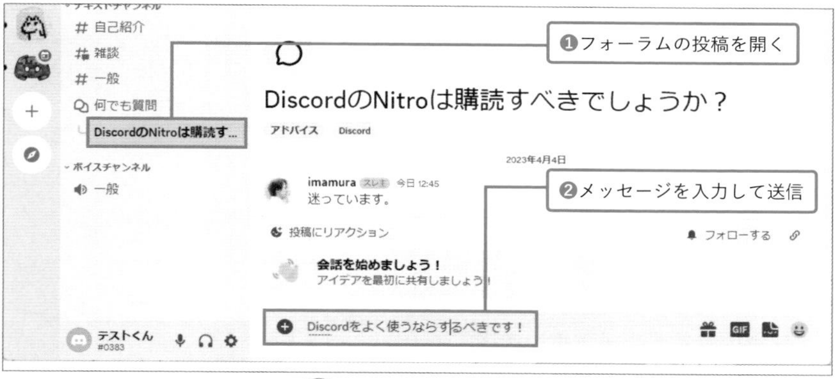

❶フォーラムの投稿を開く

❷メッセージを入力して送信

返信すると自動的に投稿をフォローするようになります。クリックするとフォローを解除できます

投稿にリアクションすることもできます

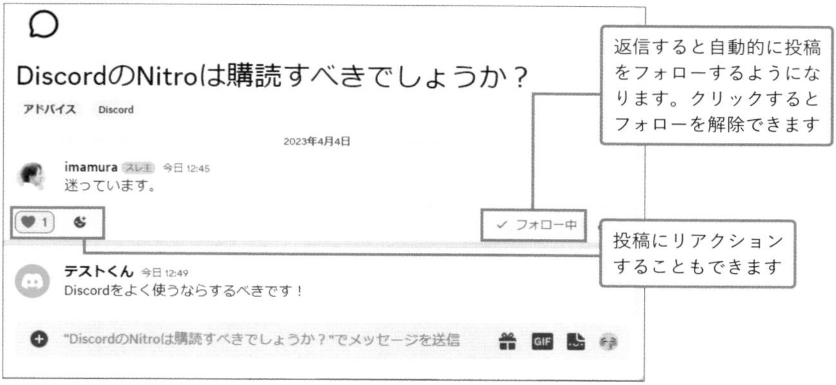

●スマートフォンアプリでフォーラムに投稿＆返信する

投稿する

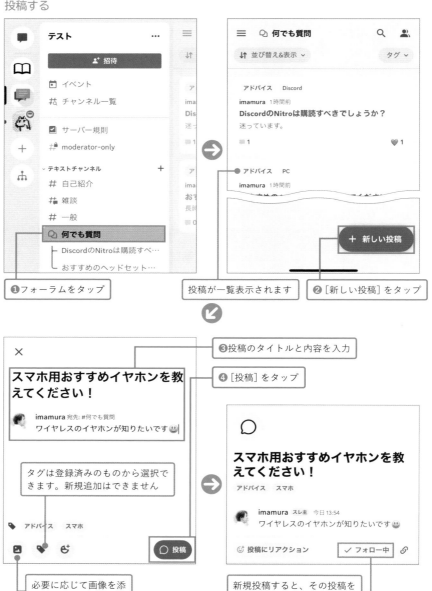

❶フォーラムをタップ

投稿が一覧表示されます

❷［新しい投稿］をタップ

❸投稿のタイトルと内容を入力

❹［投稿］をタップ

タグは登録済みのものから選択できます。新規追加はできません

必要に応じて画像を添付することも可能です

新規投稿すると、その投稿をフォローした状態になります

返信する

❶フォーラムをタップ

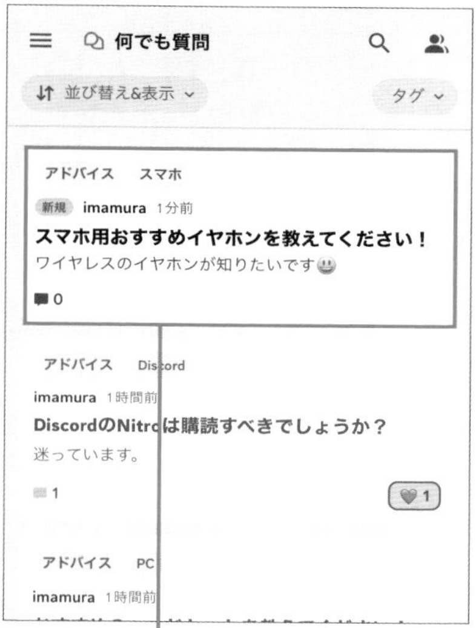

❷返信したい投稿をタップ

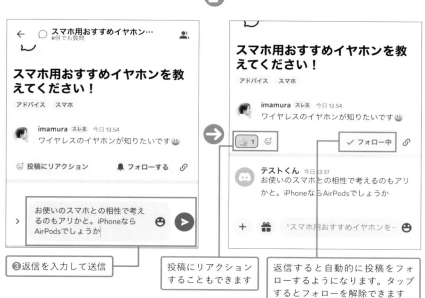

❸返信を入力して送信

投稿にリアクションすることもできます

返信すると自動的に投稿をフォローするようになります。タップするとフォローを解除できます

● デスクトップアプリで投稿をクローズ／ロックする

投稿は**「クローズ」することで、チャンネル一覧に表示されなくなります**。この操作は、投稿を作成したユーザー、または［スレッドの管理］の権限をもつユーザーが行え、**クローズした投稿は［過去の投稿］という項目に移動**します。

ただし、過去の投稿に対して新規で書き込みがあれば、またアクティブな投稿として扱われてしまいます。もし、それを防ぎたい場合は、投稿を「ロック」してからスレッドをクローズしましょう。**ロックされた投稿は［スレッドの管理］の権限がないと書き込むことはできません**。また、投稿のロックにも［スレッドの管理］の権限が必要となります。

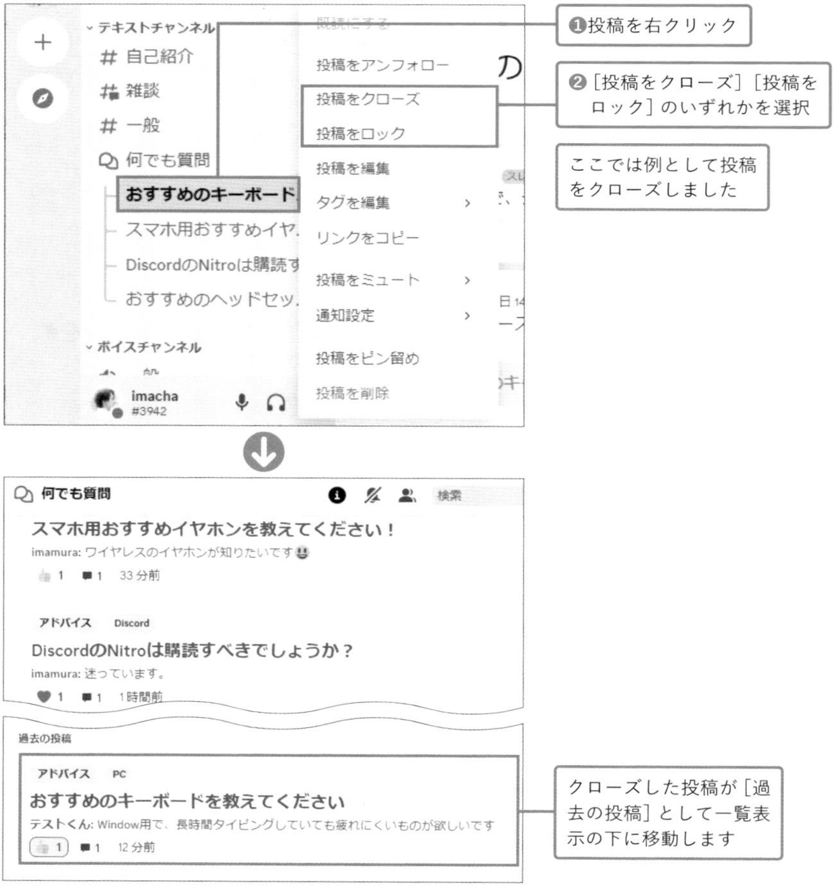

●スマートフォンアプリで投稿をクローズ／ロックする

スマートフォンアプリでも同様に、投稿をクローズ／ロックできます。基本的にはデスクトップアプリで右クリックして表示したメニューを長押しで表示することで、各項目を選択できます。

❶投稿を長押し

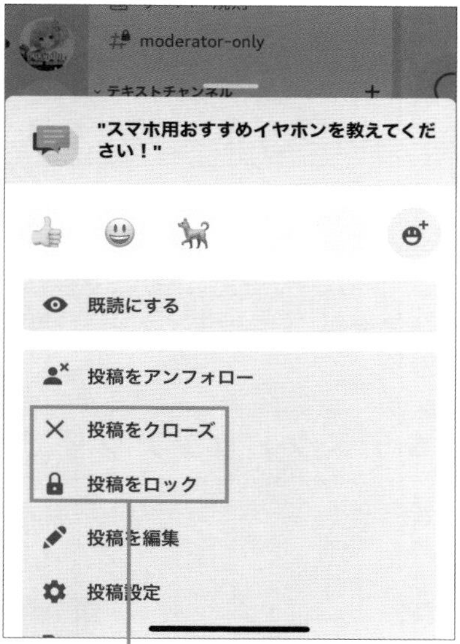

❷［投稿をクローズ］［投稿をロック］のいずれかを選択

その他のチャンネルについて

サーバー内のチャットスペースには、一般的なチャンネル、スレッド、フォーラムのほかに、下記の２つのチャンネルが存在します。

アイコン	チャンネル名	内容
	アナウンスメント	サーバーのメンバーに重要なお知らせを伝えるためのチャンネル。書き込み可能なのは［管理者］の権限があるユーザーのみ
	ステージ	発表者と聴衆に分かれて参加できるボイスチャンネル。発表者はマイクで話すことができるが、聴衆は聞くだけとなる。おもにパネルディスカッションなどに適している

Section 26

ボイスチャンネルで通話を楽しもう！

サーバー内にいるユーザー同士で、音声通話が行えるのが通話用のチャンネル「ボイスチャンネル」です。もちろん、カメラをONにすればビデオ通話も行えます。ここでは、その基本的な使い方と機能について説明します。

● ボイスチャンネルとは

Discord ではDMを用いた音声＆ビデオ通話のほかに、サーバー内に作成されるボイスチャンネルを利用して、音声通話やビデオ通話、画面共有などが行えます。サーバーに参加しているメンバーは、そのボイスチャンネルに参加する権限がある場合、自由にボイスチャンネルに出入りできます。

● デスクトップアプリでボイスチャンネルを利用する

❶ボイスチャンネルの［音声］アイコンをクリック

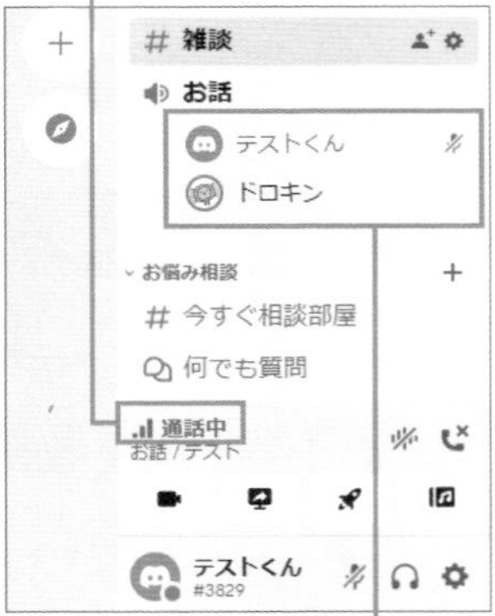

［通話中］という表示が出れば接続完了です。同じボイスチャンネルに接続しているユーザーと音声通話が行えます

会話中のユーザーはアイコンの周りが緑色にハイライトされます。また、ミュートしているユーザーは右側にミュートのアイコンが表示されます

各ボタンの機能

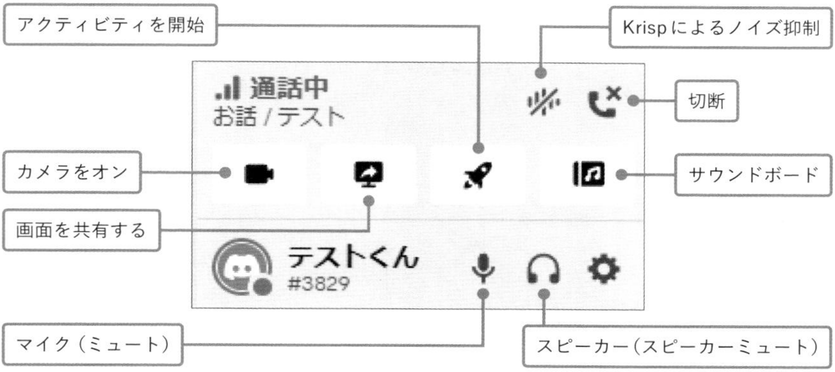

Krispによるノイズ抑制、カメラ、マイク、スピーカーはボタンをクリックするたびに、オン／オフを切り替えられます。

機能名	内容
Krispによるノイズ抑制	オンの場合、バックグラウンドのノイズを除去するサードパーティー製の機能「Krisp」を使用
切断	ボイスチャンネルを切断する
カメラをオン	カメラを起動し、ビデオ通話を開始する
画面を共有する	Section 28を参照
アクティビティを開始	Section 31を参照
サウンドボード	ボイスチャンネルの参加者全員が聞くことができる、短いオーディオクリップを再生する機能を使用できる
マイク	オンの場合、マイクで音声通話が可能。オフの場合、マイクはミュートされ、自分の声はボイスチャンネルに反映されなくなる。オン／オフはクリックで切り替え可能。また、ボイスチャット接続前にあらかじめオフにしておくことで、意図せず音声が漏れる事故を防げる
スピーカー	オンの場合、スピーカーでボイスチャンネルの音声を聞ける。オフの場合、ボイスチャンネルの音声を完全に遮断する。クリックで切り替え可能

●スマートフォンアプリでボイスチャンネルを利用する

スマートフォンアプリの場合も、若干インターフェースと機能が異なるほかは、基本的にデスクトップアプリと同じような使い方で音声通話が可能です。

❶ボイスチャンネルの［音声］アイコンをタップ

❷［ボイスチャンネルに参加］をタップ

上部に［通話中］という表示が出れば接続完了です。同じボイスチャンネルに接続しているユーザーと音声通話が行えます

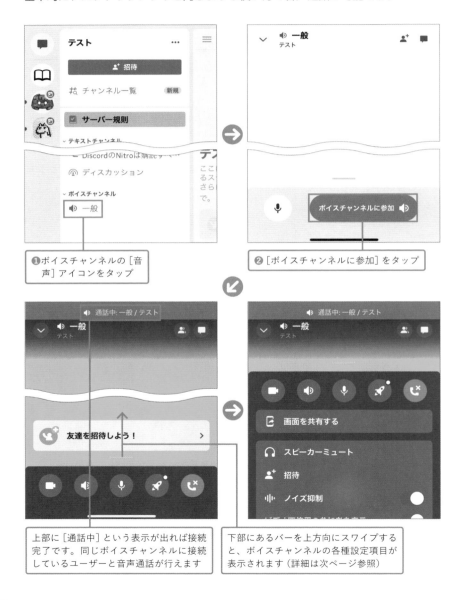

下部にあるバーを上方向にスワイプすると、ボイスチャンネルの各種設定項目が表示されます（詳細は次ページ参照）

各ボタン＆設定の機能

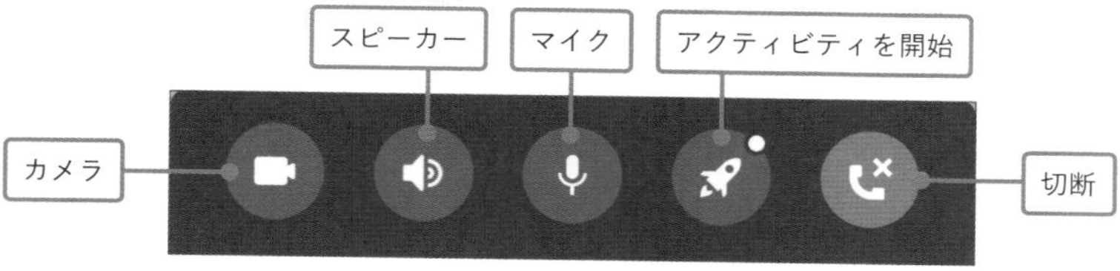

カメラ、スピーカー、マイクはボタンをタップするたびに、オン／オフを切り替えられます。

機能名	内容
カメラ	オンにすることで、カメラを起動し、ビデオ通話を開始
スピーカー	オンにすることで、スマートフォンのスピーカーで音声を出力
マイク	オンの場合、マイクでの音声通話が可能。オフの場合、マイクはミュートされ、自分の声はボイスチャットに反映されなくなる。タップで切り替え可能
アクティビティを開始	Section 31を参照
切断	ボイスチャンネルを切断する
画面を共有する	Section 28を参照
スピーカーミュート	オンの場合、スマートフォンに接続しているスピーカーでボイスチャンネルの音声を聞ける。オフの場合、ボイスチャンネルの音声を完全に遮断する。タップで切り替え可能
招待	現在開いているボイスチャンネルに接続するためのサーバーへの招待リンクを発行
ノイズ抑制	オンの場合、バックグラウンドのノイズを除去するサードパーティー製の機能「Krisp」を使用
ビデオ不使用の参加者を表示	オンの場合、ボイスチャンネルに接続している全ユーザーを表示。オフの場合、ビデオ通話を使用しているユーザーのみを表示
音声設定	音量調整やエコーの除去など、音声の設定が行える

Section 27

オーバーレイ機能を活用しよう！

Discordがゲームファンに愛用されていることをご存じの方も多いでしょう。「オーバーレイ機能」は、ゲームファンの間でよく利用される機能です。プレイ中のゲーム画面にDiscordの通話状況やチャットを表示できます。

● オーバーレイ機能とは

「オーバーレイ機能」とは、ゲーム画面の上にDiscordの通話状況やチャットを表示する機能です。この機能を使うと、ゲームのプレイ中でも、Discordの画面に切り替えることなく、仲間とコミュニケーションできます。なお、現状オーバーレイ機能は、Windows版及びAndroid版のDiscordでのみ使用可能なため、ここではWindows版の画面で使い方を紹介します（2023年5月現在）。

● オーバーレイ機能を使用する

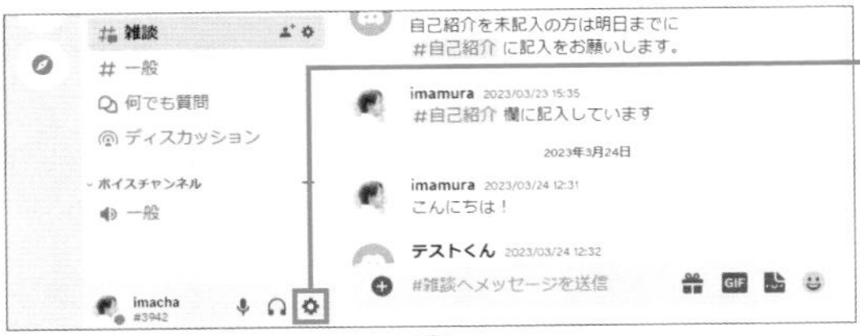

❶画面左下の［ユーザー設定］をクリック

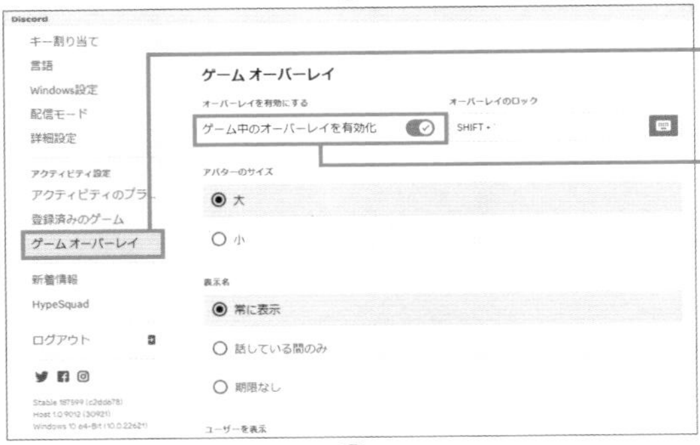

❷［ゲームオーバーレイ］をクリック

❸［ゲーム中のオーバーレイを有効化］をオンに

その他の設定はデフォルトのままでOKです

パソコン上でオーバーレイ機能を使用したいゲームを起動します

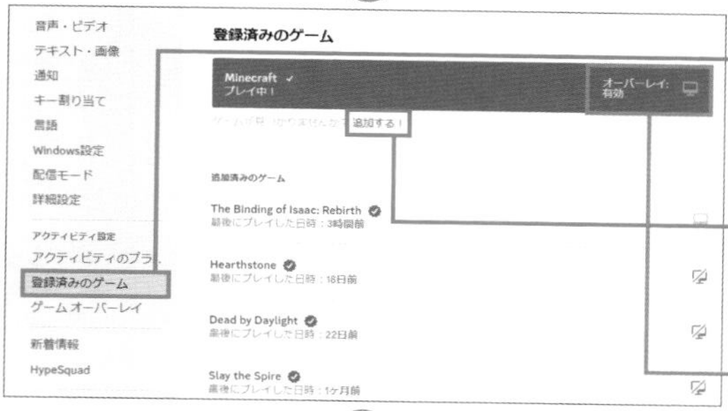

❹［登録済みのゲーム］をクリック

❺起動中のゲームが緑色でハイライトされていることを確認。ハイライトされていない場合、［追加する！］をクリックし、起動中のゲームを選択

オーバーレイを使用したいゲームが緑色でハイライトされオーバーレイが有効になっていることを確認してください。無効になっている場合はクリックすることで、有効にできます

オーバーレイが機能している場合、ボイスチャンネルに接続していれば自分のアカウントをゲーム画面上のアイコンから確認できます

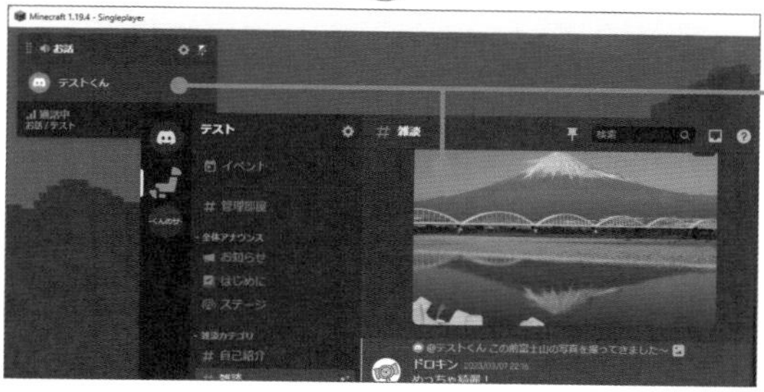

ゲーム中にオーバーレイ機能を操作するには、デフォルトの設定の場合 Shift + ` キーでメニュー画面を開きます。ここから、通話状況やチャットウィンドウの表示・非表示や位置・サイズの調整などが行えます

オーバーレイ使用時の注意点

オーバーレイ機能を使用することで、ゲームがクラッシュしたりラグが発生したりするといった問題が起こることがあるようです。対応方法は公式ドキュメントに記載されているため、問題が発生した場合は参考にしてみましょう。
https://support.discord.com/hc/ja/articles/217659737-ゲームオーバーレイ-101

Section 28

Go Liveでアプリや画面を共有しよう！

Discordでは通話しながらパソコンやスマートフォンの画面を共有できる「Go Live」という機能があります。友人とゲーム画面をライブ映像で共有したい場合や、アプリの操作方法を教えてもらうといった使い方ができます。

● デスクトップアプリで画面共有する

Discordで画面を共有するには、個人間でメッセージをやり取りする**DMの通話機能から共有**する方法、**ボイスチャンネルの通話から共有**する方法の2パターンがあります。以下、パソコンのデスクトップアプリを例に使い方を紹介します。

DMから画面共有

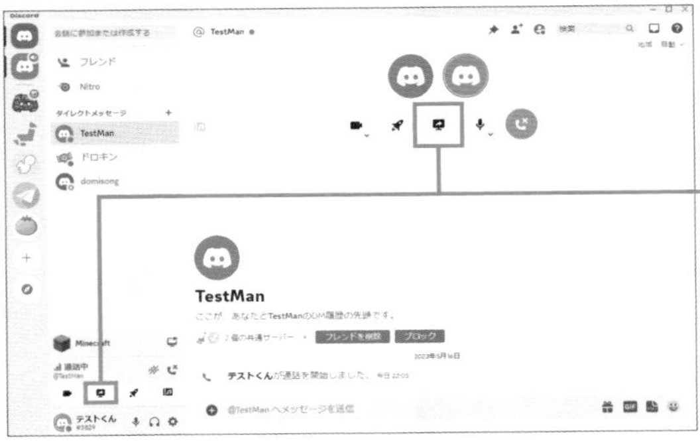

DMの場合、［通話中］の表示の下と、チャット画面の上にボタンが表示されます

❶［画面を共有する］をクリック

ボイスチャンネルから画面共有

ボイスチャンネルの場合、［通話中］の表示の下にボタンが表示されます

❶［画面を共有する］をクリック

前ページで紹介したいずれかの方法で、[画面を共有する]を選択した場合、[アプリ]または[画面]のどちらかを選んで共有できます。[アプリ]はパソコン上で起動しているゲームやWebブラウザーなどのソフトウェア単体を指します。アプリを画面共有すると、アプリ内で発生している音声も相手に共有することができます（ゲームのサウンドや効果音など）。[画面]はパソコンがモニターに映し出している画面のことを指します。画面を共有した場合には、パソコン上で発生している音声は共有されません。

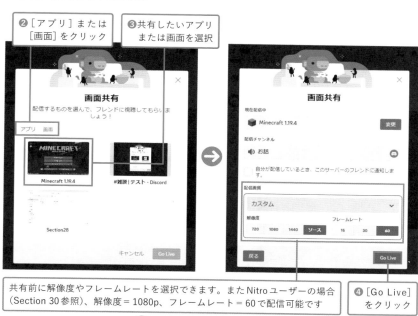

❷[アプリ]または[画面]をクリック

❸共有したいアプリまたは画面を選択

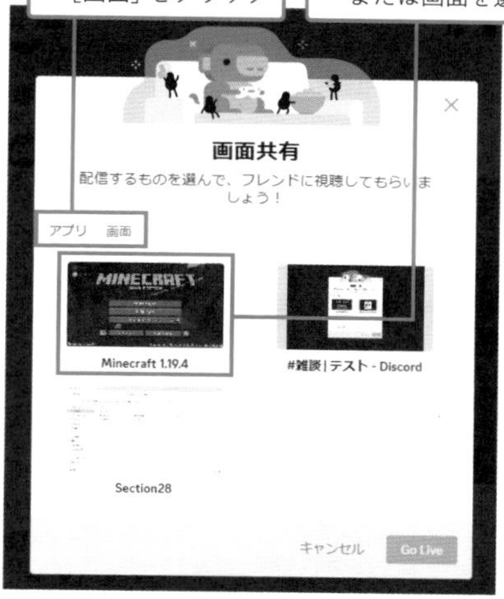

共有前に解像度やフレームレートを選択できます。またNitroユーザーの場合（Section 30参照）、解像度＝1080p、フレームレート＝60で配信可能です

❹[Go Live]をクリック

「ライブ」と表示され、配信のプレビューが画面上に表示されます

❺画面共有を止めるには、[配信を中止]をクリック

Tips ［登録済みのゲーム］からダイレクトに画面共有する

オーバーレイ機能で触れた［登録済みのゲーム］は（Section 27）、画面の左下に表示されます。このとき、［〇〇を配信する］をクリックすると、そのゲーム画面を共有しながらボイスチャットを同時に開始することができます。

● スマートフォンアプリで画面共有する

スマートフォンアプリの場合も、DMの音声通話機能から画面共有する方法、ボイスチャンネルから画面共有する方法があります。

DMの場合　　　　ボイスチャンネルの場合

いずれの場合も、下図のようなメニューが表示されます

❷［画面を共有する］をタップ

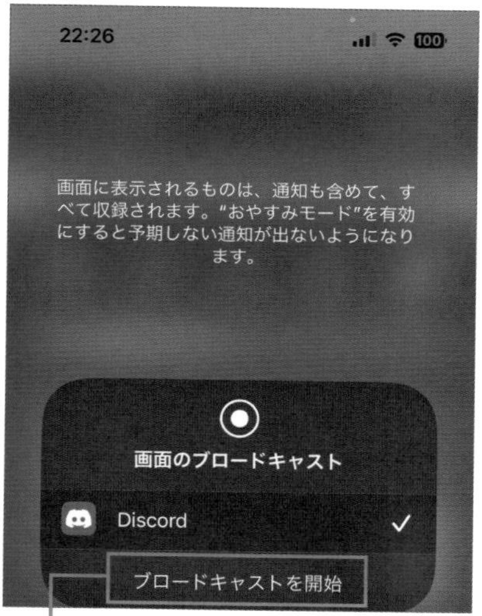

❸［ブロードキャストを開始］をタップ

画面共有を開始すると、左上の時計が赤く表示され、配信プレビューが表示されます。この間はスマートフォンの画面がすべて共有されている状態です

このとき、アプリの通知なども共有されてしまうため、心配であれば、あらかじめ通知が来ない設定（おやすみモードなど）にしておきましょう

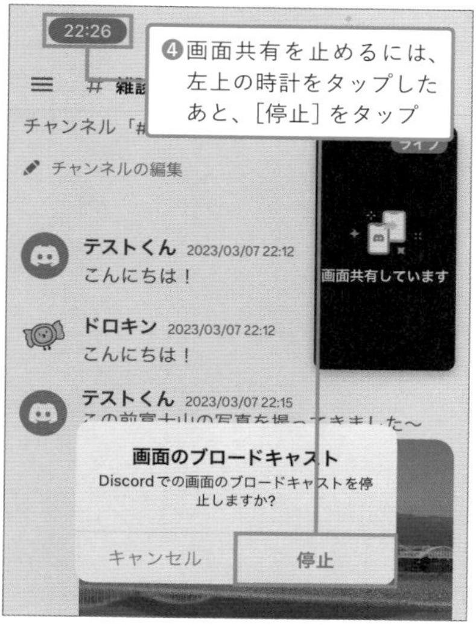

❹画面共有を止めるには、左上の時計をタップしたあと、［停止］をタップ

Section

29 通知を設定して快適に使おう！

Discordで多くのサーバーに参加している場合、メッセージなどの通知が頻繁に届くこともあります。そこで、自分に合った通知設定にカスタマイズすることで、重要な通知を逃さないようにしましょう。

●デスクトップアプリで通知を設定する

　パソコンのデスクトップアプリの場合は、以下の手順に従い、通知の設定を行いましょう。

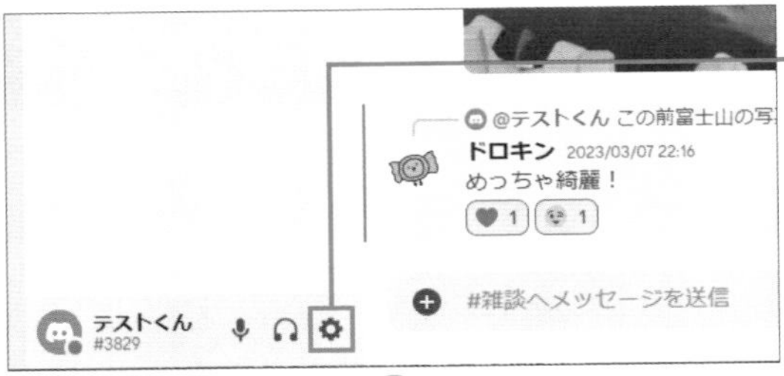

❶画面左下の［ユーザー設定］をクリック

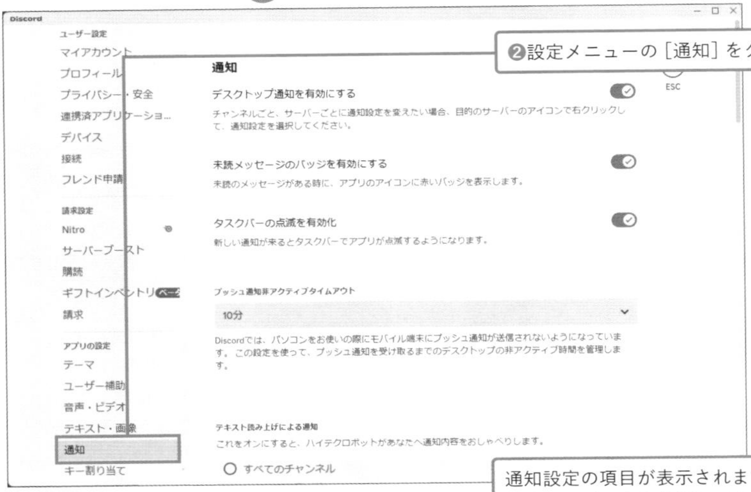

❷設定メニューの［通知］をクリック

通知設定の項目が表示されます。詳細は次ページの表を参照してください

デスクトップアプリのおもな通知設定項目

設定項目	内容
デスクトップ通知を有効にする	デスクトップ上でメッセージの通知を行うかどうかを切り替える
未読メッセージのバッジを有効にする	オンにすると、未読のメッセージが存在する場合、Discordアプリのアイコンに赤いバッジが表示される。オフにすると表示されない
タスクバーの点滅を有効化 ※Windows版のみ	オンにすると、通知があった場合にWindowsのタスクバーにあるアプリのアイコンが点滅し、ハイライトされる。オフにすると点滅しない
プッシュ通知非アクティブタイムアウト	通常、Discordのデスクトップアプリを使っている間はスマートフォンアプリに通知はされないが、ここで設定した時間を超過した場合、スマートフォンアプリに通知が届く
テキスト読み上げによる通知	オンにすると、通知の内容が音声によって読み上げられるようになる

そのほか、［サウンド］は通知音に関する設定、［メール通知］では通知をメール配信する場合の設定が行えます。

● スマートフォンアプリで通知を設定する

スマートフォンアプリの場合は、若干設定項目が異なります。以下の手順に従い、通知の設定を行いましょう。

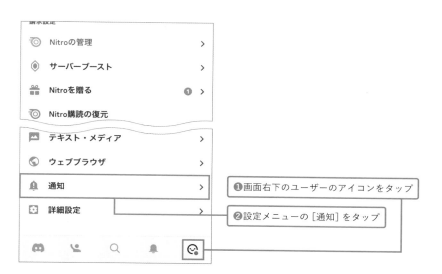

❶画面右下のユーザーのアイコンをタップ

❷設定メニューの［通知］をタップ

通知設定の項目が表示されます。詳細は下記の表を参照してください

スマートフォンアプリのおもな通知設定項目

設定項目	内容
Discord内の通知を取得します。	オンにすると、Discordアプリ内に表示される通知のポップアップを有効化し、オフにすると無効化する
Discord外の通知を取得します。	スマートフォン本体で受け取るDiscordアプリ自体の通知設定を行う画面に遷移し、アプリの通知設定が行える（次ページのTips参照）
通話と電話アプリを統合します。	オンにすると、Discordの通話の着信履歴がスマートフォンに保存されるようになる
フレンドの配信の通知を受け取る	フレンドがGo Live（画面共有や配信）を開始した場合に通知する

Tips 「Discord外の通知を取得する」とは？

前ページの表内で取り上げた［**Discord外の通知を取得します。**］という項目は、スマートフォン本体で受け取るDiscordアプリ自体の通知設定が行えます。
例えば、本書で例として取り上げているiOSのモバイル端末の場合は、上記の設定項目をタップすると、**そのOSが管理するアプリの通知設定画面に遷移**します。
ここから、他のアプリと同様に、通知のオン／オフ、通知の表示場所（ロック画面、通知センター、バナーなど）、サウンドやバッジ表示の有無などをカスタマイズ可能です。Android版も同様に、そのOSが管理するアプリの通知設定画面に遷移します。

［Discord外の通知を取得します。］をタップすると、OSが管理するアプリの通知設定画面に遷移します

iOSの場合は、［通知］をタップして、Discordアプリ自体の通知設定に進むことができます

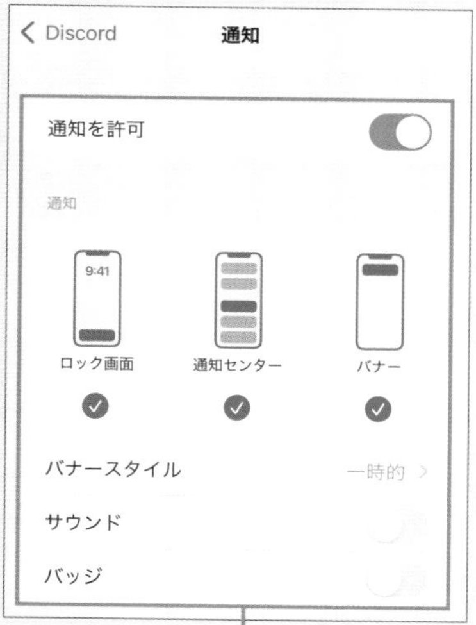

Discordアプリ自体の通知を、OS（システム）の範囲で自由に設定できます

上記で設定した通りに、モバイル端末のOSが許可した通知方法でDiscordの通知が届くようになります

● サーバーからの通知をカスタマイズする

Discordでは、アプリの全体的な通知設定だけではなく、サーバーやチャンネルごとにも細かくカスタマイズすることが可能です。

サーバー上の通知では、**通知設定の優先順位が「チャンネル>カテゴリー>サーバー」の順**となっています。例えばサーバーの通知設定で［通知しない］としていた場合でも、そのサーバー内の「#雑談」チャンネルの通知設定を［すべてのメッセージ］としていた場合、そのサーバーからは「#雑談」チャンネルに送信されたメッセージだけが通知されるようになり、その他の通知は行われません。このようにして、**任意のチャンネルだけを通知するような設定も可能**となります。

サーバーの通知設定

サーバーごとに通知をカスタマイズする際、デスクトップアプリの場合は、左上のサーバー名部分をクリックしてメニューから［通知設定］を選択します。スマートフォンアプリの場合は、サーバーのアイコンを長押ししてメニューから［通知］を選択します。

パソコンの場合

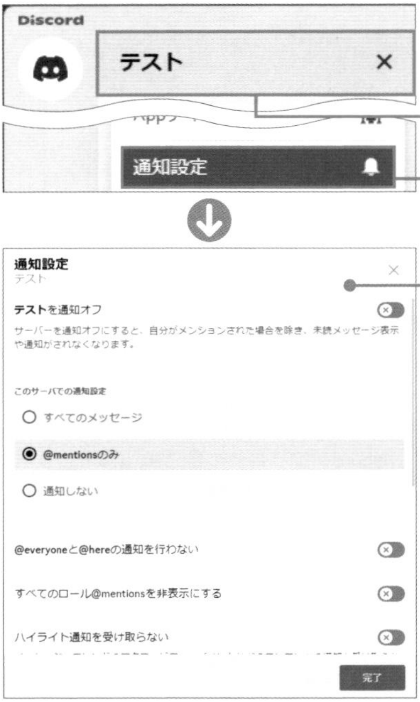

通知を設定したいサーバーをあらかじめ開いておきます

❶画面左上のサーバー名をクリック

❷［通知設定］をクリック

［通知設定］が開きます。詳細は次ページの表を参照してください

スマートフォンの場合

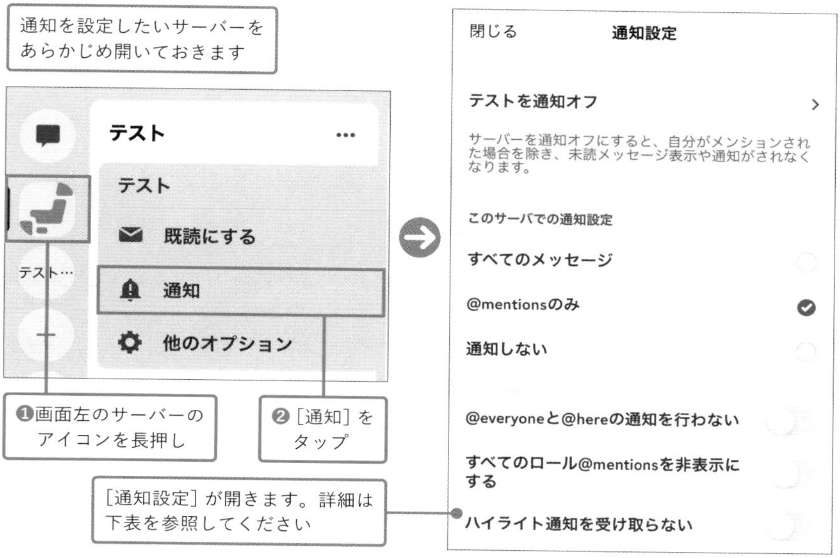

サーバーの通知設定項目

設定項目	内容
「サーバー名」を通知オフ	最も優先される設定。この通知がオフの場合、カテゴリーやチャンネルの通知設定に関係なく、サーバーすべてのメンション以外の通知が行われなくなる。 オフにする場合は、再度オンになるまでの期間を設定する必要がある。このとき、［ミュート解除するまで］を選択した場合、自身でこの設定を変更するまでは該当サーバーの通知が行われない
このサーバーでの通知設定 ・すべてのメッセージ ・@mentionsのみ ・通知しない	サーバーで通知するメッセージの範囲を設定できる。［通知しない］を選択した場合は、どんなメッセージも通知されなくなる
@everyoneと@hereの通知を行わない	オンにすると、@everyoneと@here（Section 14参照）のような全体メンションが行われても、通知しないようにできる
すべてのロール@mentionsを非表示にする	オンにすると、あなたに付与されているロール宛てのメンションを通知しないようにできる
ハイライト通知を受け取らない	オンにすると、メッセージ、フレンドのアクティビティ、イベントなどのコンテンツの通知をメールで受け取らないようにする

新しいイベントをミュート	オンにすると、イベントが新規で作成された場合、通知しないようにする
携帯電話にプッシュ通知を行う	オンにすると、携帯電話にプッシュ通知を行う（デフォルトではオンになっている）
通知の上書き	※以下の記事を参照

● 通知の上書き

上記表内の［**通知の上書き**］は、各チャンネル及びカテゴリーの通知設定を個別に設定できる項目です。通知設定の優先順位が「チャンネル＞カテゴリー＞サーバー」の順であるため、**ここで設定を行ったチャンネル及びカテゴリーは、設定項目［このサーバーでの通知設定］の内容とは関係なく機能**します。

［チャンネルまたはカテゴリーを選択］のプルダウンからチャンネル及びカテゴリーを選択することで、個別に通知設定できます（下図）。

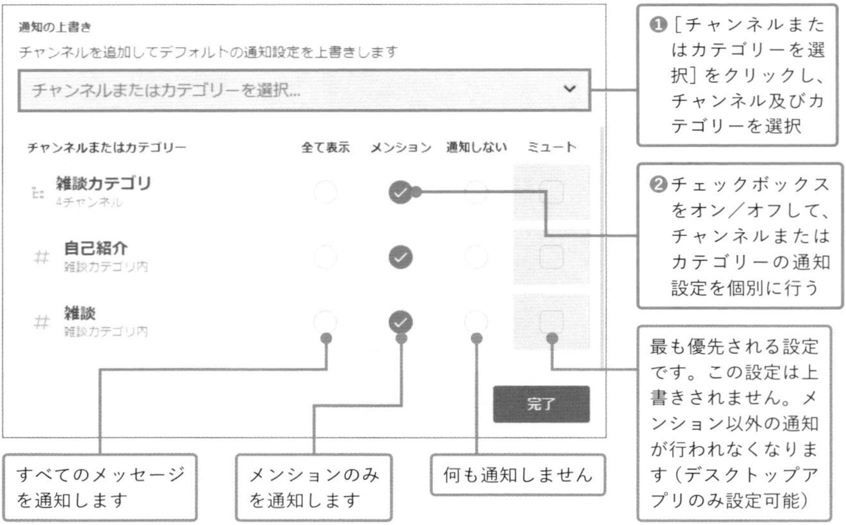

通知の上書き
チャンネルを追加してデフォルトの通知設定を上書きします
チャンネルまたはカテゴリーを選択...
チャンネルまたはカテゴリー
全て表示
メンション
通知しない
ミュート
雑談カテゴリ
4チャンネル
自己紹介
雑談カテゴリ内
雑談
雑談カテゴリ内
完了
❶［チャンネルまたはカテゴリーを選択］をクリックし、チャンネル及びカテゴリーを選択
❷チェックボックスをオン／オフして、チャンネルまたはカテゴリーの通知設定を個別に行う
最も優先される設定です。この設定は上書きされません。メンション以外の通知が行われなくなります（デスクトップアプリのみ設定可能）
すべてのメッセージを通知します
メンションのみを通知します
何も通知しません

● 通知の設定例

これまで説明した通知設定のうち、［このサーバーでの通知設定］を［通知しない］に設定した上で、［通知の上書き］により個別にチャンネル及びカテゴリーの通知設定を行った場合、どのように反映されるのか説明します。

設定例は、下図の通りで、通知の反映のされ方は下表の通りです。

［このサーバーでの通知設定］の設定例

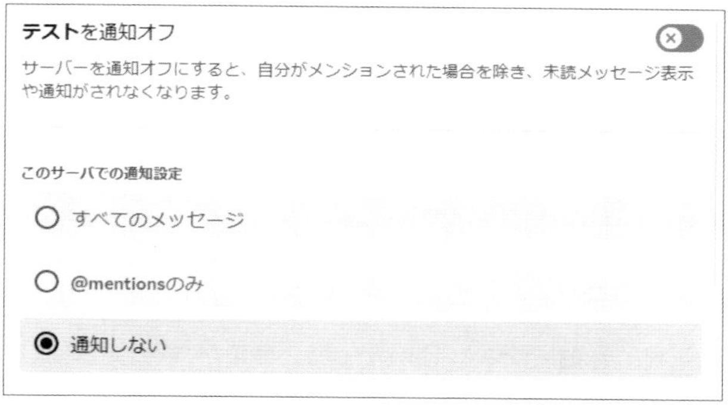

［通知の上書き］の設定例

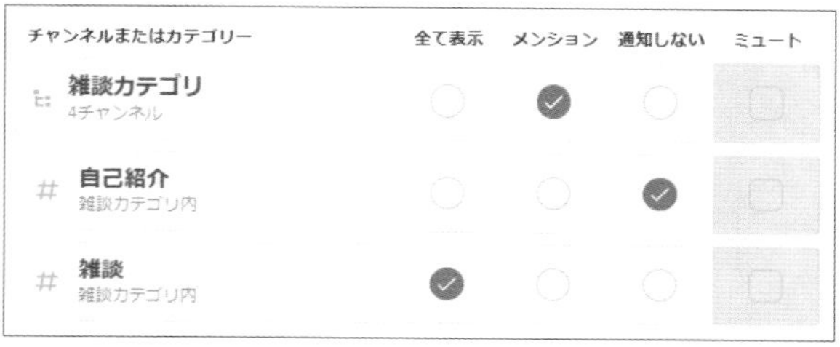

チャンネルの構成例

設定した通知の反映のされ方

チャンネル名	通知の挙動
#自己紹介	最も優先されるチャンネルの通知設定が［通知しない］のため、通知されない
#雑談	最も優先されるチャンネルの通知設定が［全て表示］のため、サーバーの通知設定よりもこちらが優先され、すべてのメッセージが通知される
#雑談2	チャンネルの通知設定はここで行っていないため、カテゴリーの通知設定が優先して適用される。ここでは［雑談カテゴリ］の通知設定が［メンション］のため、メンションのみ通知される
その他のチャンネル	チャンネル及びカテゴリーの通知設定がないため、サーバーの通知設定が適用される。サーバーの通知設定が［通知しない］のため、通知されない

Section 30

有料サブスクリプション Discord Nitroとは？

Discord Nitroとは、Discordの有料サブスクリプションサービスです。加入することで、さまざまな機能を利用できるようになります。ここではDiscord Nitroの主なサービス・機能を紹介します。

Nitro BasicとNitroの違いについて

Discord Nitroには、「Nitro Basic」と「Nitro」の2種類が存在し、それぞれ料金と利用できる機能が異なります。下表にその違いをまとめましたが、基本的に**Nitro Basic及びNitroは、テキストチャットまたはボイスチャットに関連する機能のメリットが大きい**です。そのためテキストチャットまたはボイスチャットを高頻度で利用する方にはNitro Basic及びNitroの利用がおすすめできます。

料金

	Nitro Basic	Nitro
月額	350円	1,050円
年額	3,500円（2カ月分割引）	10,500円（2カ月分割引）

Nitro BasicとNitroの違い

機能	通常のユーザー	Nitro Basic	Nitro
カスタム絵文字とアニメーション絵文字	カスタム絵文字のみ同じサーバー内で使用可能	どこでも使用可能	どこでも使用可能
カスタムステッカーとNitroステッカー	カスタムステッカーのみ同じサーバー内で使用可能	どこでも使用可能	どこでも使用可能
スーパーリアクション	使用不可	週2回まで使用可能	週5回まで使用可能
カスタムサウンド	同じサーバー内のみ	同じサーバー内のみ	どこでも使用可能
ファイル共有サイズ制限	25MBまで	50MBまで	500MBまで
Nitroバッジ	なし	あり	あり
カスタムビデオ背景	なし	あり	あり

サーバーブースト	なし	なし	2つ保有
高品質なビデオ・ストリーミング設定	なし	なし	ビデオ：1080p/60fps
プロフィールのカスタマイズ	なし	なし	あり
サーバープロフィール	なし	なし	あり
すべてのアクティビティへのアクセス	なし	なし	あり
サーバー参加数上限	100件	100件	200件
メッセージ文字数上限	2,000文字	2,000文字	4,000文字

● Nitroの機能について

ここから**Nitroに加入することで得られる機能**について、紹介します。

カスタム絵文字とアニメーション絵文字

サーバーの**カスタム絵文字**が別のサーバーでも使用可能になります。また、**アニメーション絵文字**（動く絵文字）が使用可能になります。おもにテキストチャットで使用できます。

カスタムステッカーとNitroステッカー

サーバーの**カスタムステッカーが別のサーバーでも使用可能**になります。また、300枚以上存在する**Nitro限定ステッカー**が使用可能になります。おもにテキストチャットで使用できます。

ファイル共有サイズ制限

アップロードできる**ファイルの容量の上限が8MBから500MBまで増加**します。Nitro Basicの場合は50MBなので、その10倍です。画像、動画、音声など容量の大きなファイルをテキストチャットで送信したい場合は、非常に便利な機能です。

Nitroバッジ

プロフィールに、左のような**Nitroバッジ**が追加されます。

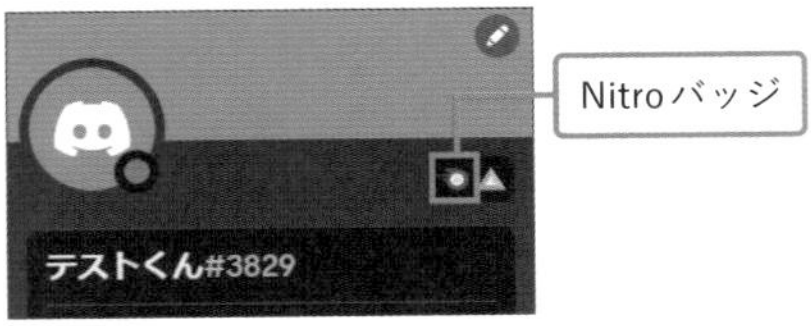

カスタムビデオ背景

［ユーザー設定］→［音声・ビデオ］の設定から、**ビデオ通話時の背景を変更できる**ようになります。Discordが用意した背景のほか、［ぼかし］も利用可能です。［カスタム］では、自作の画像・動画を設定したりGIFアニメを設定したりできます。

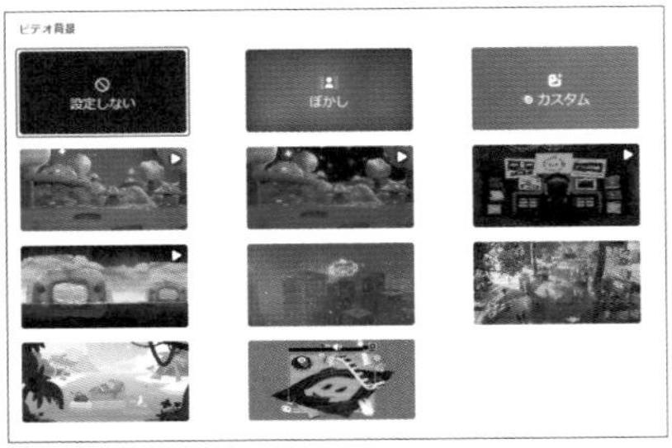

サーバーブースト

2つのブーストを獲得できます。また、**追加のブースト購入が30%オフ**になります。サーバーブーストについては、次章のSection 46で解説しているので参考にしてください。

高品質なビデオ・ストリーミング設定

アプリ・画面共有（Go Live。Section 28参照）時に、**解像度及びフレームレートを「720p/30fps」から「1080p/60fps」までアップ**できます。

サーバープロフィール

サーバーごとに異なるアバター、バナー、自己紹介など、**個別にプロフィールを設定**できます。

すべてのアクティビティへのアクセス

利用可能なすべてのアクティビティ（Section 31参照）にアクセスし、ゲームを起動すると誰でもすぐにサーバーに参加し、一緒にプレイできるようになります。

プロフィールのカスタマイズ

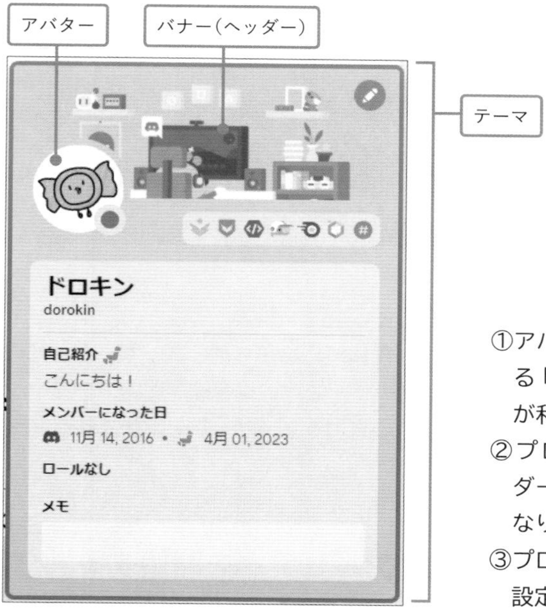
アバター
バナー（ヘッダー）
テーマ
ドロキン
dorokin
自己紹介
こんにちは！
メンバーになった日
11月 14, 2016 • 4月 01, 2023
ロールなし
メモ

①アバターにGIF画像が設定できる「アニメーションアバター」が利用できるようになります。
②プロフィールのバナー（ヘッダー）画像を設定できるようになります。
③プロフィールのテーマカラーを設定できるようになります。

Discord Nitroに加入する方法

パソコンのデスクトップアプリの場合は、[ユーザー設定] → [Nitro] と進み、[登録] をクリックします。そこで、[Nitro] または [Nitro Basic] から登録したいプランを、支払いプランを [月ごと] または [年ごと] から選択します。支払方法はクレジットカードまたはPayPalが利用でき、支払い完了後にDiscord Nitroの各機能を使うことができます。

一方、**スマートフォンアプリの場合**は、画面右下のアカウントのアイコンをタップして [ユーザー設定] を開き、[Nitroを入手する] を選択しましょう。[Nitro] または [Nitro Basic] から登録したいプランを、支払いプランを [月ごと] または [年ごと] から選択したら、モバイル端末で利用しているストア（App StoreやGoogle Playストアなど）で支払いを済ませればOKです。支払い完了後に、Discord Nitroの各機能を使うことができます。

Section 31

一緒にゲームが遊べるアクティビティを使おう！

アクティビティは、ボイスチャンネルに接続しながら一緒にミニゲームを楽しめる機能です。ここでは、パソコンのデスクトップアプリとスマートフォンアプリの両方で、アクティビティの開始・参加方法を解説します。

●アクティビティとは

「アクティビティ」は、ボイスチャンネルに接続しながら他のユーザーと一緒にミニゲームを楽しめる機能です。Nitroユーザーでない場合は、開始できるアクティビティの数が制限されていますが、他のNitroユーザーがアクティビティを開始した場合、それに参加することは可能です。

●デスクトップアプリでアクティビティを開始する

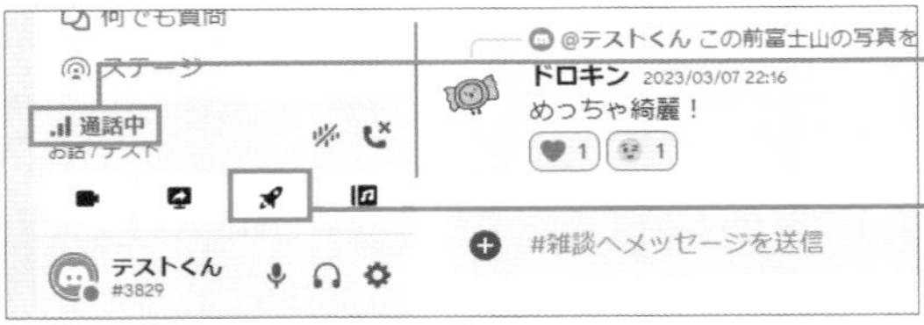

事前にボイスチャンネルに接続しておきます

❶画面左下の［アクティビティを開始］をクリック

アクティビティ
カジュアルゲームまたはウォッチパーティをすぐに開始
POKER NIGHT
Poker Night
参加者数7人まで
モバイル
Card Game
Classic
SKETCH Heads
Sketch Heads
参加者数8人まで
モバイル
Creative
Drawing Game

❷開始できるアクティビティの一覧が表示されるので、任意のアクティビティをクリック

初めて遊ぶアクティビティでは、認証を求められる場合がありますので、［認証］をクリックして開始します

ゲームの画面が開きます。直接クリックして操作が可能です
❸［開始］をクリックしてゲームスタート（この画面はゲームによって異なる）
❹アクティビティを退出するには［アクティビティを退出］をクリック
テスト
お話
Gartic Phone
プレイヤー (1)
テストくん
伝言ゲーム
標準
日本語
開始
プレイ方法

●デスクトップアプリでアクティビティに参加する

既にアクティビティを開始しているユーザーのゲームに参加し、一緒にプレイすることができます。

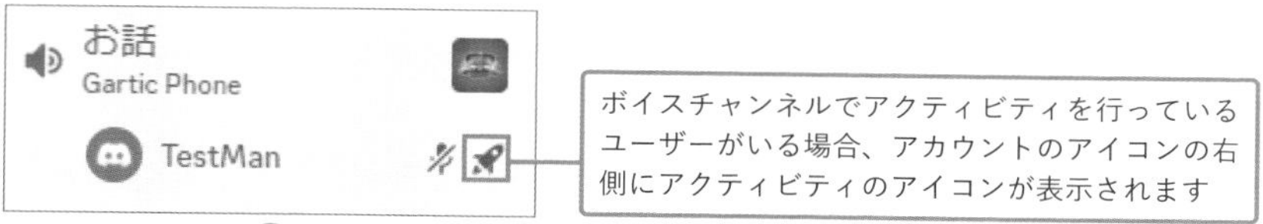
お話
Gartic Phone
TestMan
ボイスチャンネルでアクティビティを行っているユーザーがいる場合、アカウントのアイコンの右側にアクティビティのアイコンが表示されます

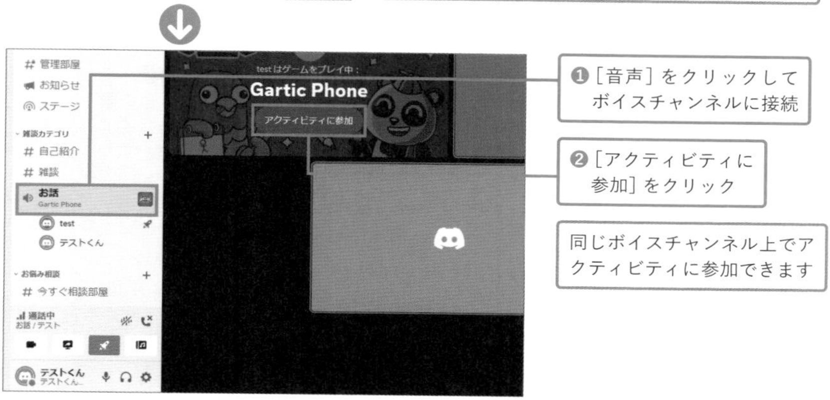
❶［音声］をクリックしてボイスチャンネルに接続
❷［アクティビティに参加］をクリック
同じボイスチャンネル上でアクティビティに参加できます
Gartic Phone
アクティビティに参加

●スマートフォンアプリでアクティビティを開始する

スマートフォンアプリの場合も基本はデスクトップアプリと同様です。ボイスチャンネルに接続して、アクティビティを開始しましょう。

❶ボイスチャンネルのアイコンをタップし、続く画面で［ボイスチャンネルに参加］をタップ

❷画面下のメニューから［アクティビティを開始］のアイコンをタップ

❸開始できるアクティビティの一覧が表示されるので、任意のアクティビティをタップ

初めて遊ぶアクティビティでは、認証を求められる場合がありますので、［認証］をタップして開始します

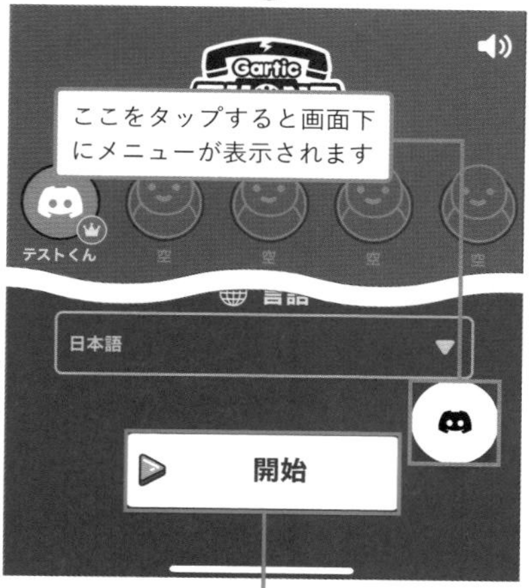

ここをタップすると画面下にメニューが表示されます

❹［開始］をタップしてゲームスタート（この画面はゲームによって異なる）

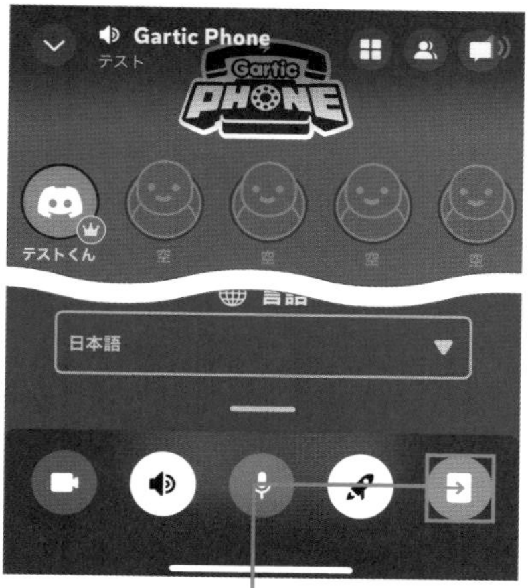

❺アクティビティを退出するには画面下の［アクティビティを退出］をタップ

● スマートフォンアプリでアクティビティに参加する

既にアクティビティを開始しているユーザーのゲームに参加し、一緒にプレイすることができます。

ボイスチャンネルでアクティビティを行っているユーザーがいる場合、アカウントのアイコンの右側にアクティビティのアイコンが表示されます

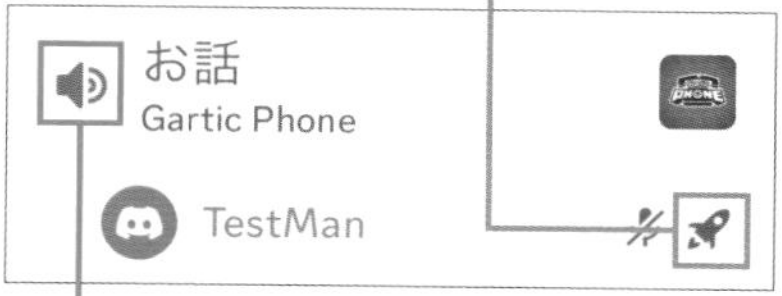

❶ボイスチャンネルのアイコンをタップ

❷［ボイスチャンネルに参加］をタップ

❸［アクティビティに参加］をタップ

同じボイスチャンネル上でアクティビティに参加できます

Section 32

セキュリティのために見直したい4つの設定

Discordは匿名ユーザーが集まり、好きなテーマについて会話できることが魅力の1つです。しかし、中には悪意を持ったユーザーが少なからず存在します。自分のアカウントを守るために、セキュリティを強化しましょう。

Discordを快適に利用するために

Discordでは匿名で多くの人が交わる環境にあるため、悪意を持ったメッセージの送信やアクセスがあなたのアカウントに対して行われる可能性が十分にあり得ます。危険から身を守り、アカウントを安全に保つためにも、下記の4箇条を守るよう心がけてください。

アカウントを安全に保つための4箇条

①アカウントを保護する
②DMの受信設定を行う
③怪しいコンタクトに応じない
④必要に応じてユーザーをブロックする

①アカウントを保護する

安全なパスワードの使用

強力で安全なパスワードを使用することは、アカウントを保護するための重要な要素の1つです。大文字、小文字、特殊文字を組み合わせて、長く推測が難しいパスワードを作成し使用してください。

また、他のサービスで使用しているパスワードを使いまわしたり、Discordのパスワードを他のサービスで使用したりしないようにしましょう。

二要素認証（2FA）を有効にする

二要素認証（two-factor authentication：2FA）は、アカウントを保護する上で最も強力な方法です。**ログイン時に、パスワードだけでなく、アプリで生成されるコードを使ってログインすることで、アカウントのセキュリティを高める**方法です。

デスクトップアプリで二要素認証を有効にする

以下では、デスクトップアプリを利用して二要素認証を有効にする手順を紹介します。その際、スマートフォンアプリを併用しコードを生成する必要があるため、スマートフォンアプリでも似たような手順で認証が可能です。

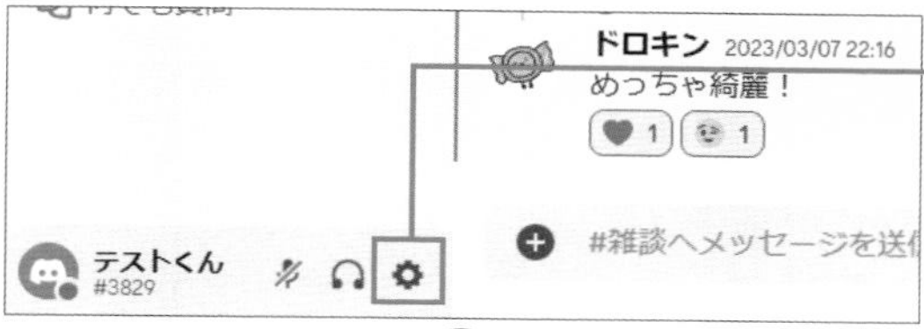

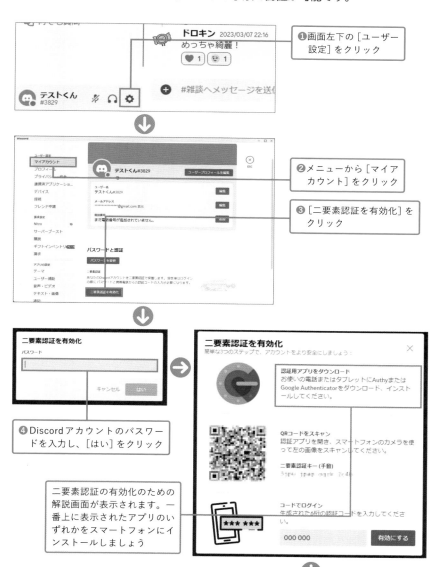

❶画面左下の［ユーザー設定］をクリック

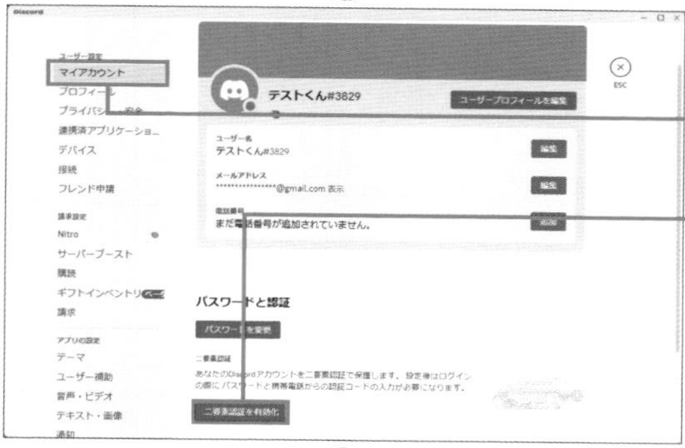

❷メニューから［マイアカウント］をクリック

❸［二要素認証を有効化］をクリック

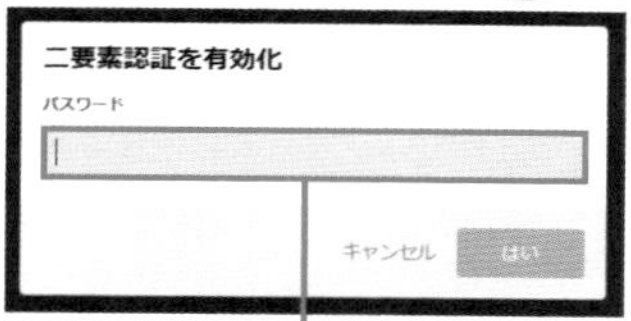

❹Discordアカウントのパスワードを入力し、［はい］をクリック

二要素認証の有効化のための解説画面が表示されます。一番上に表示されたアプリのいずれかをスマートフォンにインストールしましょう

Discordが提示する認証用アプリのAuthy、Google Authenticatorのうち、本書ではGoogle Authenticatorを例に説明します

19:26
アカウントを検索
+

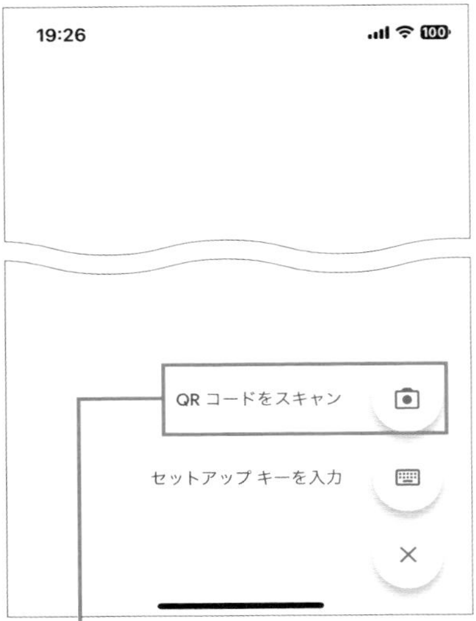
19:26
QR コードをスキャン
セットアップ キーを入力

❺Google Authenticatorのスマートフォンアプリを開き、右下の［+］をタップ

❻［QRコードをスキャン］をタップ

二要素認証を有効化
簡単な3つのステップで、アカウントをより安全にしましょう：
認証用アプリをダウンロード
お使いの電話またはタブレットにAuthyまたはGoogle Authenticatorをダウンロード、インストールしてください。
QRコードをスキャン
認証アプリを開き、スマートフォンのカメラを使って左の画像をスキャンしてください。
二要素認証キー（手動）
コードでログイン
生成された6桁の認証コードを入力してください。
000 000
有効にする

❼デスクトップアプリに表示されているQRコードをスマートフォンのカメラでスキャン

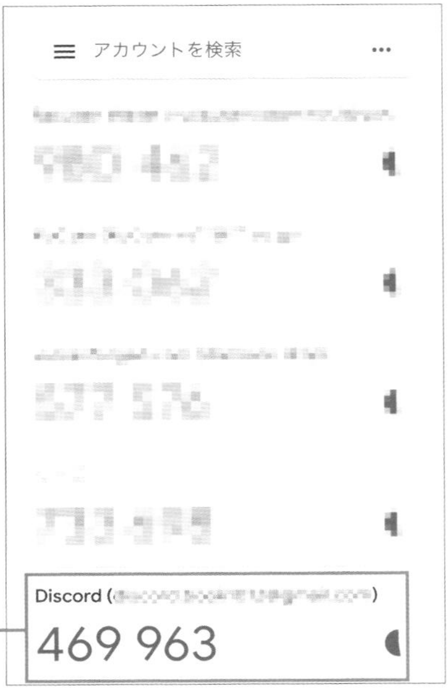
アカウントを検索
Discord (
469 963

スキャン後、Google Authenticatorのスマートフォンアプリの画面に［Discord］の行が追加されます

❽ Google Authenticatorに表示された数字を［コードでログイン］へ入力し、［有効にする］をクリック

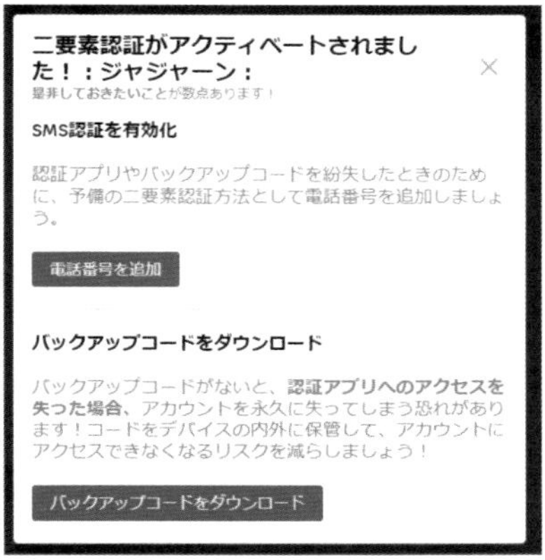

この画面が表示されたら、二要素認証の有効化は完了です

二要素認証完了後にやるべきこと

項目	内容
SMS認証を有効化	認証アプリにアクセスできなくなった場合に、認証アプリの代わりにSMS認証を通じてログインすることが可能になる。必ず設定するようにしたい
バックアップコードをダウンロード	スマートフォンの紛失などによって認証アプリを使用できなくなった場合に、アカウントにログインするためのコード。必ずダウンロードしておき、安全な場所に保管しておく

Tips スマートフォンアプリ単体で二要素認証を有効化するには

パソコンのデスクトップアプリと同様、Google Authenticatorを使って認証できます。設定画面の［アカウント］→［二要素認証を有効化］をタップして、画面の指示に従い認証を行いましょう。

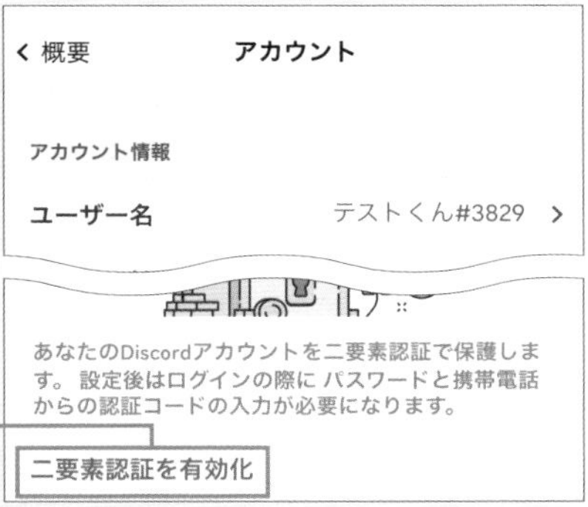
< 概要
アカウント
アカウント情報
ユーザー名
テストくん#3829 >
あなたのDiscordアカウントを二要素認証で保護します。設定後はログインの際にパスワードと携帯電話からの認証コードの入力が必要になります。
二要素認証を有効化

設定画面の［二要素認証を有効化］から、デスクトップアプリと同じような手順で設定できます

二要素認証を用いてログインする

二要素認証を有効化している場合、ログイン時にパスワード以外に認証コードを入力する必要があります。

パソコンの場合

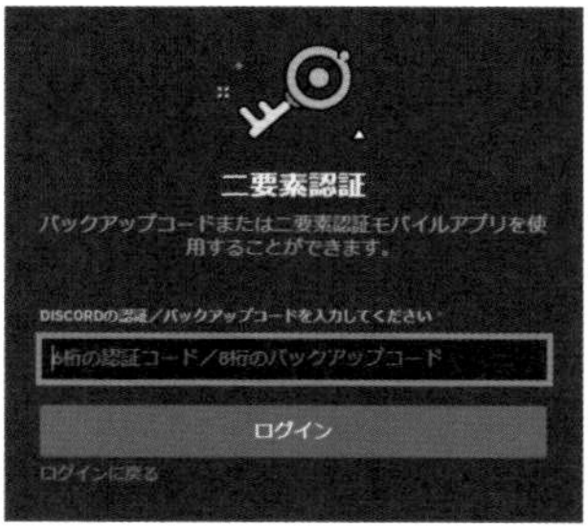

スマートフォンの場合

いずれの場合も、Google AuthenticatorのDiscordの行に表示されている数字を入力することで、ログインが可能となります

② DMの受信設定を行う

DMの受信設定によって、怪しいメッセージを極力回避できます。デスクトップアプリもスマートフォンアプリも、[ユーザー設定] → [プライバシー・安全]から共通して設定可能です。下記で、2つの項目を見直しましょう。

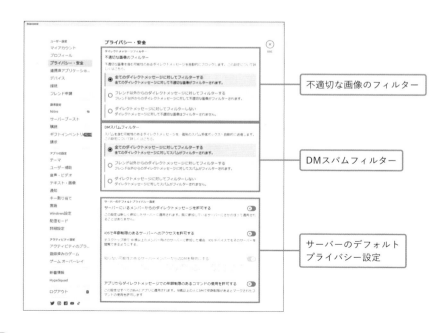

不適切な画像のフィルター

DMスパムフィルター

サーバーのデフォルトプライバシー設定

［プライバシー・安全］設定のうち、DMに関する設定項目

項目	内容
不適切な画像のフィルター／DMスパムフィルター	受信したDMに不適切な画像やスパムの疑いを含むものがあれば、自動的に削除する設定。ここでは、［全てのダイレクトメッセージに対してフィルターする］がおすすめ
サーバーのデフォルトプライバシー設定	サーバーのプライバシー関連の設定が行える。［サーバーにいるメンバーからのダイレクトメッセージを許可する］については、スパムDMを受け付けないためにもオフにすることを推奨。オフにすることで、もしあなたにコンタクトしたいユーザーがいた場合、あなたにDMが送れないといった弊害が起きる可能性がある。ただし、その旨をサーバー上で伝えてくれるため、その際は一時的にこの設定を変更したり、その人とフレンドになることでDMを受信できるよう対応するのがおすすめ。その他の項目については、必要に応じて各自設定しよう

● ③怪しいコンタクトに応じない

怪しいリンクに注意

短縮されたリンク、メッセージの編集が行われた形跡のあるリンク、クリックすることを必要以上に促してくるメッセージなどに注意しましょう。例えば、Giveaway（何かを無料でプレゼント、といった意味合い）を謳い、リンクのクリックを促すようなメッセージです。多くは短縮リンクを使用しており、リンク先のサービス名が隠されているため、URLの確認はきちんと行いましょう。

テストくん 今日 22:54
先着10名でNitro配ってます
https://onl.tw/7n4GwDx

Giveaway的な売り込みに加え、短縮リンクを用いたメッセージ。このような疑わしいリンクは絶対にクリックしないでください

怪しいファイルに注意

Discordでは、標準機能として疑わしいリンクについて警告をするよう努めていますが、ユーザーとしてもクリックする前に一考し、より慎重に対応するようにしましょう。リンク以外にも、知らないユーザーや信頼できないユーザーから送信されてきたファイルやアプリケーションも要注意です。例えば、次ページの図はゲームのテスト協力を装い、危険なexeファイルをダウンロードさせようとするメッセージの例です。

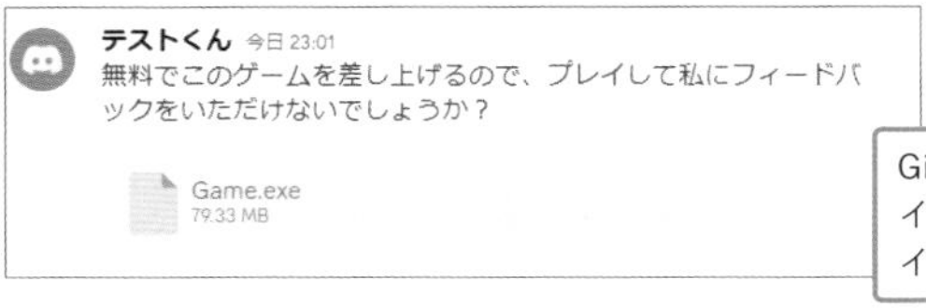
テストくん 今日 23:01
無料でこのゲームを差し上げるので、プレイして私にフィードバックをいただけないでしょうか？
Game.exe
79.33 MB

Giveaway的な売り込みに加え、exeファイルを送信したケース。このようなファイルも絶対にクリックしないでください

アカウント情報は絶対に渡さない

Discord**アカウントのログイン情報、またはパスワード情報は誰にも渡してはいけません**。Discordのスタッフがパスワードを尋ねることは決してありません。また、トークン（プログラム上からログインできるようになる情報）を要求することもありません。例えば、下図はDiscordのスタッフを装い、パスワードを盗み取ろうとするメッセージの例です。

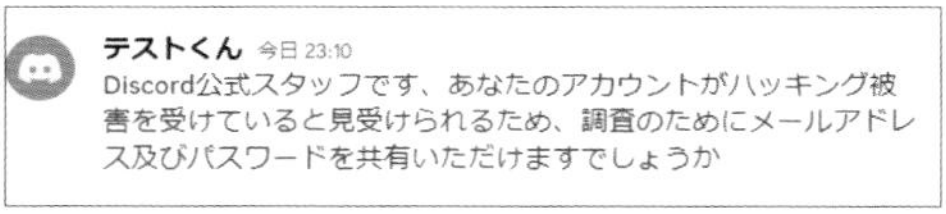
テストくん 今日 23:10
Discord公式スタッフです、あなたのアカウントがハッキング被害を受けていると見受けられるため、調査のためにメールアドレス及びパスワードを共有いただけますでしょうか

もしDiscordのスタッフであると主張するユーザーやアカウント情報を要求するユーザーがいれば、**そのアカウントをDiscordのサポートに報告してください**。

● ④必要に応じてユーザーをブロックする

「③怪しいコンタクトに応じない」の例に挙げたようなユーザーや、あなたが望んでいないにもかかわらず、必要以上にコンタクトを行ってくるユーザーなどは、**ブロックすることでそのユーザーからのメッセージを遮断**できます。

ユーザーをブロックすると？

ブロックしたユーザーは、フレンドであった場合、フレンドリストから削除され、DMを送信できなくなります。また、ブロックしたユーザーが共通のサーバーに投稿した新しいメッセージは、すべて非表示になります。

ブロックユーザーからのDM

ブロックしたユーザーがDMを送ろうとしても、このように「メッセージを送信できませんでした」と表示され、送信できません

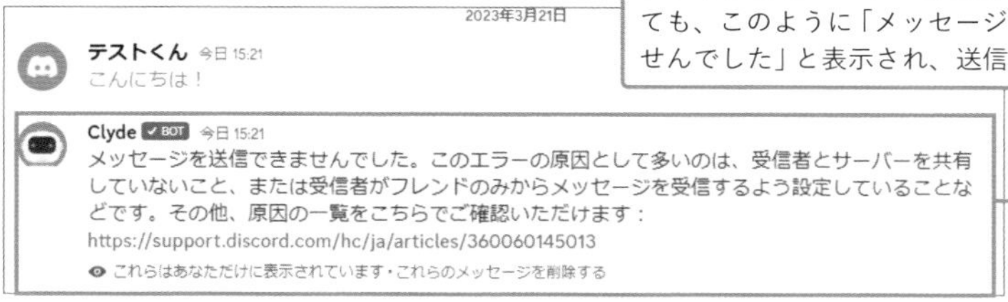
2023年3月21日
テストくん 今日 15:21
こんにちは！
Clyde ✓ BOT 今日 15:21
メッセージを送信できませんでした。このエラーの原因として多いのは、受信者とサーバーを共有していないこと、または受信者がフレンドのみからメッセージを受信するよう設定していることなどです。その他、原因の一覧をこちらでご確認いただけます：
https://support.discord.com/hc/ja/articles/360060145013
これらはあなただけに表示されています・これらのメッセージを削除する

サーバーに投稿されたブロックユーザーのメッセージ

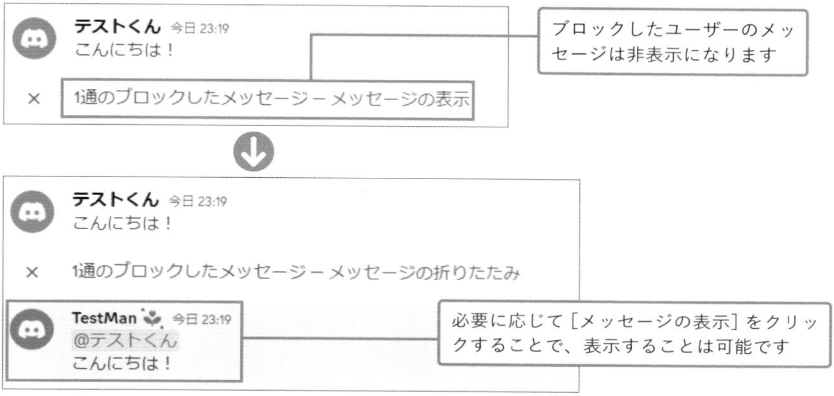

デスクトップアプリでユーザーをブロックする

1つ目の方法は、ブロックしたいユーザーのアイコンを右クリックし、［ブロック］を選択することです。2つ目は、ブロックしたいユーザーのプロフィール画面を開き、［メッセージを送る］の右側にある［⋮］をクリックし、［ブロック］を選択する方法です。どちらかやりやすい方法で、お試しください。

右クリックからブロック

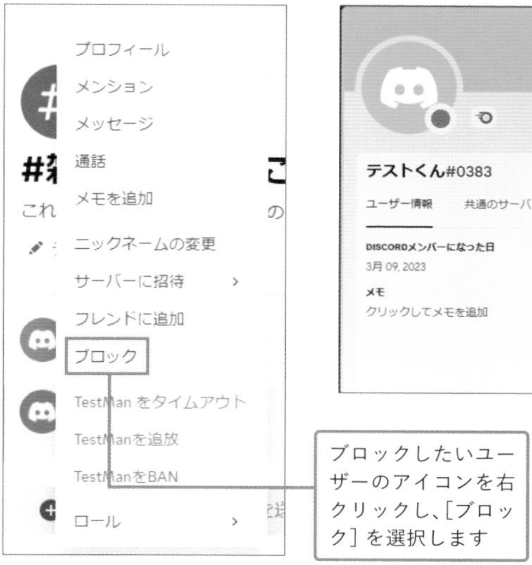

プロフィール画面からブロック

スマートフォンアプリでユーザーをブロックする

スマートフォンアプリの場合は、以下の手順からブロックできます。

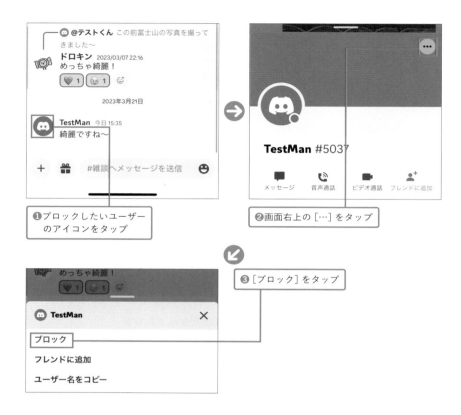

❶ブロックしたいユーザーのアイコンをタップ

❷画面右上の［…］をタップ

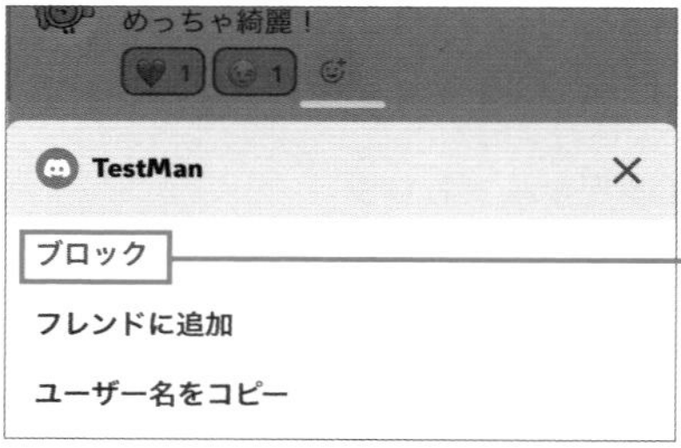

❸［ブロック］をタップ

Tips ブロックを解除するには？

ブロックしたユーザーに対し、ブロック以後はメニューが［ブロック］から［ブロックを解除］に変わります。そのため、ブロックする場合と同様の手順を踏み、［ブロックを解除］を選択することで解除できます。

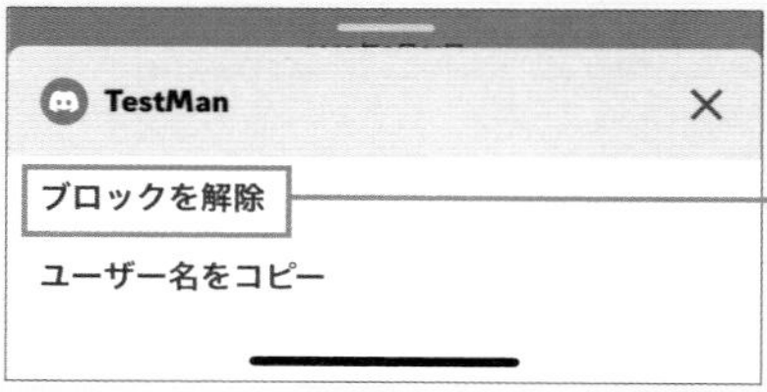

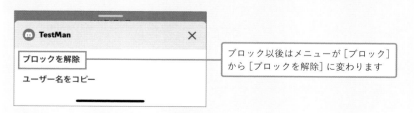

ブロック以後はメニューが［ブロック］から［ブロックを解除］に変わります

Chapter 3

サーバー設営のための機能と設定

Chapter 3では、Discordのメイン機能ともいえる「サーバー」について、設営する上で必要となる機能と設定を解説していきます。また本章では、サーバー関連の設定項目が豊富なデスクトップアプリの画面を例に解説します。

Section 33

目的に応じてサーバーを作成しよう！

Discordでのコミュニケーションの中心地は、間違いなくサーバーにあります。サーバーには通常のサーバーとコミュニティサーバーの２種類がありますが、ここではその違いと、サーバーの作り方を解説していきます。

サーバーの種類について

サーバーには、通常の「サーバー」と「コミュニティサーバー」の２種類が存在します。サーバー上で何も設定しない場合は、通常の「サーバー」となります。想定されるサーバーの規模を考慮して、適切な種類を選択しましょう。

サーバーの種類

種類	特徴	対象ユーザー
サーバー	コミュニティサーバーよりもシンプルな構成で、チャットや音声通話ができる	少人数、友人同士など
コミュニティサーバー	通常のサーバーよりも多くの機能が使用可能。ルールやウェルカムメッセージを設定したり、アナリティクスを見たり、サーバーをパブリックに公開したりできる	大人数、パブリック

サーバーを作成する

通常のサーバーを作成する手順は次の通りです。

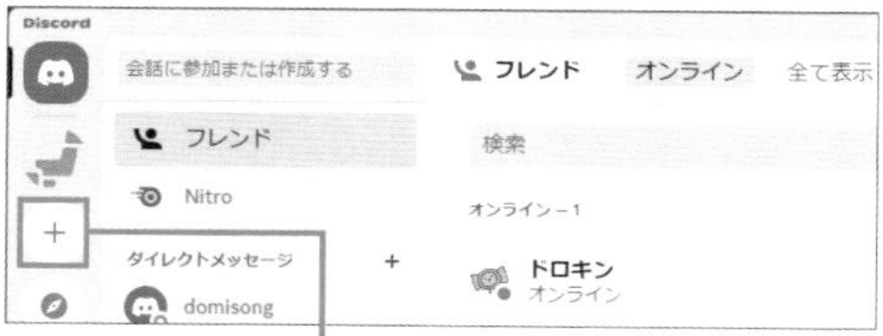

❶左のメニューから［＋］をクリック

テンプレートでは最初からチャンネルや役職が作成されているサーバーが作成されます。本書ではサーバーの機能を解説するため、オリジナルを使用します

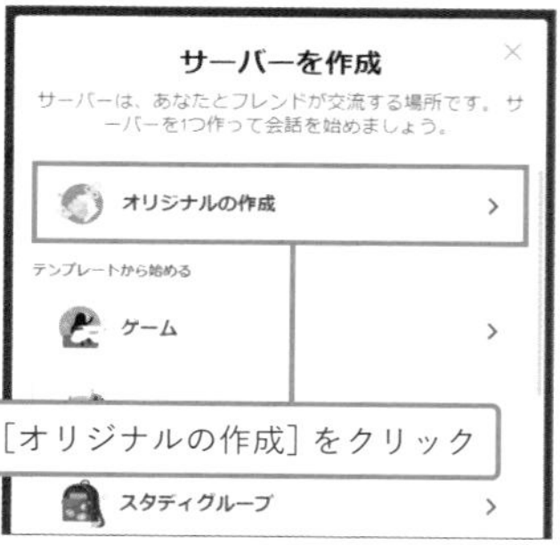

❷［オリジナルの作成］をクリック

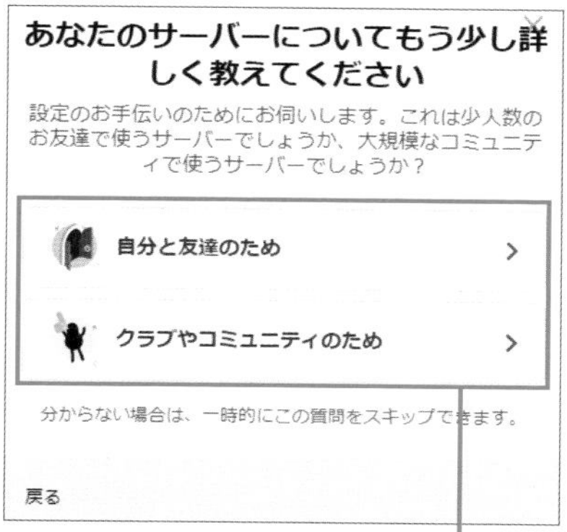
あなたのサーバーについてもう少し詳しく教えてください
設定のお手伝いのためにお伺いします。これは少人数のお友達で使うサーバーでしょうか、大規模なコミュニティで使うサーバーでしょうか？
自分と友達のため
クラブやコミュニティのため
分からない場合は、一時的にこの質問をスキップできます。
戻る

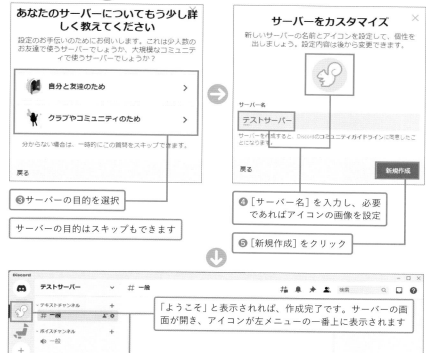

❸サーバーの目的を選択

サーバーの目的はスキップもできます

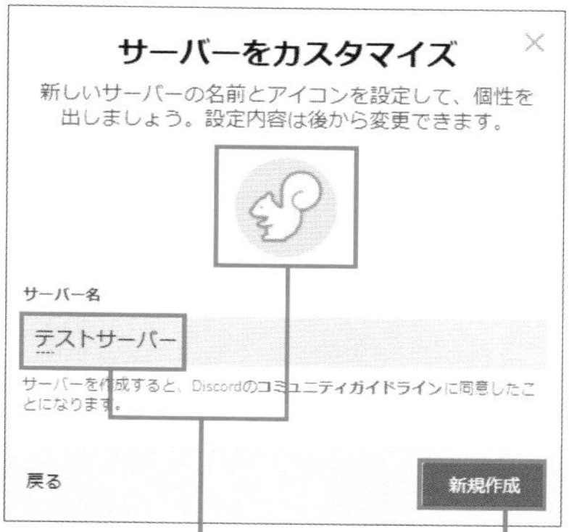
サーバーをカスタマイズ
新しいサーバーの名前とアイコンを設定して、個性を出しましょう。設定内容は後から変更できます。
サーバー名
テストサーバー
サーバーを作成すると、Discordのコミュニティガイドラインに同意したことになります。
戻る
新規作成

❹［サーバー名］を入力し、必要であればアイコンの画像を設定

❺［新規作成］をクリック

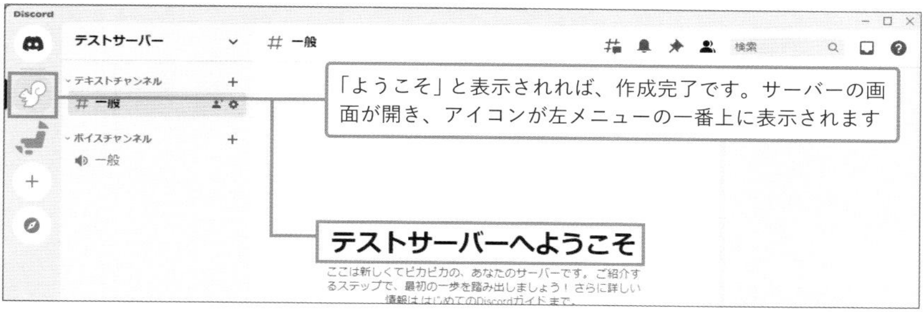
Discord
テストサーバー
一般
テキストチャンネル
一般
ボイスチャンネル
一般
検索
テストサーバーへようこそ
ここは新しくてピカピカの、あなたのサーバーです。ご紹介するステップで、最初の一歩を踏み出しましょう！さらに詳しい情報ははじめてのDiscordガイドまで。

「ようこそ」と表示されれば、作成完了です。サーバーの画面が開き、アイコンが左メニューの一番上に表示されます

● コミュニティサーバーを作成する

運営中のサーバーをコミュニティサーバーに変更する方法を紹介します。

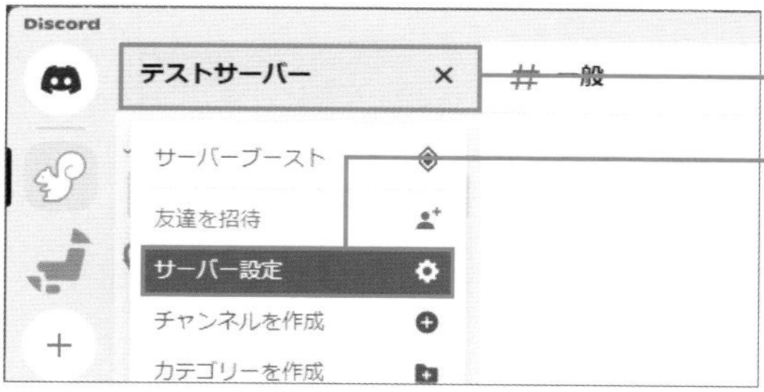
Discord
テストサーバー
一般
サーバーブースト
友達を招待
サーバー設定
チャンネルを作成
カテゴリーを作成

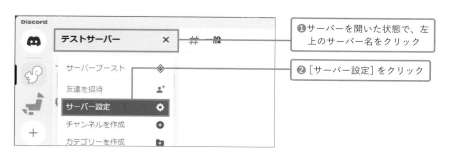

❶サーバーを開いた状態で、左上のサーバー名をクリック

❷［サーバー設定］をクリック

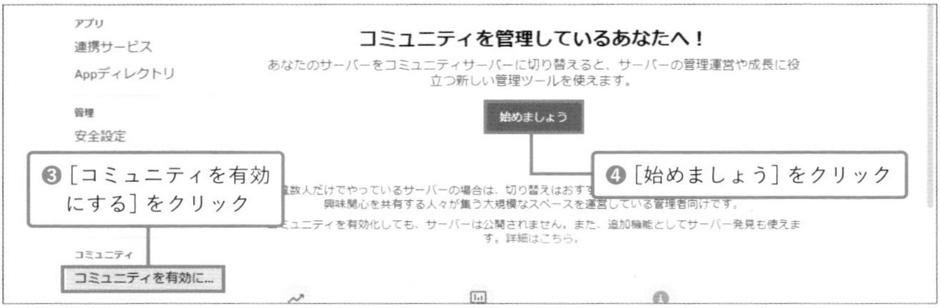

❸［コミュニティを有効にする］をクリック

❹［始めましょう］をクリック

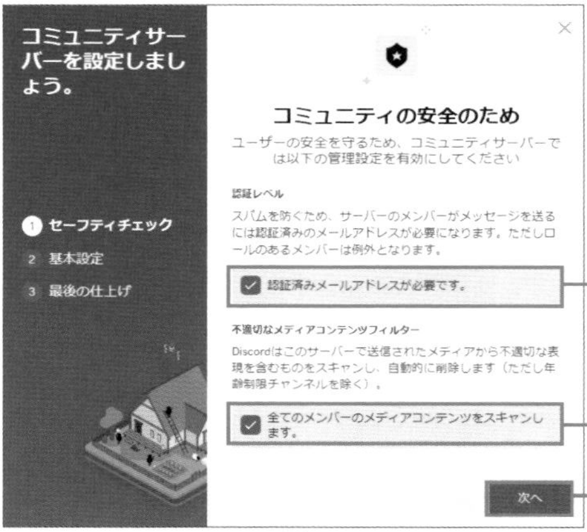

コミュニティサーバーを設定しましょう。
1 セーフティチェック
2 基本設定
3 最後の仕上げ
コミュニティの安全のため
ユーザーの安全を守るため、コミュニティサーバーでは以下の管理設定を有効にしてください
認証レベル
スパムを防ぐため、サーバーのメンバーがメッセージを送るには認証済みのメールアドレスが必要になります。ただしロールのあるメンバーは例外となります。
認証済みメールアドレスが必要です。
不適切なメディアコンテンツフィルター
Discordはこのサーバーで送信されたメディアから不適切な表現を含むものをスキャンし、自動的に削除します（ただし年齢制限チャンネルを除く）。
全てのメンバーのメディアコンテンツをスキャンします。
次へ

サーバーの安全のため、2つの設定は必須です
●認証レベル
サーバーに参加する場合にはアカウントのメールアドレスの認証が必須
●不適切なメディアコンテンツフィルター
サーバー上で不適切なコンテンツが投稿された場合に自動的に削除する

❺両方にチェックを入れ、［次へ］をクリック

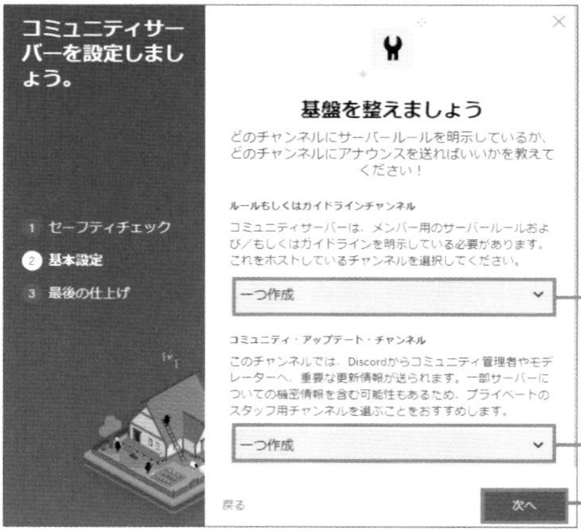

コミュニティサーバーを設定しましょう。
1 セーフティチェック
2 基本設定
3 最後の仕上げ
基盤を整えましょう
どのチャンネルにサーバールールを明示しているか、どのチャンネルにアナウンスを送ればいいかを教えてください！
ルールもしくはガイドラインチャンネル
コミュニティサーバーは、メンバー用のサーバールールおよび／もしくはガイドラインを明示している必要があります。これをホストしているチャンネルを選択してください。
一つ作成
コミュニティ・アップデート・チャンネル
このチャンネルでは、Discordからコミュニティ管理者やモデレーターへ、重要な更新情報が送られます。一部サーバーについての機密情報を含む可能性もあるため、プライベートのスタッフ用チャンネルを選ぶことをおすすめします。
一つ作成
戻る
次へ

コミュニティサーバーでは、ルール及びガイドラインを明示するチャンネルとコミュニティのお知らせを投稿するチャンネルの2つが必須となります。既存のチャンネルをドロップダウンより選択して割り当てることも、後ほどそれらのチャンネルの割り当てを変更することも可能です

❻［次へ］をクリック

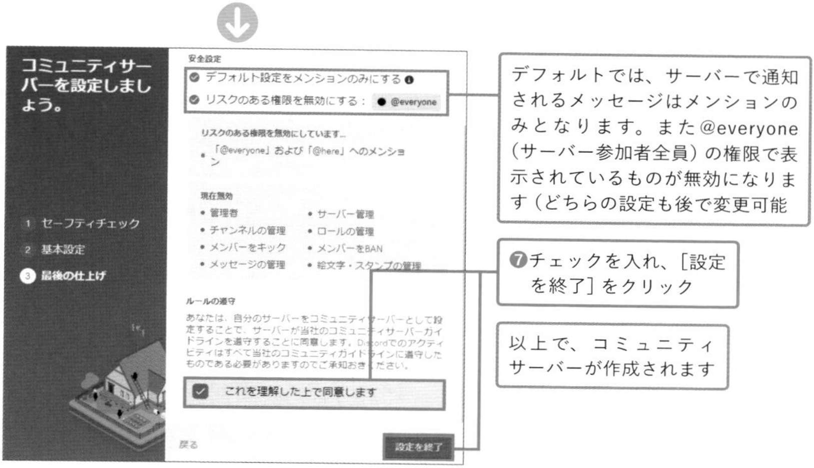

Tips サーバーテンプレートでサーバーを作成する

「サーバーテンプレート」を使用することで、以下の項目を既存のサーバーから複製して作成できます。初期設定が省略できるため、非常に便利です。

・チャンネルとチャンネルトピック
・ロールと権限設定
・既定のサーバー設定

自分のサーバーからサーバーテンプレートを取得する場合、［サーバー設定］画面の［サーバーテンプレート］を選択し、［テンプレートタイトル］［テンプレートの概要］を入力することで作成できます。

その際、［テンプレートリンク］をWebブラウザーにペーストすることで、Discordのデスクトップアプリにリダイレクトされ、テンプレートを元にした新規サーバーを作成できます。

また、テンプレートリンクは誰でも自由に使用できるため、自分のサーバーテンプレートを他人に共有したり、他人のサーバーテンプレートを活用して、新たにサーバーを作成したりすることも可能です。

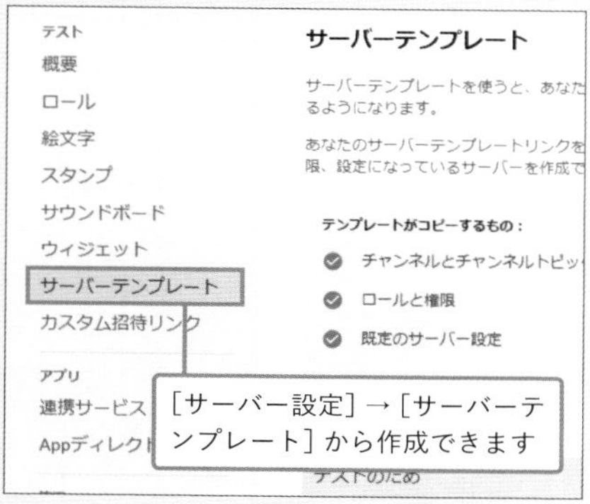

Section 34

サーバーの概要を設定しよう！

通常のサーバーを作成したら、概要を設定しましょう。サーバー名、アイコン、バナーといった基本的な部分だけではなく、休止チャンネル、システムメッセージのチャンネル、通知設定なども行っておくと使いやすくなります。

サーバー設定の概要欄を開く

サーバーの概要は、[サーバー設定] → [概要] から行えます。ただし、一部の機能についてはサーバーブーストが必要です（Section 46参照）。

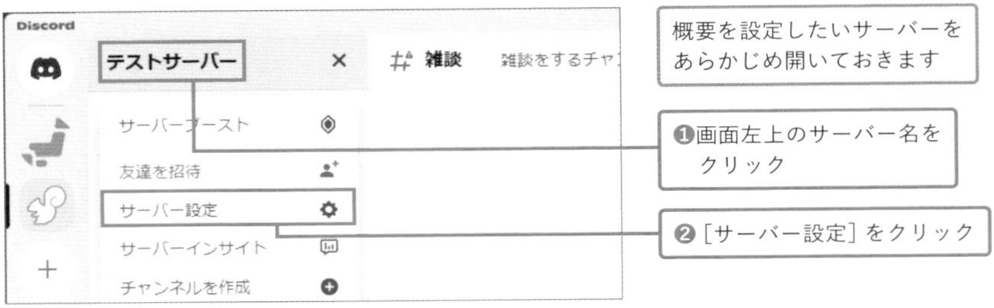

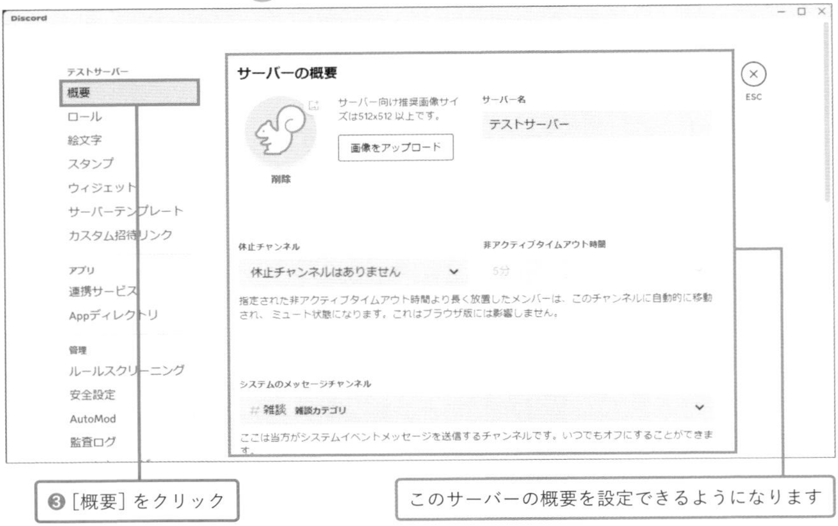

サーバーアイコン

サーバーのアイコンを設定できます。推奨されている画像サイズは512×512ピクセル以上の正方形です。また、サーバーブーストレベルが1以上の場合、GIF画像をサーバーアイコンとして設定することもできます。

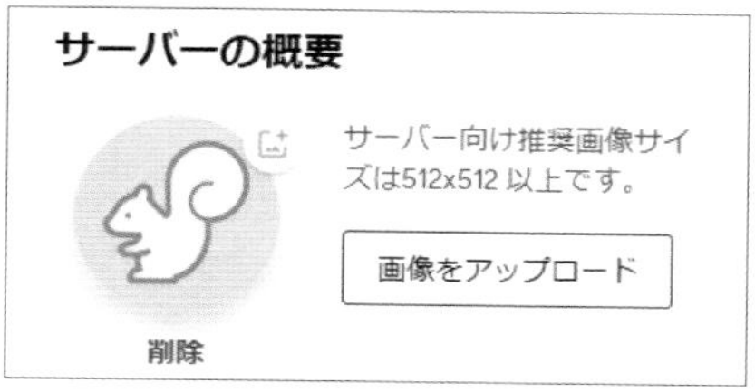
サーバーの概要
サーバー向け推奨画像サイズは512x512 以上です。
画像をアップロード
削除

サーバー名

サーバーの名称を設定できます。

休止チャンネル

ボイスチャンネルで指定時間以上操作しないでいるユーザーを、自動的に別のボイスチャンネルへ移動する設定です。例えば以下のように［休止チャンネル］と［非アクティブタイムアウト時間］を設定した場合、「お話」のボイスチャンネルで**1時間操作せずにいたユーザーの画面に警告が表示され、「お休み中」のボイスチャンネルへ移動させられます。**

設定例

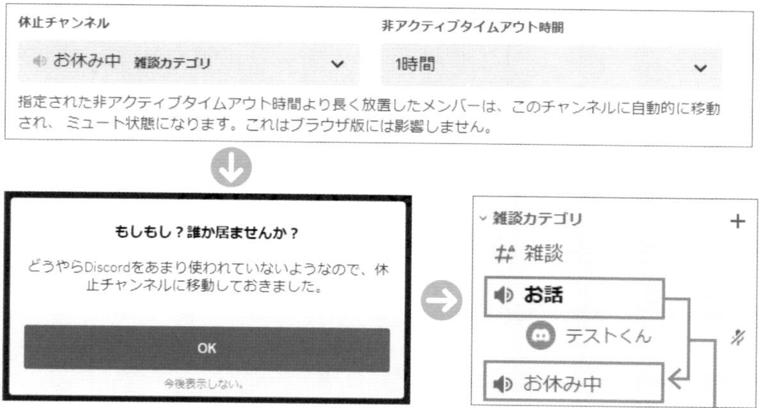
休止チャンネル
お休み中 雑談カテゴリ
非アクティブタイムアウト時間
1時間
指定された非アクティブタイムアウト時間より長く放置したメンバーは、このチャンネルに自動的に移動され、ミュート状態になります。これはブラウザ版には影響しません。
もしもし？誰か居ませんか？
どうやらDiscordをあまり使われていないようなので、休止チャンネルに移動しておきました。
OK
今後表示しない。
雑談カテゴリ
雑談
お話
テストくん
お休み中

非アクティブタイムアウト時間が1時間を超えたユーザーの画面に警告が表示されます

［休止チャンネル］で設定したボイスチャンネルに移動させられます

システムのメッセージチャンネル

システムメッセージが送信されるチャンネルを設定できます。

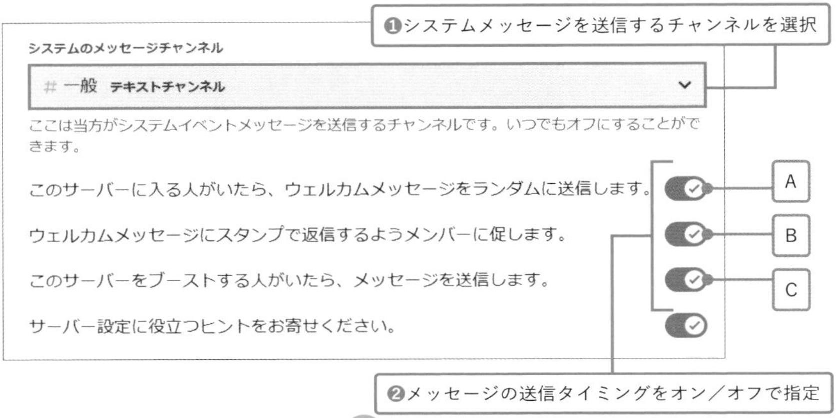
❶システムメッセージを送信するチャンネルを選択
システムのメッセージチャンネル
一般 テキストチャンネル
ここは当方がシステムイベントメッセージを送信するチャンネルです。いつでもオフにすることができます。
このサーバーに入る人がいたら、ウェルカムメッセージをランダムに送信します。
ウェルカムメッセージにスタンプで返信するようメンバーに促します。
このサーバーをブーストする人がいたら、メッセージを送信します。
サーバー設定に役立つヒントをお寄せください。
A
B
C
❷メッセージの送信タイミングをオン／オフで指定

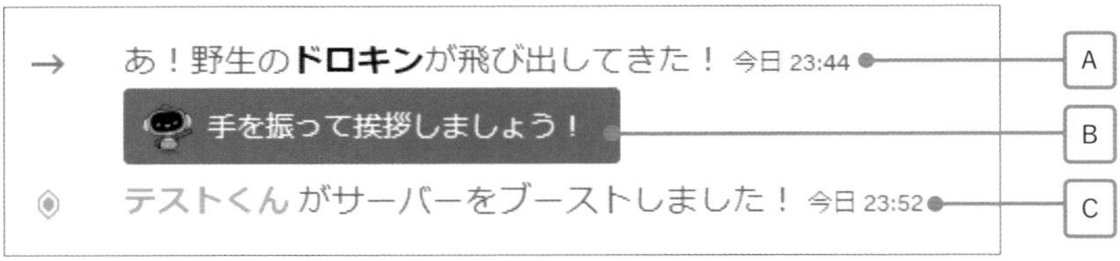
あ！野生の**ドロキン**が飛び出してきた！ 今日 23:44
手を振って挨拶しましょう！
テストくん がサーバーをブーストしました！ 今日 23:52
A
B
C

例えば、A～Cで示したシステムメッセージは、上記のように表示されます。

標準の通知設定

通知設定を行っていないユーザーに対し、このサーバーの通知をどのように行うかを設定します。通知量が多すぎず適切な［@mentionsのみ］をおすすめします。

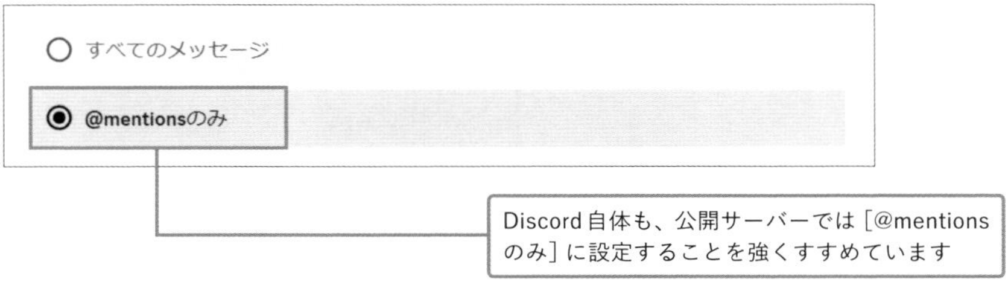
すべてのメッセージ
@mentionsのみ
Discord自体も、公開サーバーでは［@mentionsのみ］に設定することを強くすすめています

ブーストの進捗バーを表示

　オンにすると、サーバーを開いたときの左上に、サーバーブーストの使用量を表示するようになります。

サーバーバナーの背景

　サーバーブーストレベル２以上で設定可能です。サーバー名が表示される場所にバナー画像を設定できます。

チャンネルを開いたとき、左上に表示されるチャンネル名の背景にバナーが表示されます

サーバー招待の背景

　サーバーブーストレベル１以上で設定可能です。サーバーへの招待リンクに背景画像を設定可能になります。

サーバーへの招待リンクを送信した際、リンクとともに背景画像が表示されるようになります

Tips サーバーに人を招待しよう

メニューの［サーバー設定］の上にある［友達を招待］を選択すると、招待リンクが表示されます。この招待リンクをコピーして友人などに送ることで、サーバーに参加してもらうことができます。その際、［このリンクを無制限に設定する］にチェックを入れることで期限がなくなり、恒久的なリンクとして使用できます。Webサイトや SNSなどに掲載する場合に有用です。
なお招待リンクの発行には、［招待を作成］の権限が必要です。

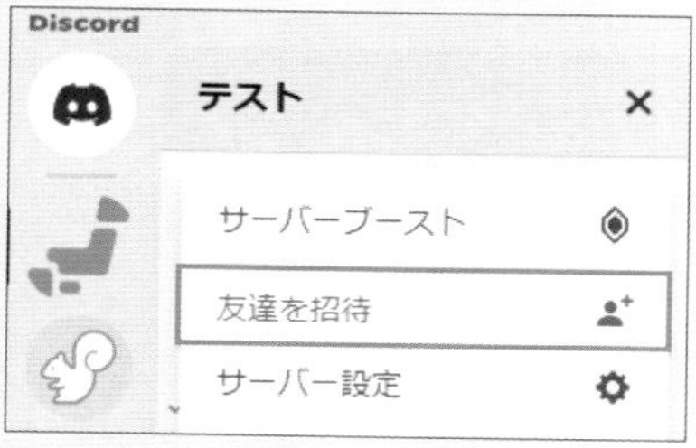

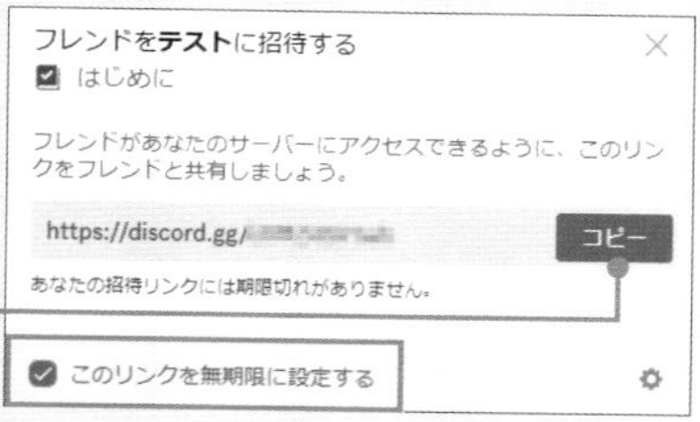

［コピー］をクリックして、友人などにリンクを送りましょう

Section

35 サーバーに絵文字、スタンプ、サウンドを追加しよう！

Section 17にて、テキストチャット上での使い方を説明した絵文字とスタンプ、それに加えボイスチャンネルで使用できるサウンドは、独自に作成したものを自身のサーバーに追加し、ユーザーに使ってもらうことができます。

サーバーに絵文字を追加する

サーバーに追加できる絵文字の数は、通常の絵文字（PNG、JPEG形式）が50個、アニメ絵文字（GIF形式）が50個です。サーバーブーストレベルが上がると、追加できる数も増えます。

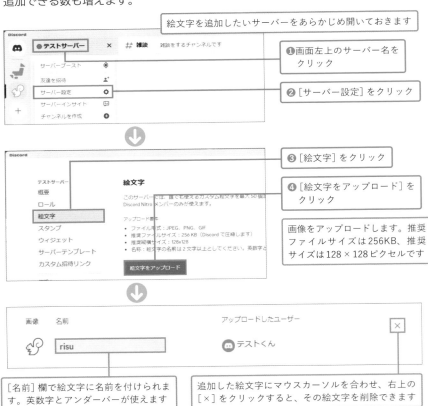

絵文字を追加したいサーバーをあらかじめ開いておきます

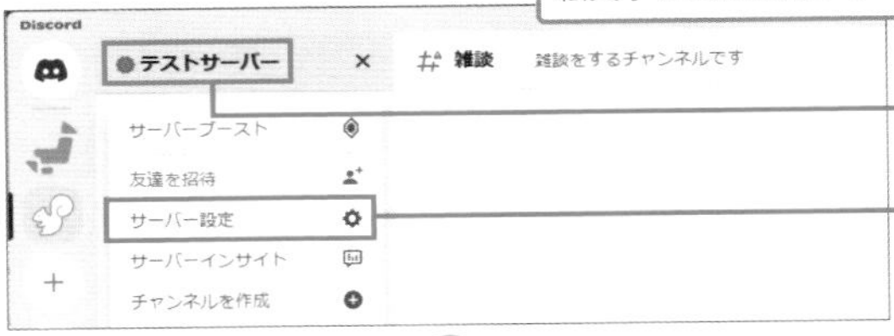

❶画面左上のサーバー名をクリック

❷［サーバー設定］をクリック

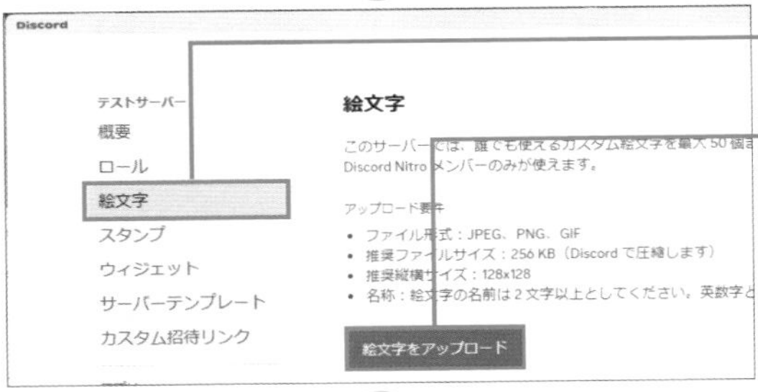

❸［絵文字］をクリック

❹［絵文字をアップロード］をクリック

画像をアップロードします。推奨ファイルサイズは256KB、推奨サイズは128×128ピクセルです

［名前］欄で絵文字に名前を付けられます。英数字とアンダーバーが使えます

追加した絵文字にマウスカーソルを合わせ、右上の［×］をクリックすると、その絵文字を削除できます

サーバーにスタンプを追加する

サーバーに追加できるスタンプは5つまでで、サーバーブーストレベルが上がると、追加できる数も増えます。また、アップロードできる画像は、通常のPNGのほか、動きのあるAPNG（Animated PING）にも対応し、最大ファイルサイズは512KBとなっています。

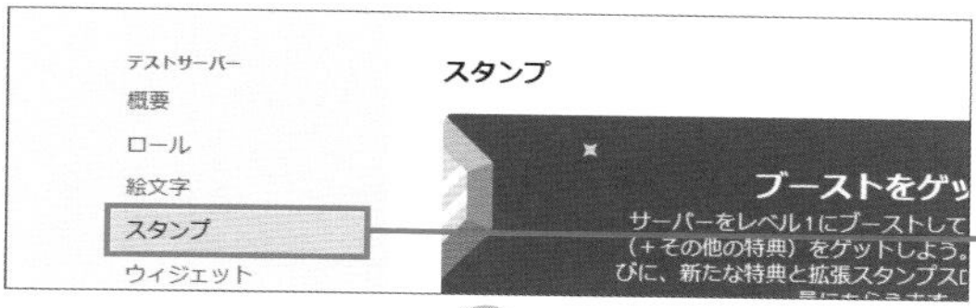

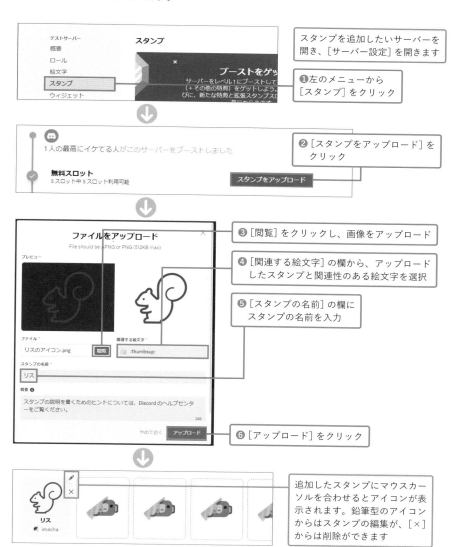

スタンプを追加したいサーバーを開き、［サーバー設定］を開きます

❶左のメニューから［スタンプ］をクリック

❷［スタンプをアップロード］をクリック

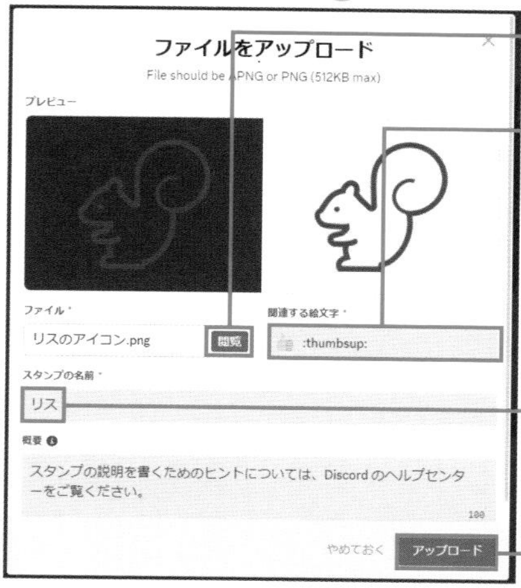

❸［閲覧］をクリックし、画像をアップロード

❹［関連する絵文字］の欄から、アップロードしたスタンプと関連性のある絵文字を選択

❺［スタンプの名前］の欄にスタンプの名前を入力

❻［アップロード］をクリック

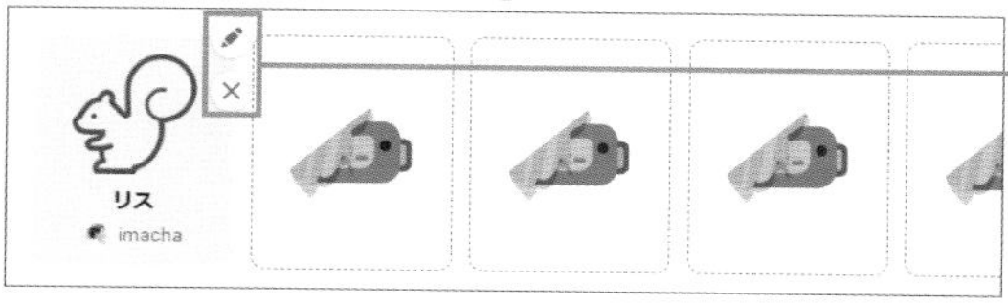

追加したスタンプにマウスカーソルを合わせるとアイコンが表示されます。鉛筆型のアイコンからはスタンプの編集が、［×］からは削除ができます

サーバーにサウンドを追加する

サウンド関連の機能として、**「サウンドボード」という同じボイスチャンネルの参加者全員が聞くことができる「サウンド」と呼ばれる短いオーディオクリップを追加できる機能**があります。追加できるサウンドは8つまでで、サーバーブーストレベルが上がると、追加できる数も増えます。

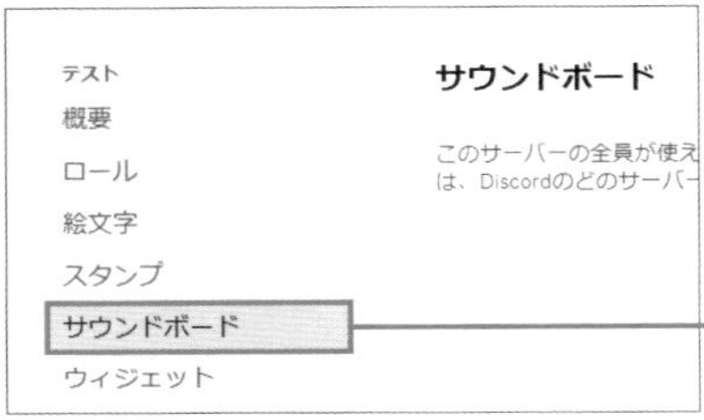

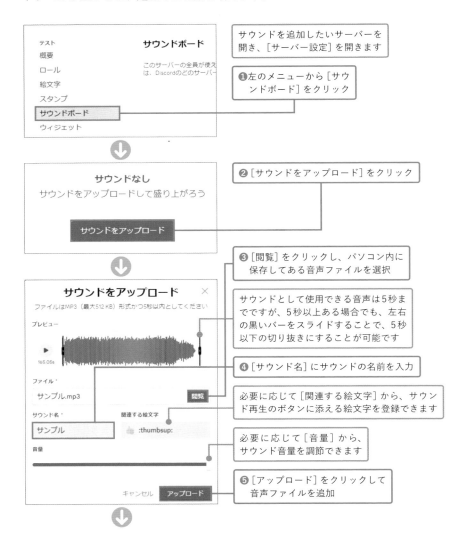

サウンドを追加したいサーバーを開き、[サーバー設定]を開きます

❶左のメニューから[サウンドボード]をクリック

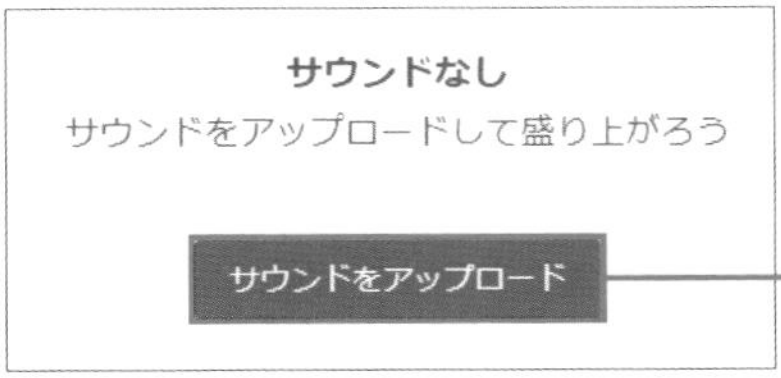

❷[サウンドをアップロード]をクリック

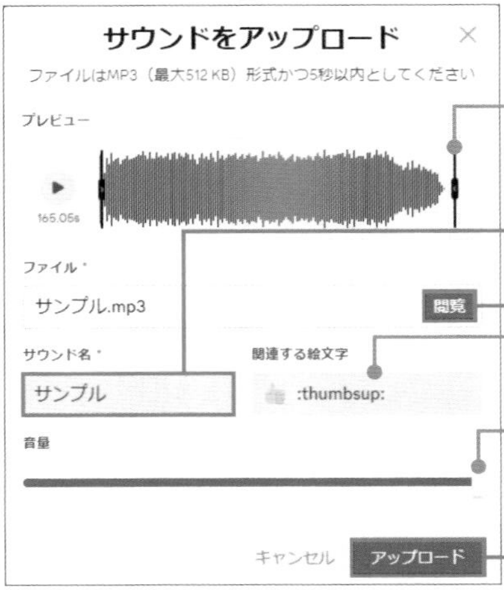

❸[閲覧]をクリックし、パソコン内に保存してある音声ファイルを選択

サウンドとして使用できる音声は5秒までですが、5秒以上ある場合でも、左右の黒いバーをスライドすることで、5秒以下の切り抜きにすることが可能です

❹[サウンド名]にサウンドの名前を入力

必要に応じて[関連する絵文字]から、サウンド再生のボタンに添える絵文字を登録できます

必要に応じて[音量]から、サウンド音量を調節できます

❺[アップロード]をクリックして音声ファイルを追加

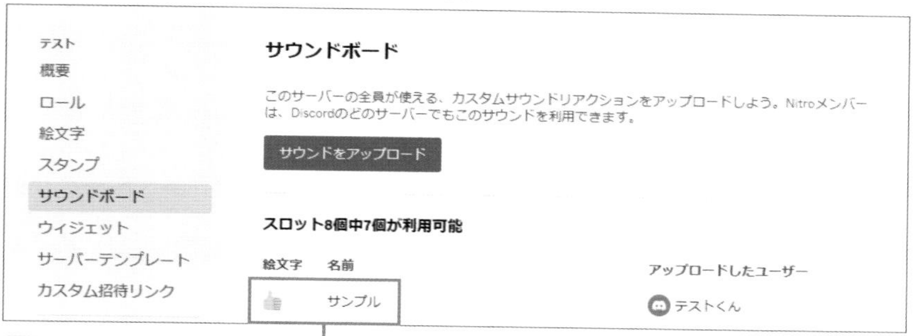

サウンドボードにサウンドが追加されました。クリックすると再生され、内容を確認できます

注意：アップロードする音声ファイルの著作権にご注意ください。また、Discordの利用規約及びコミュニティガイドラインを遵守しましょう

サウンドを再生する

追加したサウンドは、ボイスチャンネルの音声通話中に、サウンド名をクリックして再生できます（サーバー参加者全員が使えます）。

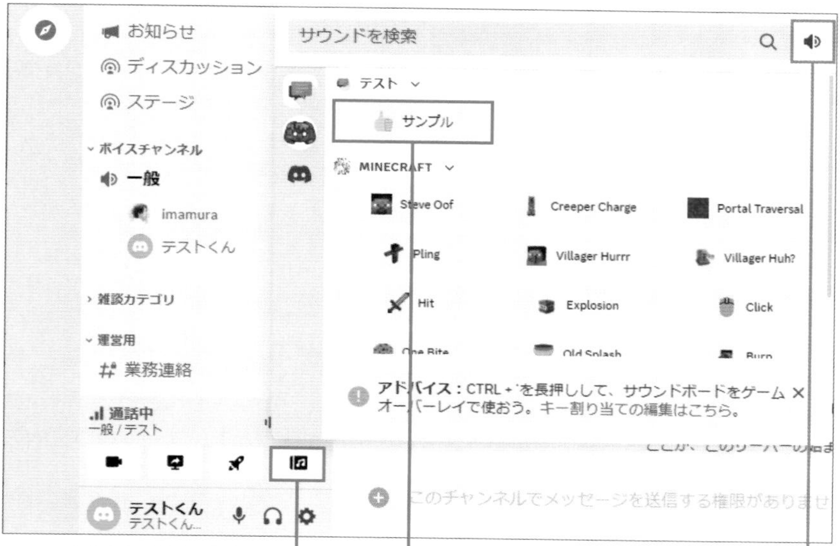

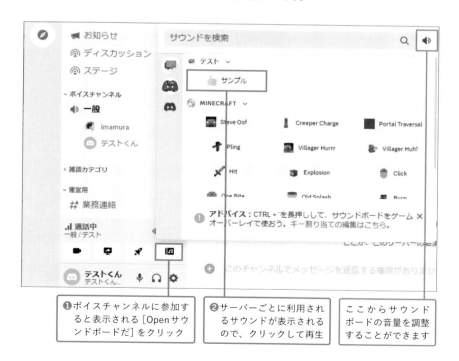

❶ボイスチャンネルに参加すると表示される［Openサウンドボードだ］をクリック

❷サーバーごとに利用されるサウンドが表示されるので、クリックして再生

ここからサウンドボードの音量を調整することができます

Section 36

チャンネルは5種類もある。カテゴリーで整理しよう！

Discordには5種類のチャンネルが存在します。チャンネル数だけでなく、種類も増えていくと、使い勝手も悪くなるため、「カテゴリー」機能を使って複数のチャンネルをひとまとめにすると便利です。

Discordのチャンネルは5種類ある

チャンネルはテキストや音声でコミュニケーションを行える場所で、サーバー内に複数作成できます。チャンネルは以下の5種類が存在します。

チャンネルの種類と特徴

チャンネルの種類	設定できるサーバーの種類	チャンネルの内容
# テキストチャンネル	通常サーバー、コミュニティサーバー	メッセージやファイルの送信ができる
ボイスチャンネル	通常サーバー、コミュニティサーバー	音声通話、画面共有、アクティビティが楽しめる
フォーラム	コミュニティサーバーのみ	掲示板のようにメッセージ投稿が行えるチャンネル
アナウンスメント	コミュニティサーバーのみ	重要なお知らせを投稿するチャンネル
ステージ	コミュニティサーバーのみ	発表者と聴衆に分かれて参加できるボイスチャンネル

たくさんのチャンネルはカテゴリーで整理しよう

「カテゴリー」とはテキストチャンネル、ボイスチャンネルをまとめるフォルダのようなものです。チャンネルをカテゴリー分けすることで、ユーザーが目的のチャンネルを発見しやすくなり、利便性が高くなります。

カテゴリー整理前

カテゴリー整理後

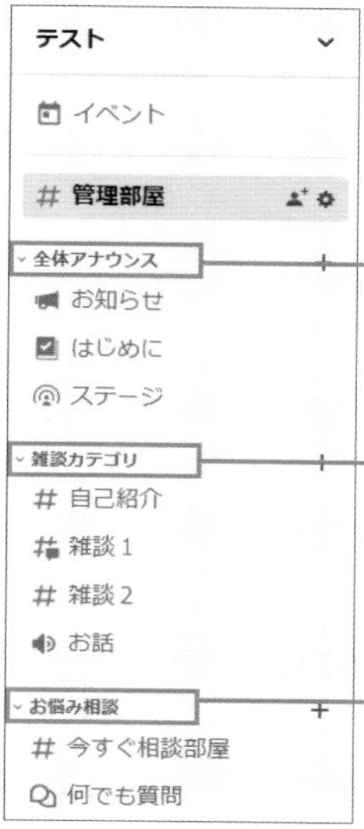

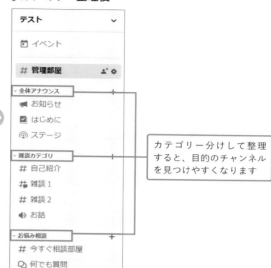

カテゴリー分けして整理すると、目的のチャンネルを見つけやすくなります

カテゴリーを作成する

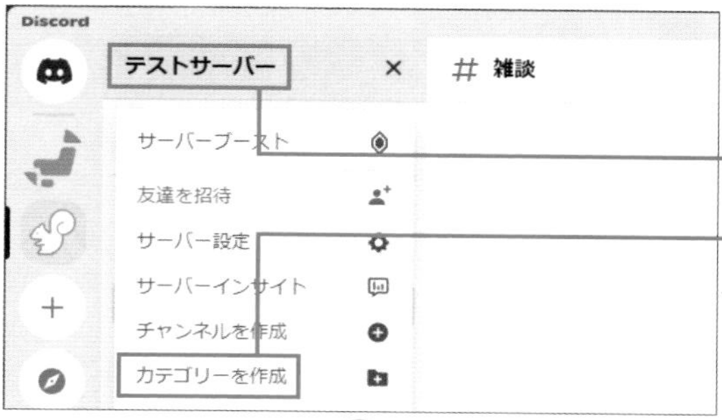

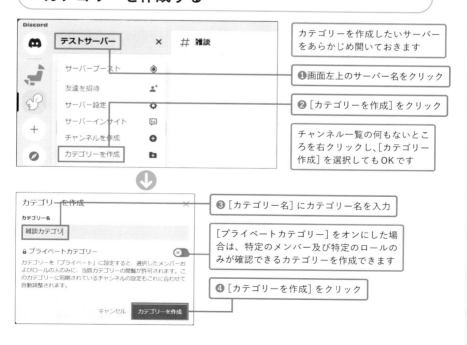

カテゴリーを作成したいサーバーをあらかじめ開いておきます

❶画面左上のサーバー名をクリック

❷［カテゴリーを作成］をクリック

チャンネル一覧の何もないところを右クリックし、［カテゴリー作成］を選択してもOKです

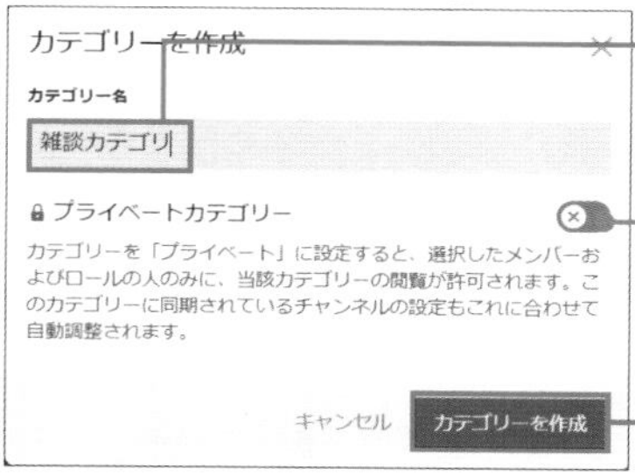

❸［カテゴリー名］にカテゴリー名を入力

［プライベートカテゴリー］をオンにした場合は、特定のメンバー及び特定のロールのみが確認できるカテゴリーを作成できます

❹［カテゴリーを作成］をクリック

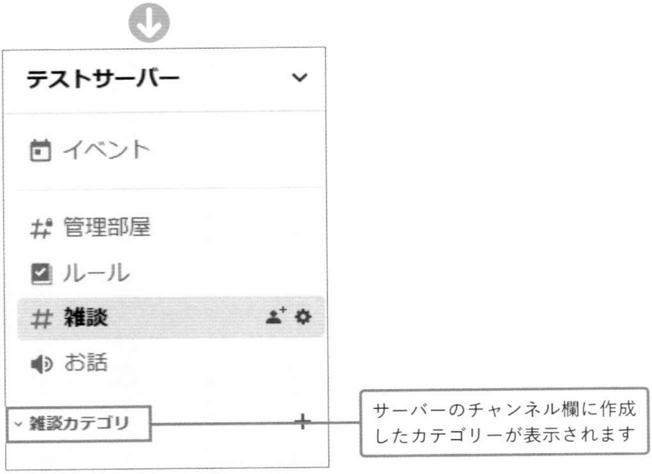
テストサーバー
イベント
管理部屋
ルール
雑談
お話
雑談カテゴリ
サーバーのチャンネル欄に作成したカテゴリーが表示されます

チャンネルをカテゴリーにまとめる

カテゴリーを作成したら、チャンネルをドラッグ＆ドロップで移動することで、複数のチャンネルをひとまとめにすることができます。またカテゴリー名をクリックすると、そのカテゴリー内の既読となっているチャンネルをまとめて折り畳み、非表示にすることができます。

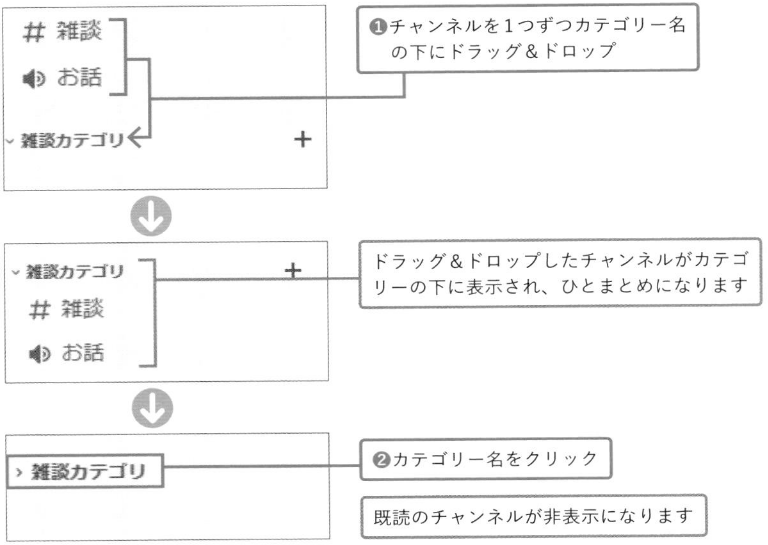
雑談
お話
雑談カテゴリ
❶チャンネルを1つずつカテゴリー名の下にドラッグ＆ドロップ
雑談カテゴリ
雑談
お話
ドラッグ＆ドロップしたチャンネルがカテゴリーの下に表示され、ひとまとめになります
雑談カテゴリ
❷カテゴリー名をクリック
既読のチャンネルが非表示になります

Section 37

テキストチャンネルを作成しよう！

おもにテキストメッセージによる交流が楽しめるのがテキストチャンネルです。ここではテキストチャンネルの作成方法とカテゴリー分けの方法、各種設定について解説します。

テキストチャンネルを作成する

5種類あるDiscordのチャンネルのうち、ここではテキストチャンネルの作成方法を紹介します。

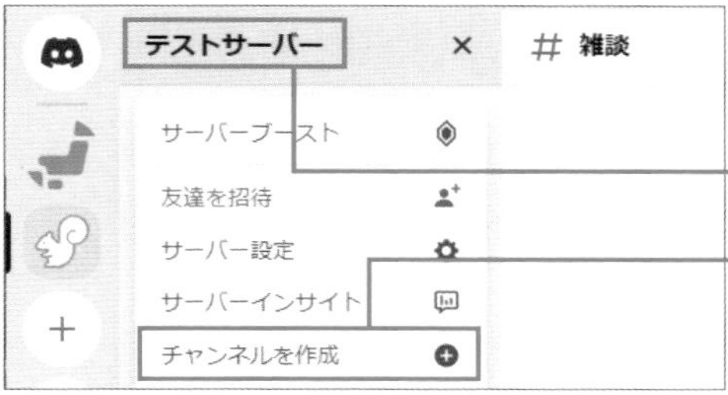

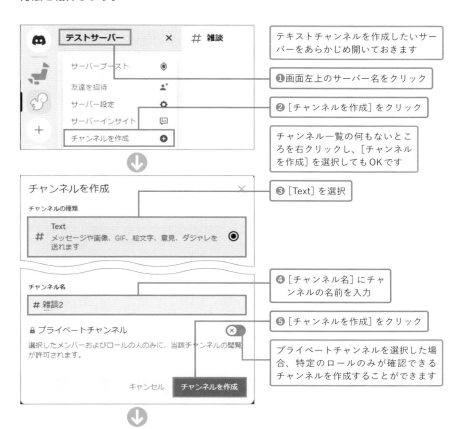

テキストチャンネルを作成したいサーバーをあらかじめ開いておきます

❶画面左上のサーバー名をクリック

❷［チャンネルを作成］をクリック

チャンネル一覧の何もないところを右クリックし、［チャンネルを作成］を選択してもOKです

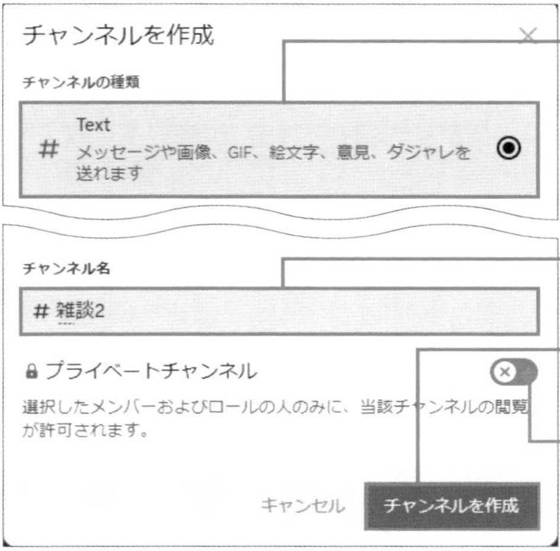

❸［Text］を選択

❹［チャンネル名］にチャンネルの名前を入力

❺［チャンネルを作成］をクリック

プライベートチャンネルを選択した場合、特定のロールのみが確認できるチャンネルを作成することができます

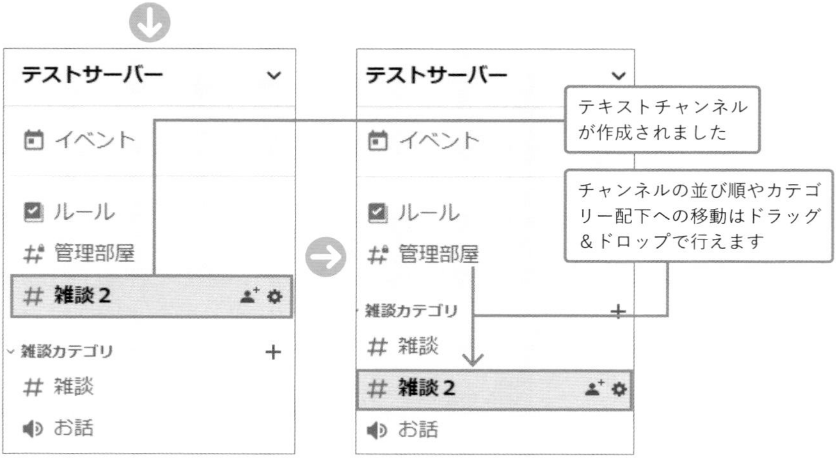

テキストチャンネルの設定をする

チャンネルの書き込み間隔制限やロールによる閲覧制限を設けることができます。なお、ロールによる閲覧制限については、Section 44を参照してください。

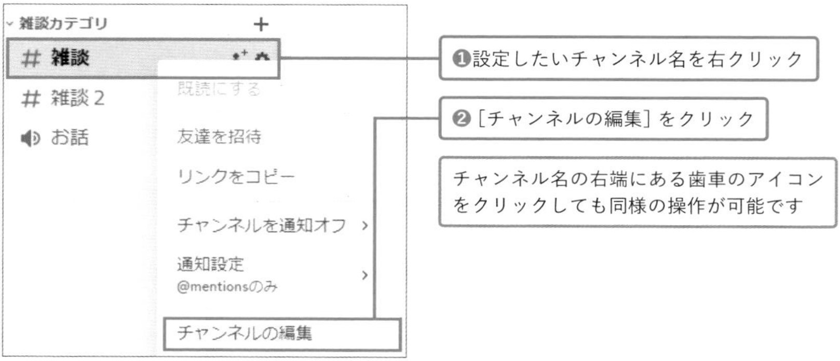

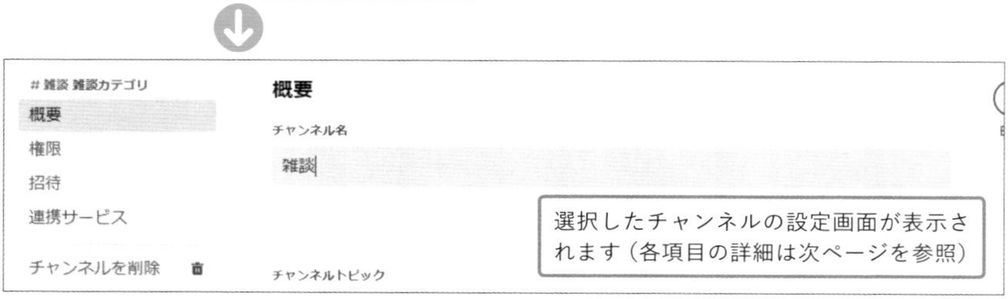

テキストチャンネルの設定項目

メニュー	設定項目	内容
概要	チャンネル名	チャンネル名の変更が可能
	チャンネルトピック	チャンネルを開いたときの先頭に、そのチャンネルの説明文を記載できる
	低速モード	連続でチャットに書き込む際の間隔を設定できる。デフォルトではオフになっている。利用ユーザーが多く、古い書き込みがすぐに流れてしまう場合などに活用すると便利
	年齢制限のあるチャンネル	チャンネルを閲覧する際に、成人向けコンテンツがある旨を警告（下図）
	アナウンスチャンネル	コミュニティサーバーのみの設定。チャンネルをアナウンスチャンネルに変更する。アナウンスチャンネルについては、Section 39を参照
	活動がなかった場合、非表示になります	指定時間内に書き込みがなければ、チャンネルをクローズする期間を設定できる
権限	—	チャンネルに対して実行できる操作をロールごとに設定できる。詳しくはSection 43を参照
招待	—	チャンネルに設定されている招待リンクを確認できる
連携サービス	—	・ウェブフック サーバーに設定されているウェブフックを確認できる。ウェブフックを利用することでDiscord外部からチャンネルに対して投稿できる。 ・フォロー中のチャンネル 他のサーバーのアナウンスチャンネルで投稿をフォローしていた場合、その一覧が確認できる
チャンネルを削除	—	このチャンネルを削除できる

「年齢制限のあるチャンネル」の警告画面

年齢制限のあるチャンネル
このチャンネルには「年齢制限あり」と指定された成人向けコンテンツが含まれます。先へ進みますか？
いいえ
はい

この警告は、ほかにもボイスチャンネル、フォーラム、ステージなどでも同様に表示させることができます

Section 38

ボイスチャンネルを作成しよう！

Section 26や28で説明した通り、ボイスチャンネルは音声通話やビデオ通話、画面共有、アクティビティなどさまざまなことが行えます。ここでは新規にボイスチャンネルを作成する方法、使いやすくするための設定を紹介します。

ボイスチャンネルを作成する

サーバーを作成すると、自動的にボイスチャンネルが1つ作成されます。ここでは、追加でボイスチャンネルを新規作成する方法を紹介します。

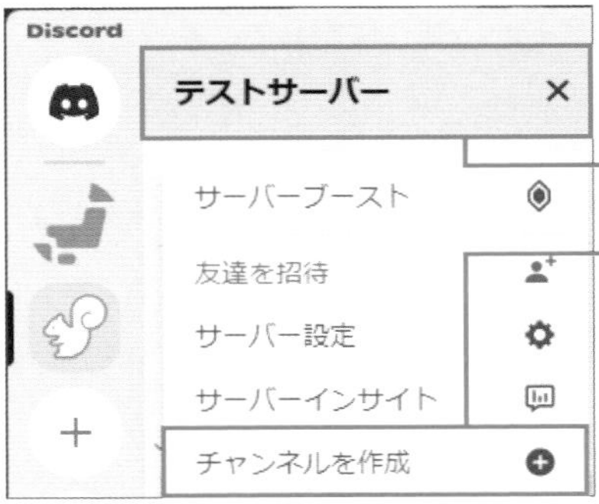

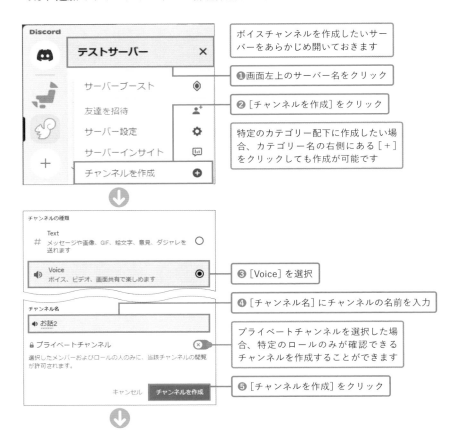

ボイスチャンネルを作成したいサーバーをあらかじめ開いておきます

❶画面左上のサーバー名をクリック

❷［チャンネルを作成］をクリック

特定のカテゴリー配下に作成したい場合、カテゴリー名の右側にある［＋］をクリックしても作成が可能です

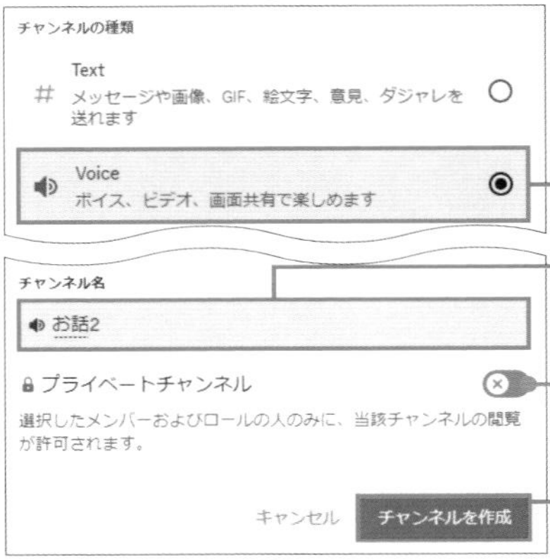

❸［Voice］を選択

❹［チャンネル名］にチャンネルの名前を入力

プライベートチャンネルを選択した場合、特定のロールのみが確認できるチャンネルを作成することができます

❺［チャンネルを作成］をクリック

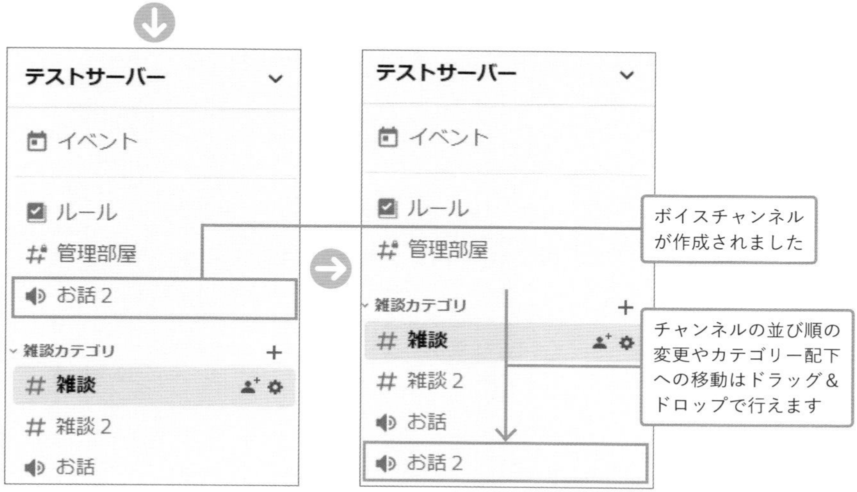

ボイスチャンネルを設定する

ボイスチャンネルの設定では音質やビデオ画質を設定したり、ロールによる閲覧制限を設けることができます。なお、ロールによる閲覧制限については、Section 44を参照してください。

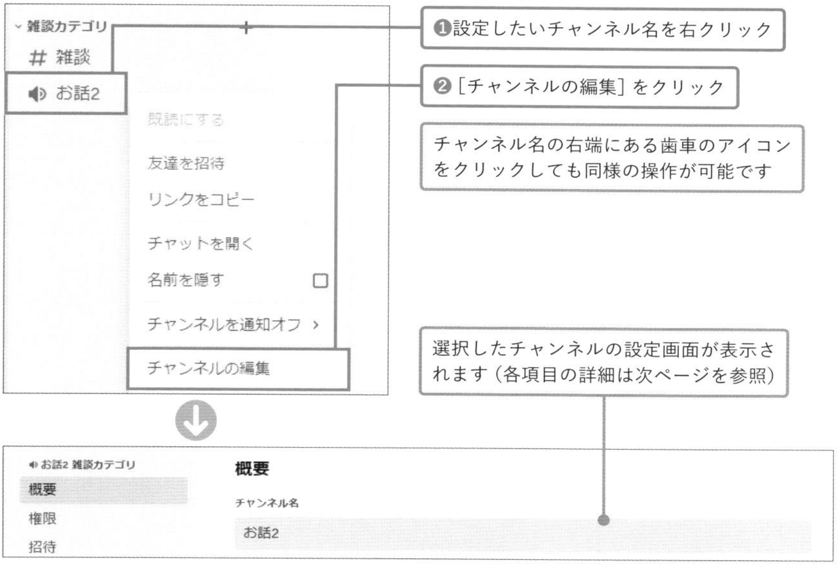

ボイスチャンネルの設定項目

メニュー	設定項目	内容
概要	チャンネル名	チャンネル名の変更が可能
	低速モード	連続でチャットに書き込む際の間隔を設定できる。デフォルトではオフになっている。利用ユーザーが多く、古い書き込みがすぐに流れてしまう場合などに活用すると便利
	年齢制限のあるチャンネル	チャンネルを閲覧する際に、成人向けコンテンツがある旨を警告
	アナウンスチャンネル	コミュニティサーバーのみの設定。チャンネルをアナウンスチャンネルに変更する。アナウンスチャンネルについては、Section 39を参照
	ビットレート	ボイスチャンネル参加者の音質を設定。値を大きくすると音質がよくなるが、回線負荷が高まり、回線の遅いユーザーは接続が不安定になる可能性がある。そのため、基本的には標準設定の64kbpsがおすすめ
	ビデオ画質	ボイスチャンネル参加者のビデオ画質を設定。［自動］の場合、ユーザーごとにパフォーマンスが最適化されるため、［自動］がおすすめできる
	ユーザー人数制限	接続ユーザー数を制限できる。デフォルトは上限なしの無制限。また、［メンバーを移動］の権限を持つユーザーは、この設定を無視してボイスチャンネルにメンバーを移動させられる
	地域の上書き	接続先地域を設定できる。音質やビデオ品質に影響する。［自動］に設定している場合、Discordが最適な設定を行うため、おすすめできる
権限	—	チャンネルに対して実行できる操作をロールごとに設定できる。詳しくはSection 43を参照
招待	—	チャンネルに設定されている招待リンクを確認できる
連携サービス	—	・ウェブフック サーバーに設定されているウェブフックを確認できる。ウェブフックを利用することでDiscord外部からチャンネルに対して投稿できる
チャンネルを削除	—	このチャンネルを削除できる

Section 39

フォーラム・アナウンスメント・ステージを作成しよう！

コミュニティサーバー限定で作成できるのがフォーラム、アナウンスメント、ステージのチャンネルです。ここでは各チャンネルの作成方法と設定項目について説明します。

コミュニティサーバー限定の機能

Discordで使える5種類のチャンネルのうち、**フォーラム、アナウンスメント、ステージは、コミュニティサーバー限定で**作成できます。作成方法や設定画面の表示方法はテキストチャンネルやボイスチャンネルと共通しているため、以降は手順を省略して説明していきます。

フォーラムを作成する

フォーラムは、掲示板のようにメッセージ投稿が行えるチャンネルです。作成はテキストチャンネルなどと同じ作成画面から行えます（下図）。

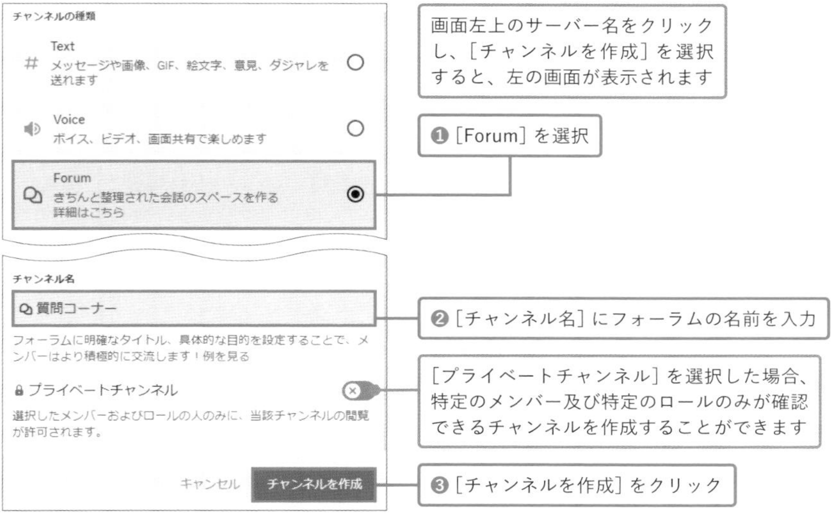
チャンネルの種類
Text
メッセージや画像、GIF、絵文字、意見、ダジャレを送れます
Voice
ボイス、ビデオ、画面共有で楽しめます
Forum
きちんと整理された会話のスペースを作る
詳細はこちら
チャンネル名
質問コーナー
フォーラムに明確なタイトル、具体的な目的を設定することで、メンバーはより積極的に交流します！例を見る
プライベートチャンネル
選択したメンバーおよびロールの人のみに、当該チャンネルの閲覧が許可されます。
キャンセル
チャンネルを作成
画面左上のサーバー名をクリックし、［チャンネルを作成］を選択すると、左の画面が表示されます
❶［Forum］を選択
❷［チャンネル名］にフォーラムの名前を入力
［プライベートチャンネル］を選択した場合、特定のメンバー及び特定のロールのみが確認できるチャンネルを作成することができます
❸［チャンネルを作成］をクリック

フォーラムを設定する

フォーラムの設定画面も、テキストチャンネルやボイスチャンネルと同様、チャンネルを右クリックして［チャンネルを編集］を選択する（またはチャンネル名の右側にある歯車のアイコンをクリックする）と表示されます。

フォーラムの設定項目

メニュー	設定項目	内容
概要	チャンネル名	チャンネル名の変更が可能
	投稿ガイドライン	フォーラムの投稿のルールを記載できる。記載したルールはフォーラムの［投稿ガイドライン］をクリックすることで確認可能（次ページの図）
	タグ	フォーラムに投稿する際に選択できるタグを作成できる（次ページの図）
	デフォルトのリアクション	投稿に付けられるデフォルトのリアクションの絵文字を1つ設定可能
	低速モード	投稿を行う間隔や、投稿に対してメッセージを送信できる間隔を設定できる。デフォルトではオフ。利用ユーザーが多く、古い書き込みがすぐに流れてしまう場合などに活用すると便利
	デフォルトのレイアウト	［リスト］表示または、［ギャラリー］表示からデフォルトの表示を選択できる。［リスト］はテキストが強調され、［ギャラリー］は投稿に紐づいた画像が表示される（次ページの図）
	並び替え順	［最近のアクティビティ］［作成日時］の2種類から投稿の並び順を設定できる。前者は最近書き込みがあった投稿順に、後者は投稿が作成された日時順に表示される
	年齢制限のあるチャンネル	チャンネルを閲覧する際に、成人向けコンテンツがある旨を警告
	活動がなかった場合、非表示になります	指定時間内に書き込みがなければ、チャンネルをクローズする期間を設定できる
権限		これらの設定は、テキストチャンネルと同様のため、Section 37を参照
招待		
連携サービス		
チャンネルを削除		

投稿ガイドラインの例

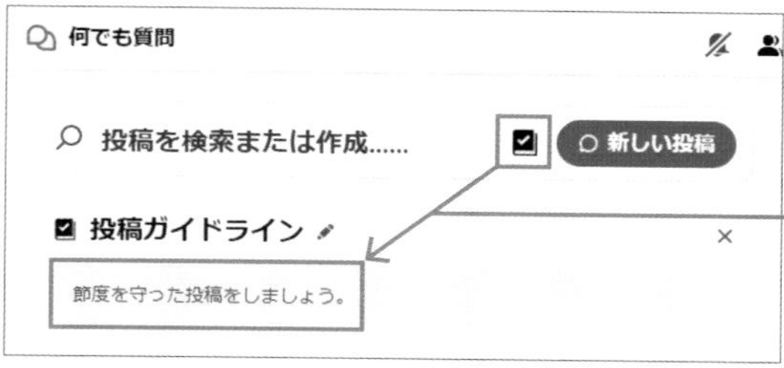

フォーラムを開いたときに、上部に表示される［投稿ガイドライン］のアイコンをクリックすると、設定した投稿ガイドラインが表示されます

タグの例

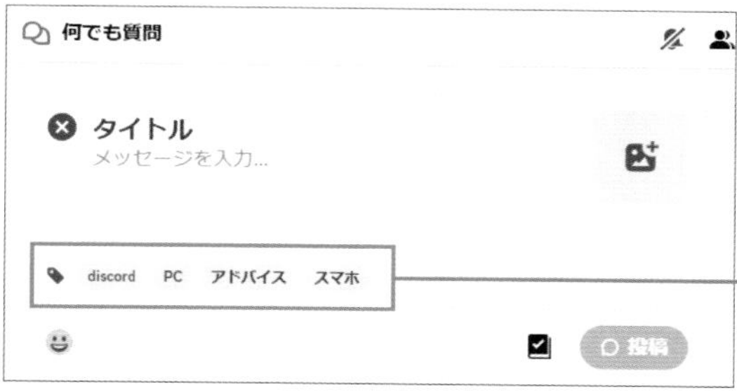

フォーラムに投稿するとき、あらかじめ設定しておいたタグを選んで投稿できます。また、フォーラム内の投稿の一覧表示をタグで絞り込むこともできます

デフォルトのレイアウト（左＝［リスト］表示／右＝［ギャラリー］表示）

ここをクリックして切り替えられます

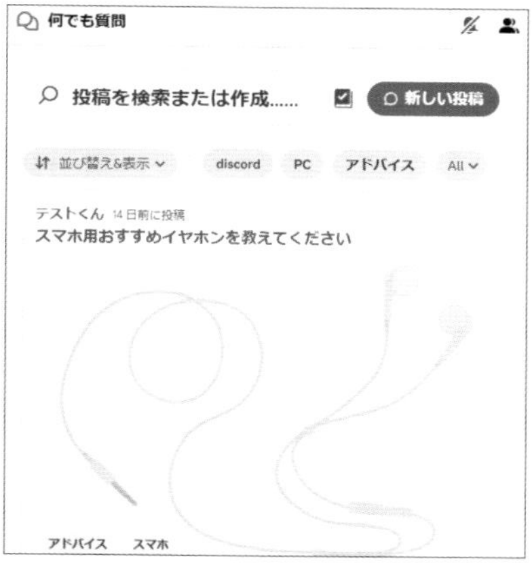

［リスト］表示はテキストが強調され、一覧性に優れた表示になります

［ギャラリー］表示は投稿に紐付いた画像が表示されます

アナウンスメントを作成する

アナウンスメントは、重要なお知らせを投稿するチャンネルです。作成は、テキストチャンネルなどと同じ作成画面から行えます（下図）。

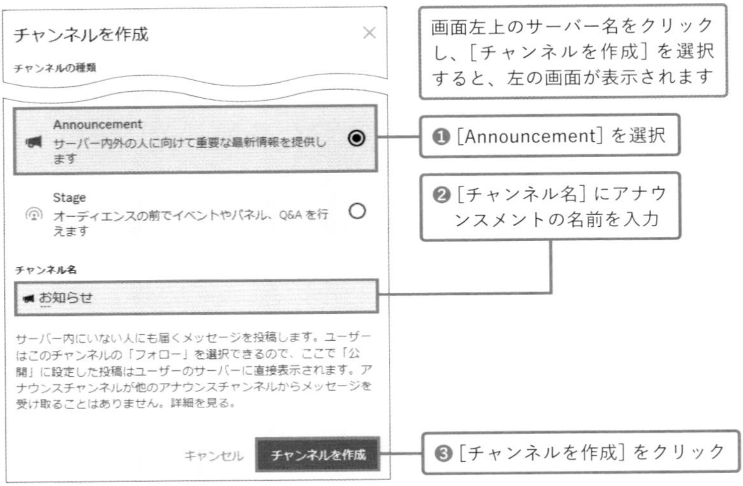

チャンネルを作成
チャンネルの種類
Announcement
サーバー内外の人に向けて重要な最新情報を提供します
Stage
オーディエンスの前でイベントやパネル、Q&A を行えます
チャンネル名
お知らせ
サーバー内にいない人にも届くメッセージを投稿します。ユーザーはこのチャンネルの「フォロー」を選択できるので、ここで「公開」に設定した投稿はユーザーのサーバーに直接表示されます。アナウンスチャンネルが他のアナウンスチャンネルからメッセージを受け取ることはありません。詳細を見る。
キャンセル
チャンネルを作成
画面左上のサーバー名をクリックし、[チャンネルを作成] を選択すると、左の画面が表示されます
❶ [Announcement] を選択
❷ [チャンネル名] にアナウンスメントの名前を入力
❸ [チャンネルを作成] をクリック

アナウンスメントを設定する

アナウンスメントの設定画面も、テキストチャンネルなどと同様、チャンネルを右クリックして [チャンネルを編集] を選択する（またはチャンネル名の右側にある歯車のアイコンをクリックする）と表示されます。**設定項目はテキストチャンネルと同じ**なので、Section 37 を参照してください。

ステージを作成する

ステージは、発表者と聴衆に分かれて参加できるボイスチャンネルです。作成は、テキストチャンネルなどと同じ作成画面から行えますが、最初にサーバーの管理者以外に、**ステージ・モデレーターを追加するかどうかを選択**できます（次ページの図を参照）。ステージ・モデレーターとは、イベントを開始したり、ステージへスピーカーを登壇または降壇させたりできる権利を持つ人です。

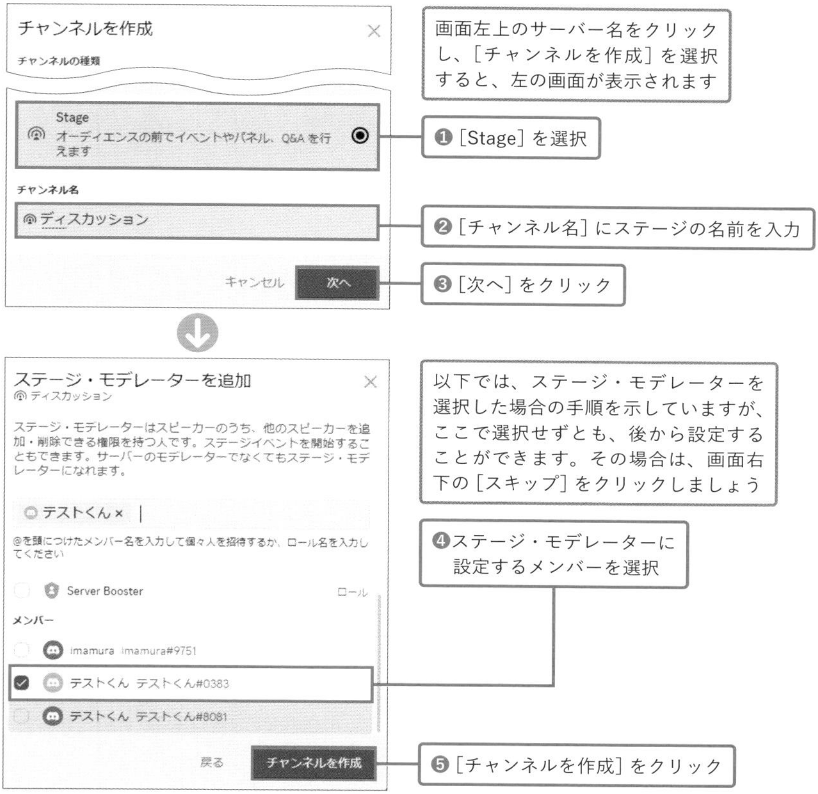
チャンネルを作成
チャンネルの種類
Stage
オーディエンスの前でイベントやパネル、Q&A を行えます
チャンネル名
ディスカッション
キャンセル
次へ
ステージ・モデレーターを追加
ディスカッション
ステージ・モデレーターはスピーカーのうち、他のスピーカーを追加・削除できる権限を持つ人です。ステージイベントを開始することもできます。サーバーのモデレーターでなくてもステージ・モデレーターになれます。
テストくん ×
@を頭につけたメンバー名を入力して個々人を招待するか、ロール名を入力してください
Server Booster
ロール
メンバー
imamura imamura#9751
テストくん テストくん#0383
テストくん テストくん#8081
戻る
チャンネルを作成
画面左上のサーバー名をクリックし、［チャンネルを作成］を選択すると、左の画面が表示されます
❶［Stage］を選択
❷［チャンネル名］にステージの名前を入力
❸［次へ］をクリック
以下では、ステージ・モデレーターを選択した場合の手順を示していますが、ここで選択せずとも、後から設定することができます。その場合は、画面右下の［スキップ］をクリックしましょう
❹ステージ・モデレーターに設定するメンバーを選択
❺［チャンネルを作成］をクリック

ステージを設定する

ステージの設定画面も、テキストチャンネルなどと同様、チャンネルを右クリックして［チャンネルを編集］を選択する（またはチャンネル名の右側にある歯車のアイコンをクリックする）と表示されます。**設定項目はボイスチャンネル（Section 38）とほぼ同じで、［権限］のメニューに［ステージ・モデレーター］の項目があるかどうか、［連携］メニューに［フォロー中のチャンネル］があるかどうかが違うだけ**です（次ページ参照）。

ステージ・モデレーターの設定

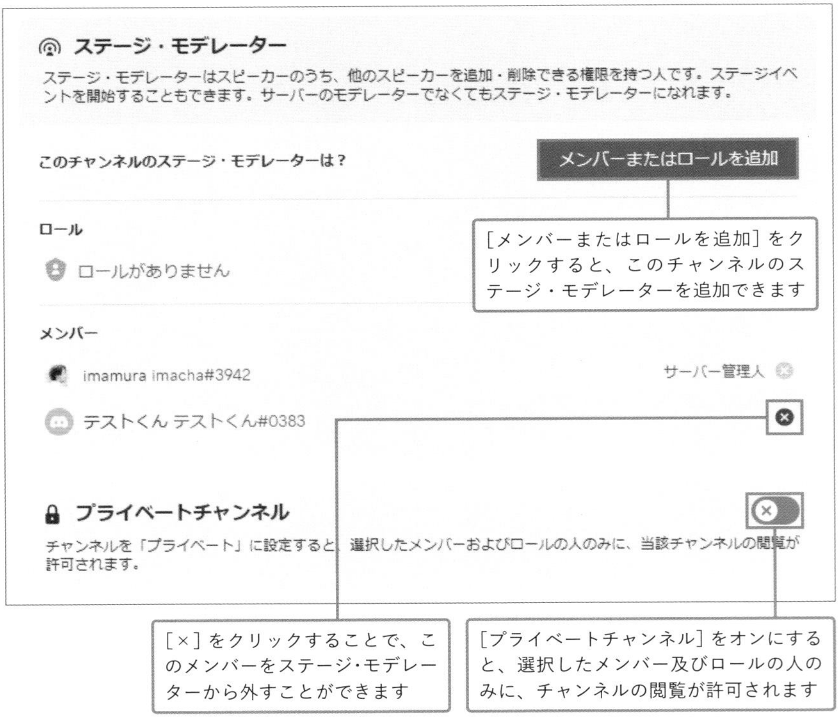
ステージ・モデレーター
ステージ・モデレーターはスピーカーのうち、他のスピーカーを追加・削除できる権限を持つ人です。ステージイベントを開始することもできます。サーバーのモデレーターでなくてもステージ・モデレーターになれます。
このチャンネルのステージ・モデレーターは？
メンバーまたはロールを追加
ロール
ロールがありません
メンバー
imamura imacha#3942
サーバー管理人
テストくん テストくん#0383
プライベートチャンネル
チャンネルを「プライベート」に設定すると、選択したメンバーおよびロールの人のみに、当該チャンネルの閲覧が許可されます。
[メンバーまたはロールを追加] をクリックすると、このチャンネルのステージ・モデレーターを追加できます
[×] をクリックすることで、このメンバーをステージ・モデレーターから外すことができます
[プライベートチャンネル] をオンにすると、選択したメンバー及びロールの人のみに、チャンネルの閲覧が許可されます

そのほか、同じ [権限] メニュー内にある [高度な権限] で、ロールや権限の設定も行えます。ロールの意味や設定方法についてはSection 42で、権限の設定方法についてはSection 43で解説します。

Section 40 イベントを作成したり ステージを開始するには？

コミュニティサーバー限定機能のうち、ここではイベントの作成方法とステージの開始方法について解説します。いずれもコミュニティが成熟してきた過程で、サーバーに集まるユーザー同士の親睦を図る意味で有効な手段です。

イベントを作成し、開始する

ステージやボイスチャンネルなどを利用し、ユーザー同士で会話をしたりゲームをしたりする「**イベント**」を作成できます。開催日時は指定でき、サーバー内で開催通知を出すことができます。

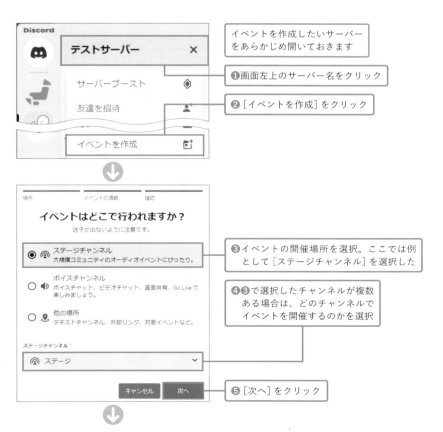

イベントを作成したいサーバーをあらかじめ開いておきます

❶画面左上のサーバー名をクリック

❷［イベントを作成］をクリック

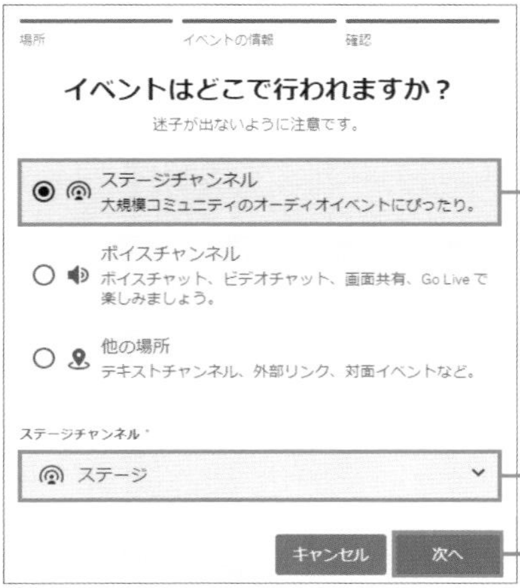

❸イベントの開催場所を選択。ここでは例として［ステージチャンネル］を選択した

❹❸で選択したチャンネルが複数ある場合は、どのチャンネルでイベントを開催するのかを選択

❺［次へ］をクリック

場所
イベントの情報
確認
イベントのテーマは？
イベントの詳細を記入してください。
イベントのトピック
Discordの使い方講習会
❻［イベントのトピック］欄にイベントの名前を入力
開始日
開始時間
4月 30, 2023
17:00
❼［開催日］と［開催時間］を選択
概要
Discordの使い方について、講習会を行います。
是非ご参加ください！
964
❽［概要］欄にイベントの概要を入力
カバー画像
最低幅800ピクセル、高さ320ピクセルある画像を推奨します。
カバー画像をアップロード
必要に応じてカバー画像を付けることもできます
戻る
キャンセル
次へ
❾［次へ］をクリック

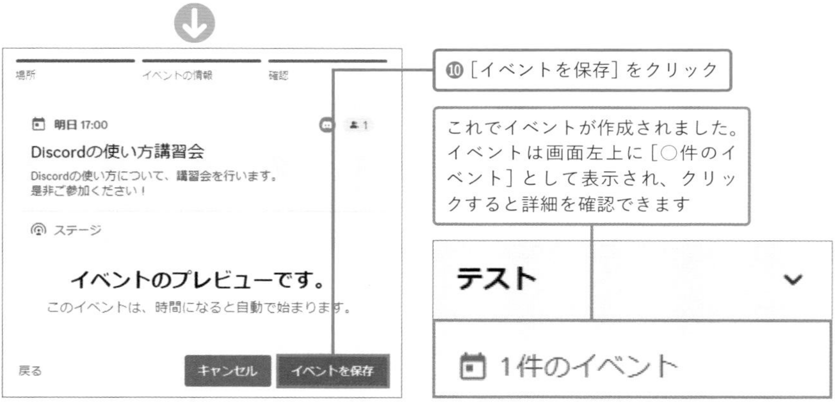
場所
イベントの情報
確認
❿［イベントを保存］をクリック
明日 17:00
Discordの使い方講習会
Discordの使い方について、講習会を行います。
是非ご参加ください！
ステージ
これでイベントが作成されました。イベントは画面左上に［○件のイベント］として表示され、クリックすると詳細を確認できます
イベントのプレビューです。
このイベントは、時間になると自動で始まります。
テスト
1件のイベント
戻る
キャンセル
イベントを保存

イベントの開催場所を［ステージチャンネル］または［ボイスチャンネル］に設定していた場合、上記のイベントの詳細画面から［開始］をクリックすることで開始できます。［他の場所］に設定していた場合は、自動的にイベントが開始されます。イベントを開始すると、サーバーの画面左上に［配信中］と表示され、イベントが開催されていることがわかるようになります。

ステージを開始する

　ステージを開始できるのは、管理者またはステージ・モデレーターです。また、ステージを開始するには、**［イベント］で開始する方法と［ステージ］で開始する方法の2パターン**があります。［イベント］で開始する方法については前述の通り、イベントの開催場所を［ステージ］に設定し、イベントを開始すればOKです。以下では、直接［ステージ］で開催する方法を解説します。

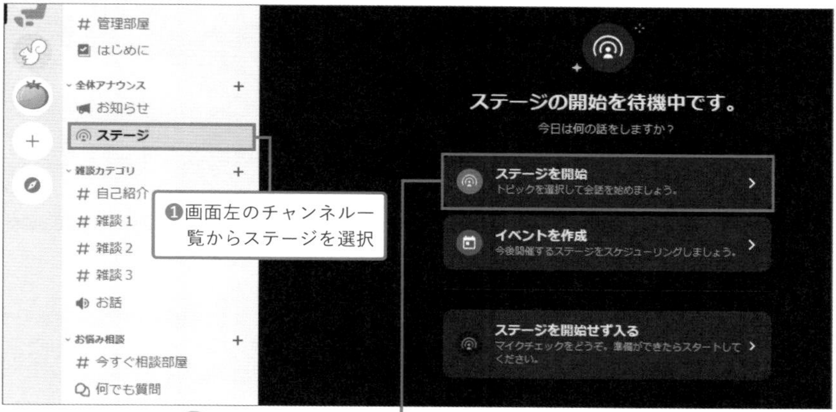

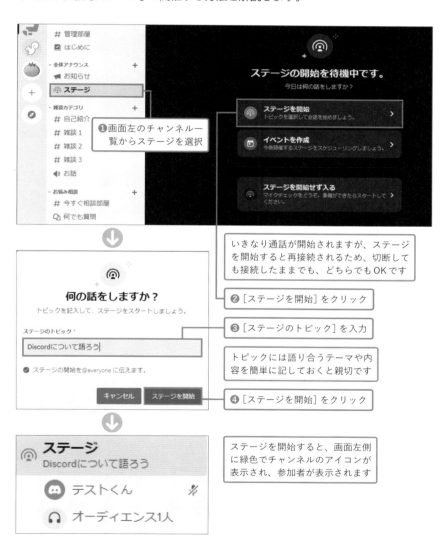

❶画面左のチャンネル一覧からステージを選択

いきなり通話が開始されますが、ステージを開始すると再接続されるため、切断しても接続したままでも、どちらでもOKです

❷［ステージを開始］をクリック

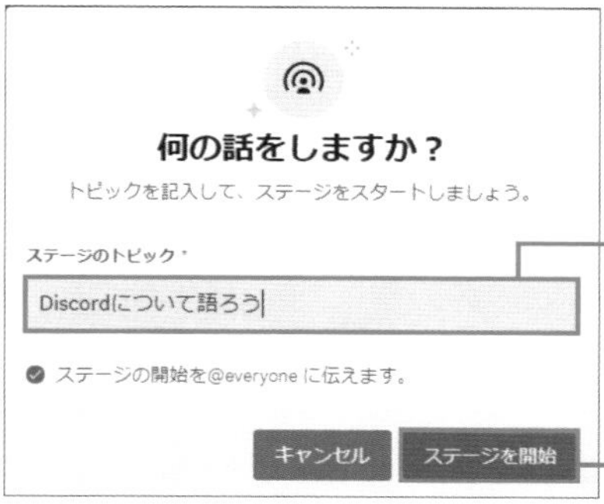

❸［ステージのトピック］を入力

トピックには語り合うテーマや内容を簡単に記しておくと親切です

❹［ステージを開始］をクリック

ステージを開始すると、画面左側に緑色でチャンネルのアイコンが表示され、参加者が表示されます

スピーカーとオーディエンス

ステージ内では、**スピーカー（話し手）とオーディエンス（視聴者）**に分類され、スピーカーのみが音声を発することができます。開催者以外は、参加すると自動的にオーディエンスになります。管理者やステージ・モデレーター、またはそれらにスピーカーとして登壇を許可されたメンバーのみがスピーカーになることができます（下記参照）。

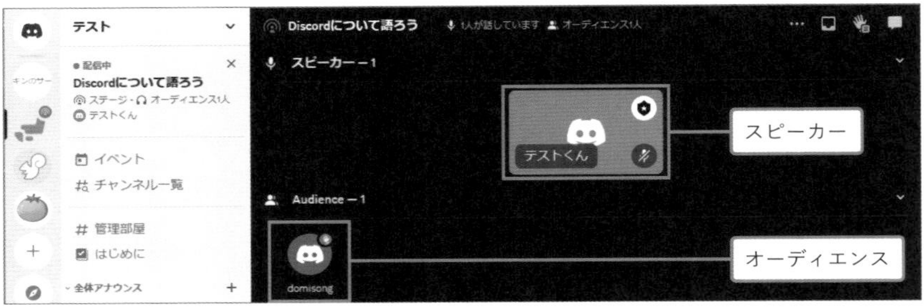

スピーカーとして招待する

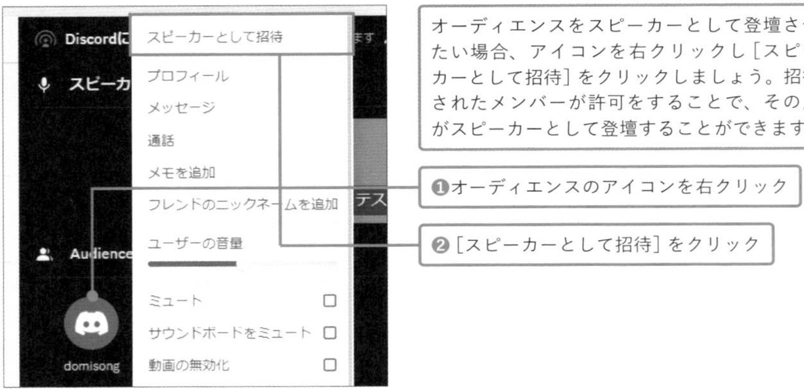

オーディエンスをスピーカーとして登壇させたい場合、アイコンを右クリックし［スピーカーとして招待］をクリックしましょう。招待されたメンバーが許可をすることで、その人がスピーカーとして登壇することができます

ステージを終了する

ステージを終了する場合は、管理者またはステージ・モデレーターが通話終了ボタンの右下にある［^］をクリックし、［全員に対してステージを終了］を選択することで、終了できます。

ステージの終了は［^］→［全員に対してステージを終了］をクリックすればOKです

Section 41

コミュニティサーバーを整備しよう！

コミュニティサーバーを運営するにあたり、必ず設定しておきたい設定がいくつもあります。ルールやガイドラインチャンネルの表示、ようこそ画面の表示、ルールスクリーニングなど、各種設定を済ませておきましょう。

コミュニティの概要を設定する

コミュニティサーバーの設定のうち、真っ先に行いたいのが［サーバー設定］内にある［概要］欄の設定です。1つずつ設定すべきポイントを説明します。

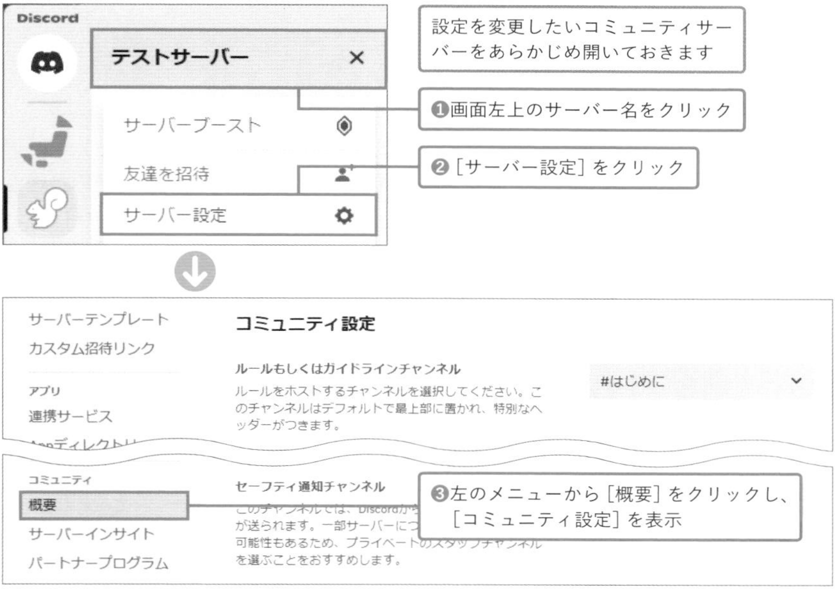
Discord
テストサーバー
サーバーブースト
友達を招待
サーバー設定
設定を変更したいコミュニティサーバーをあらかじめ開いておきます
❶画面左上のサーバー名をクリック
❷［サーバー設定］をクリック
サーバーテンプレート
カスタム招待リンク
アプリ
連携サービス
コミュニティ設定
ルールもしくはガイドラインチャンネル
ルールをホストするチャンネルを選択してください。このチャンネルはデフォルトで最上部に置かれ、特別なヘッダーがつきます。
#はじめに
コミュニティ
概要
サーバーインサイト
パートナープログラム
セーフティ通知チャンネル
可能性もあるため、プライベートのスタッフチャンネルを選ぶことをおすすめします。
❸左のメニューから［概要］をクリックし、［コミュニティ設定］を表示

ルールもしくはガイドラインチャンネル

このチャンネル設定は必須です。サーバーのルールやガイドラインを記載するテキストチャンネルとなるため、管理者以外が書き込めないようにチャンネル設定をしておきましょう。その場合、チャンネルのアイコンは通常のテキストチャンネルと異なり、チェックマークとなります。

ルールもしくはガイドラインチャンネルの例

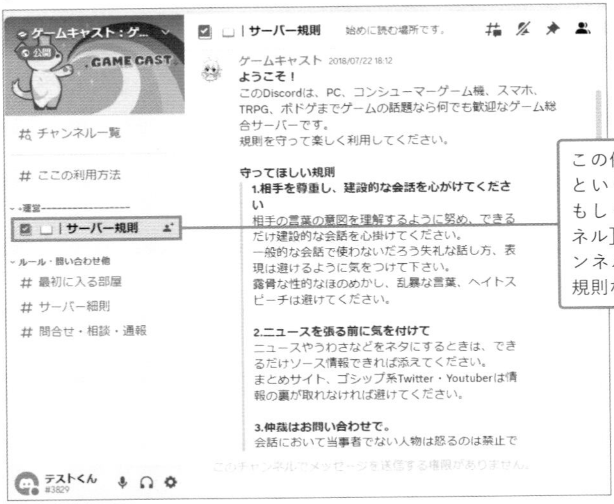
ゲームキャスト：ゲ...
公開
GAME CAST
チャンネル一覧
ここの利用方法
運営
サーバー規則
ルール・問い合わせ他
最初に入る部屋
サーバー細則
問合せ・相談・通報
テストくん
#3829
サーバー規則
始めに読む場所です。
ゲームキャスト 2018/07/22 18:12
ようこそ！
このDiscordは、PC、コンシューマーゲーム機、スマホ、TRPG、ボドゲまでゲームの話題なら何でも歓迎なゲーム総合サーバーです。
規則を守って楽しく利用してください。
守ってほしい規則
1.相手を尊重し、建設的な会話を心がけてください
相手の言葉の意図を理解するように努め、できるだけ建設的な会話を心掛けてください。
一般的な会話で使わないだろう失礼な話し方、表現は避けるように気をつけて下さい。
露骨な性的なほのめかし、乱暴な言葉、ヘイトスピーチは避けてください。
2.ニュースを張る前に気を付けて
ニュースやうわさなどをネタにするときは、できるだけソース情報できれば添えてください。
まとめサイト、ゴシップ系Twitter・Youtuberは情報の裏が取れなければ避けてください。
3.仲裁はお問い合わせで。
会話において当事者でない人物は怒るのは禁止で
このチャンネルでメッセージを送信する権限がありません。

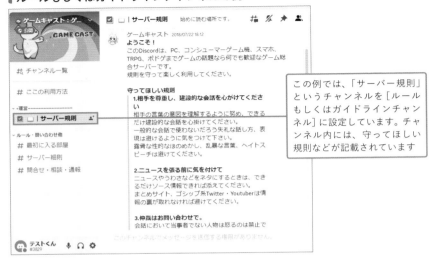

この例では、「サーバー規則」というチャンネルを［ルールもしくはガイドラインチャンネル］に設定しています。チャンネル内には、守ってほしい規則などが記載されています

コミュニティ・アップデート・チャンネル

　この**チャンネル設定も必須**です。コミュニティサーバーの重要な更新情報について、Discordからシステム通知が届くテキストチャンネルとなります。**一部の通知についてはサーバーの機密情報を含む可能性もあるため、サーバーの管理者のみが閲覧できるようなチャンネルを設定**しましょう。そのような設定例については、Section 44の「特定の人だけが見られるプライベートチャンネル」を参考にしてください。

コミュニティ・アップデート・チャンネルの例

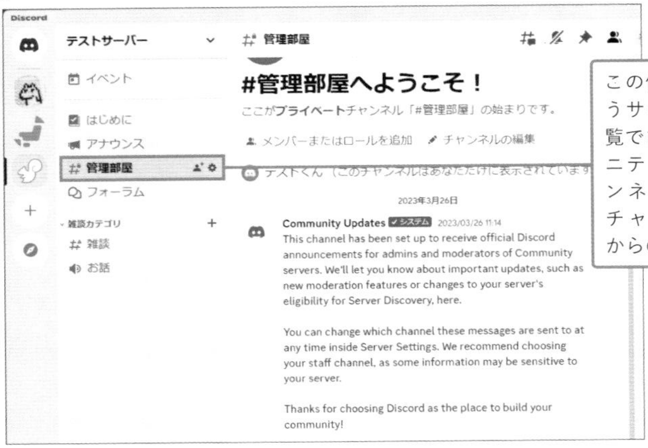
Discord
テストサーバー
イベント
はじめに
アナウンス
管理部屋
フォーラム
雑談カテゴリ
雑談
お話
管理部屋
#管理部屋へようこそ！
ここがプライベートチャンネル「#管理部屋」の始まりです。
メンバーまたはロールを追加
チャンネルの編集
2023年3月26日
Community Updates システム 2023/03/26 11:14
This channel has been set up to receive official Discord announcements for admins and moderators of Community servers. We'll let you know about important updates, such as new moderation features or changes to your server's eligibility for Server Discovery, here.
You can change which channel these messages are sent to at any time inside Server Settings. We recommend choosing your staff channel, as some information may be sensitive to your server.
Thanks for choosing Discord as the place to build your community!

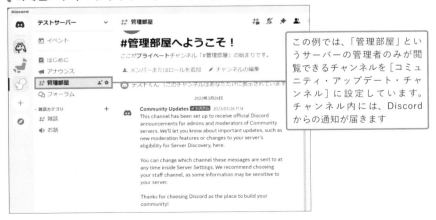

この例では、「管理部屋」というサーバーの管理者のみが閲覧できるチャンネルを［コミュニティ・アップデート・チャンネル］に設定しています。チャンネル内には、Discordからの通知が届きます

セーフティ通知チャンネル

設定が必須ではないチャンネルです。Discordからセーフティ情報に関するシステム通知が届くテキストチャンネルとなります。一部の通知についてはサーバーの機密情報を含む可能性もあるため、コミュニティ・アップデート・チャンネルと同様にサーバーの管理者のみが閲覧できるようなチャンネルを設定しましょう。

サーバーの第一言語

サーバーの第一言語を設定します。通常は［日本語］のままでよいでしょう。

サーバーの概要

サーバーの概要について記載することで、招待リンクの外部埋め込みにその内容が表示されるようになります。

コミュニティを無効にする

コミュニティサーバーから通常サーバーへ切り替えます。この操作を行うと、コミュニティサーバー限定の機能がなくなります。

ようこそ画面を設定する

サーバーに新しく参加したユーザーに表示される画面が、「**ようこそ画面**」です。設定しておくことで、新規ユーザーに対して**最初に読んでほしいチャンネルなどを案内**できます（下図）。次ページからは作成方法を紹介します。

ようこそ画面の例

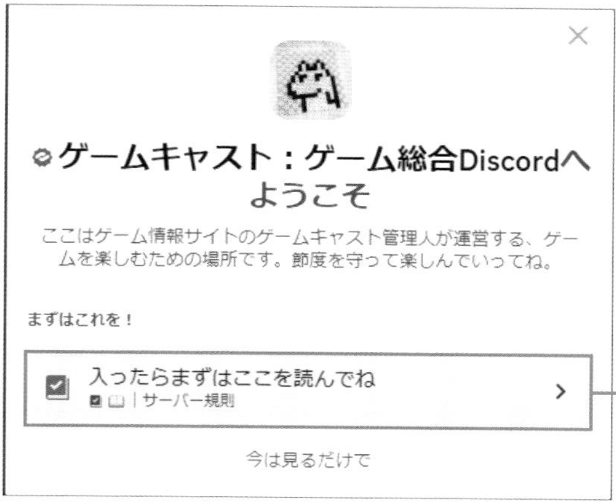
ゲームキャスト：ゲーム総合Discordへようこそ
ここはゲーム情報サイトのゲームキャスト管理人が運営する、ゲームを楽しむための場所です。節度を守って楽しんでいってね。
まずはこれを！
入ったらまずはここを読んでね
サーバー規則
今は見るだけで

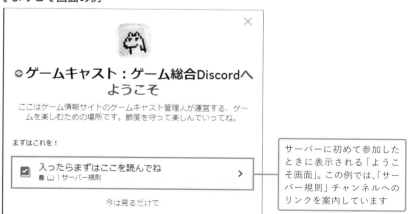

サーバーに初めて参加したときに表示される「ようこそ画面」。この例では、「サーバー規則」チャンネルへのリンクを案内しています

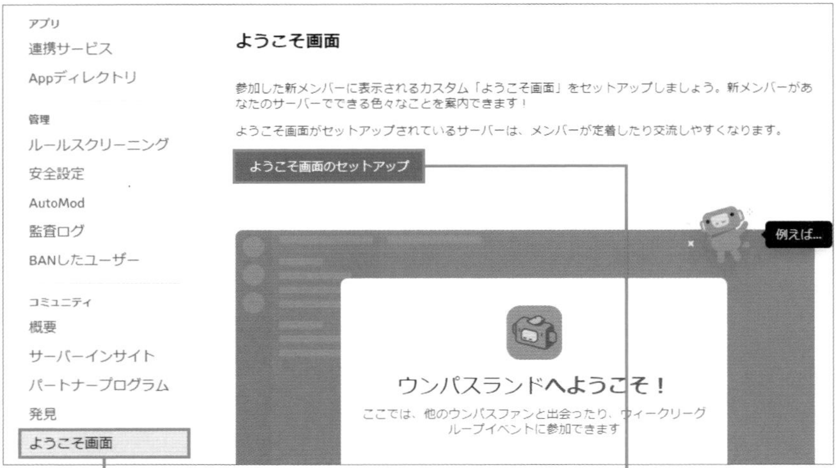
アプリ
連携サービス
Appディレクトリ
管理
ルールスクリーニング
安全設定
AutoMod
監査ログ
BANしたユーザー
コミュニティ
概要
サーバーインサイト
パートナープログラム
発見
ようこそ画面
ようこそ画面
参加した新メンバーに表示されるカスタム「ようこそ画面」をセットアップしましょう。新メンバーがあなたのサーバーでできる色々なことを案内できます！
ようこそ画面がセットアップされているサーバーは、メンバーが定着したり交流しやすくなります。
ようこそ画面のセットアップ
例えば...
ウンパスランドへようこそ！
ここでは、他のウンパスファンと出会ったり、ウィークリーグループイベントに参加できます

❶［サーバー設定］を開き、左のメニューから［ようこそ画面］を選択

❷［ようこそ画面のセットアップ］をクリック

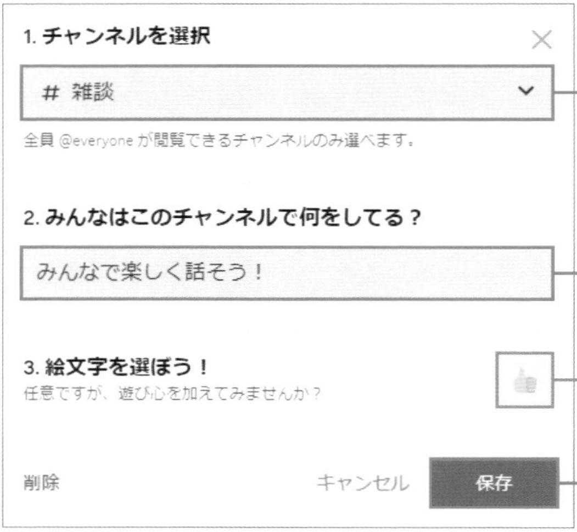
1. チャンネルを選択
雑談
全員 @everyone が閲覧できるチャンネルのみ選べます。
2. みんなはこのチャンネルで何をしてる？
みんなで楽しく話そう！
3. 絵文字を選ぼう！
任意ですが、遊び心を加えてみませんか？
削除
キャンセル
保存

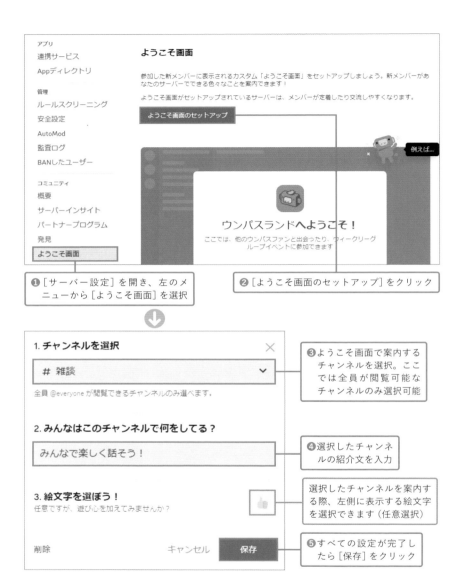

❸ようこそ画面で案内するチャンネルを選択。ここでは全員が閲覧可能なチャンネルのみ選択可能

❹選択したチャンネルの紹介文を入力

選択したチャンネルを案内する際、左側に表示する絵文字を選択できます（任意選択）

❺すべての設定が完了したら［保存］をクリック

以上の設定で、ようこそ画面の最終確認画面が表示されます（次ページの図）。ここで**［有効にする］をクリックすることで、サーバーの新規ユーザーに対してようこそ画面を表示できる**ようになりますが、ここをクリックしておかないと、せっかく作った画面が表示されないので注意しましょう。

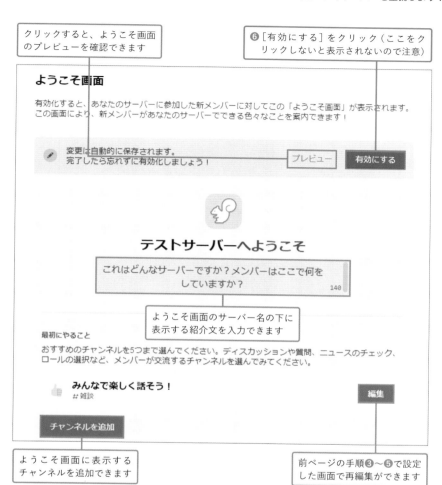

クリックすると、ようこそ画面のプレビューを確認できます

❻［有効にする］をクリック（ここをクリックしないと表示されないので注意）

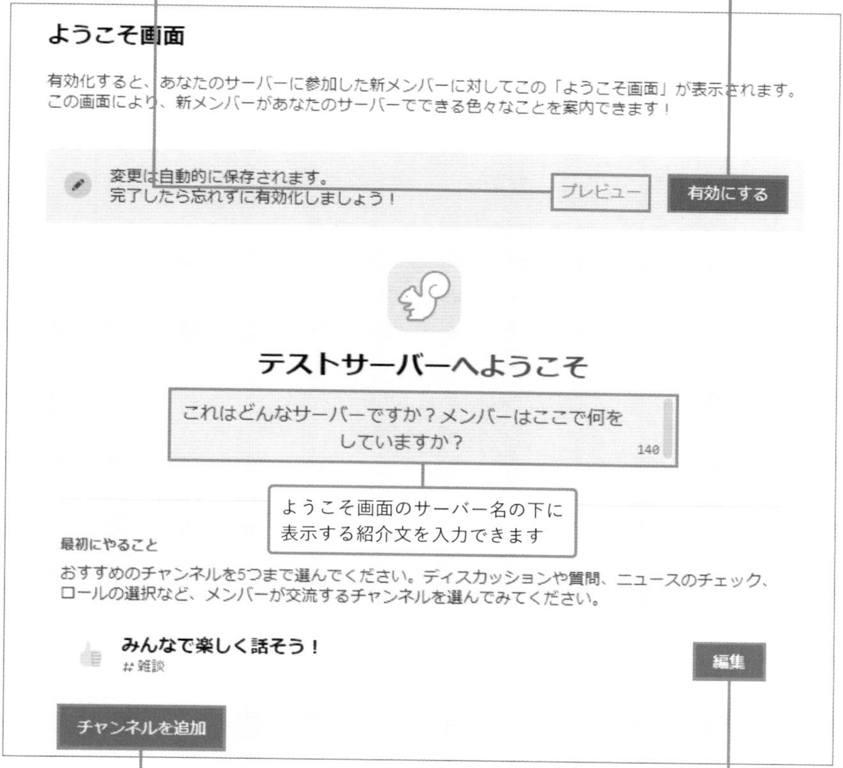
ようこそ画面
有効化すると、あなたのサーバーに参加した新メンバーに対してこの「ようこそ画面」が表示されます。この画面により、新メンバーがあなたのサーバーでできる色々なことを案内できます！
変更は自動的に保存されます。
完了したら忘れずに有効化しましょう！
プレビュー
有効にする
テストサーバーへようこそ
これはどんなサーバーですか？メンバーはここで何をしていますか？
140
ようこそ画面のサーバー名の下に表示する紹介文を入力できます
最初にやること
おすすめのチャンネルを5つまで選んでください。ディスカッションや質問、ニュースのチェック、ロールの選択など、メンバーが交流するチャンネルを選んでみてください。
みんなで楽しく話そう！
雑談
編集
チャンネルを追加

ようこそ画面に表示するチャンネルを追加できます

前ページの手順❸～❺で設定した画面で再編集ができます

ルールスクリーニングとは

「ルールスクリーニング」とは、サーバーに新しく参加したユーザーがサーバーで活動を始める前に表示されるルールのことです。**新しく参加したユーザーはこのルールに同意しないと、サーバーを利用することができません。**

また、あわせて認証レベルの設定を行うことで、メールアドレス認証をしていないアカウントや電話番号認証をしていないアカウントによるサーバーでのテキストチャット及びDMをはじくことができ、スパムアカウントの参加を防ぐことにつながります。

新規ユーザーから見たルールスクリーニングの画面

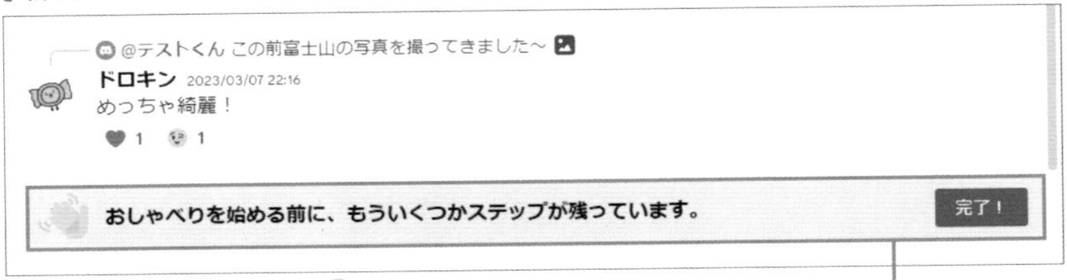
@テストくん この前富士山の写真を撮ってきました～
ドロキン 2023/03/07 22:16
めっちゃ綺麗！
おしゃべりを始める前に、もういくつかステップが残っています。
完了！

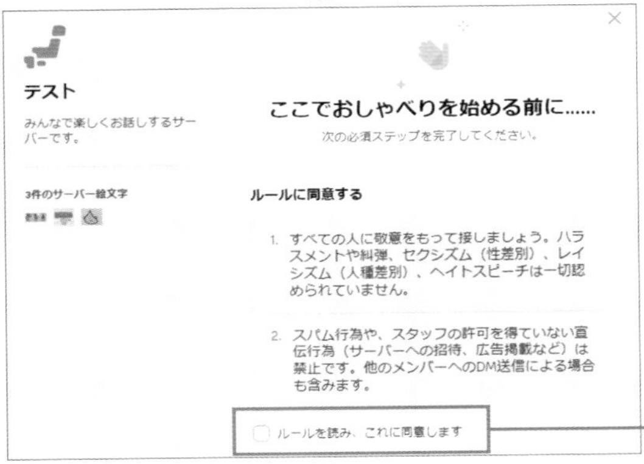
テスト
みんなで楽しくお話しするサーバーです。
3件のサーバー絵文字
ここでおしゃべりを始める前に……
次の必須ステップを完了してください。
ルールに同意する
1. すべての人に敬意をもって接しましょう。ハラスメントや糾弾、セクシズム（性差別）、レイシズム（人種差別）、ヘイトスピーチは一切認められていません。
2. スパム行為や、スタッフの許可を得ていない宣伝行為（サーバーへの招待、広告掲載など）は禁止です。他のメンバーへのDM送信による場合も含みます。
ルールを読み、これに同意します

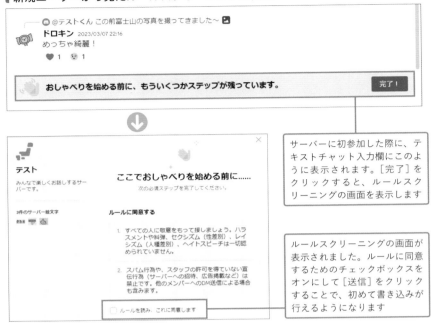

サーバーに初参加した際に、テキストチャット入力欄にこのように表示されます。［完了］をクリックすると、ルールスクリーニングの画面を表示します

ルールスクリーニングの画面が表示されました。ルールに同意するためのチェックボックスをオンにして［送信］をクリックすることで、初めて書き込みが行えるようになります

● ルールスクリーニングを設定する

以下では、ルールスクリーニングの設定手順を紹介します。

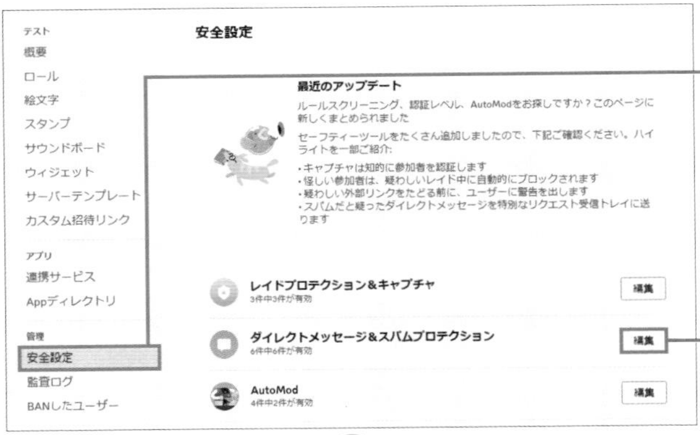
テスト
概要
ロール
絵文字
スタンプ
サウンドボード
ウィジェット
サーバーテンプレート
カスタム招待リンク
アプリ
連携サービス
Appディレクトリ
管理
安全設定
監査ログ
BANしたユーザー
安全設定
最近のアップデート
ルールスクリーニング、認証レベル、AutoModをお探しですか？このページに新しくまとめられました
セーフティーツールをたくさん追加しましたので、下記ご確認ください。ハイライトを一部ご紹介:
・キャプチャは知的に参加者を認証します
・怪しい参加者は、疑わしいレイド中に自動的にブロックされます
・疑わしい外部リンクをたどる前に、ユーザーに警告を出します
・スパムだと疑ったダイレクトメッセージを特別なリクエスト受信トレイに送ります
レイドプロテクション＆キャプチャ
3件中3件が有効
ダイレクトメッセージ＆スパムプロテクション
6件中6件が有効
AutoMod
4件中2件が有効
編集

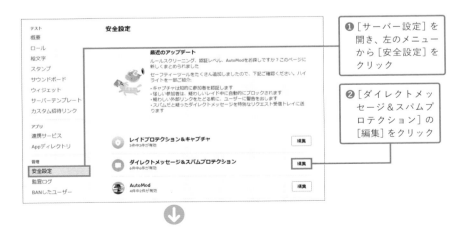

❶［サーバー設定］を開き、左のメニューから［安全設定］をクリック

❷［ダイレクトメッセージ＆スパムプロテクション］の［編集］をクリック

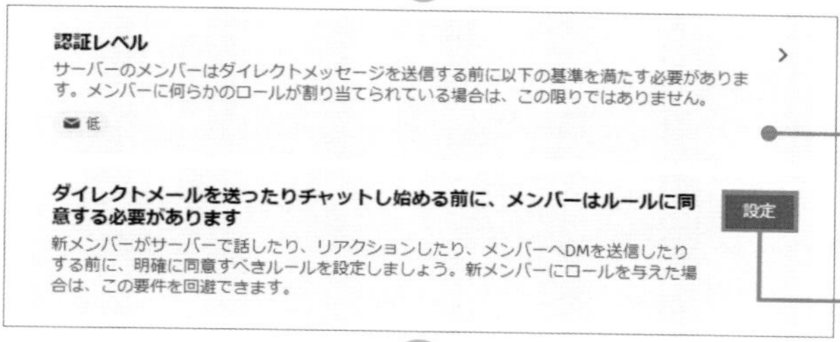
認証レベル
サーバーのメンバーはダイレクトメッセージを送信する前に以下の基準を満たす必要があります。メンバーに何らかのロールが割り当てられている場合は、この限りではありません。
低
ダイレクトメールを送ったりチャットし始める前に、メンバーはルールに同意する必要があります
新メンバーがサーバーで話したり、リアクションしたり、メンバーへDMを送信したりする前に、明確に同意すべきルールを設定しましょう。新メンバーにロールを与えた場合は、この要件を回避できます。
設定

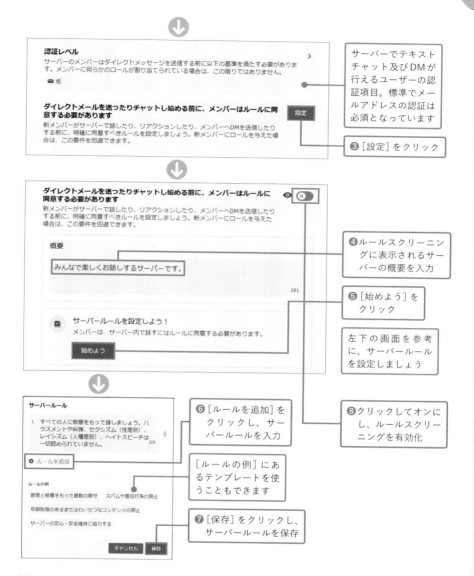

サーバーでテキストチャット及びDMが行えるユーザーの認証項目。標準でメールアドレスの認証は必須となっています

❸［設定］をクリック

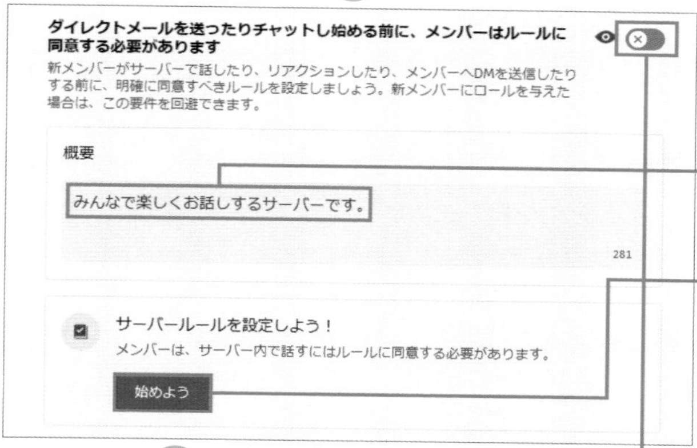
ダイレクトメールを送ったりチャットし始める前に、メンバーはルールに同意する必要があります
新メンバーがサーバーで話したり、リアクションしたり、メンバーへDMを送信したりする前に、明確に同意すべきルールを設定しましょう。新メンバーにロールを与えた場合は、この要件を回避できます。
概要
みんなで楽しくお話しするサーバーです。
281
サーバールールを設定しよう！
メンバーは、サーバー内で話すにはルールに同意する必要があります。
始めよう

❹ルールスクリーニングに表示されるサーバーの概要を入力

❺［始めよう］をクリック

左下の画面を参考に、サーバールールを設定しましょう

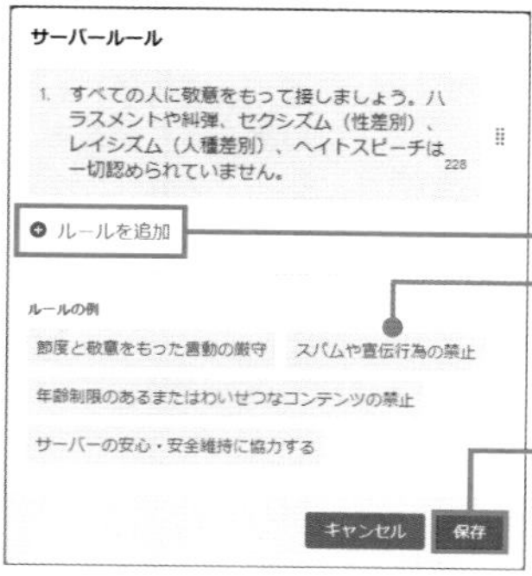
サーバールール
1. すべての人に敬意をもって接しましょう。ハラスメントや糾弾、セクシズム（性差別）、レイシズム（人種差別）、ヘイトスピーチは一切認められていません。
228
ルールを追加
ルールの例
節度と敬意をもった言動の厳守
スパムや宣伝行為の禁止
年齢制限のあるまたはわいせつなコンテンツの禁止
サーバーの安心・安全維持に協力する
キャンセル
保存

❻［ルールを追加］をクリックし、サーバールールを入力

［ルールの例］にあるテンプレートを使うこともできます

❼［保存］をクリックし、サーバールールを保存

❽クリックしてオンにし、ルールスクリーニングを有効化

パートナーサーバーについて

コミュニティサーバーでは、［サーバー設定］→［パートナープログラム］より、特定の条件を満たすことで「**パートナーサーバー**」に申請できます。パートナーサーバーでは、特別なアイコンが付いたり、カスタムサーバーURLが使用できたりと、多くの特典があります。

Section 42

サーバー内のメンバーにロールを設定しよう！

「ロール」とは、サーバー内でメンバーの役割や権限を設定するための重要な機能です。ロールという言葉の通り、サーバー内での「メンバーの役職」を設定できます。ここではロールの作成方法や権限の設定方法を説明します。

ロールの使い分けについて

ロールによって、メッセージの送信やチャンネルの閲覧などを制限することや、管理者のようにチャンネルを新規に作成できたりメンバーをBANできるなど、さまざまな権限を与えることが可能です。下図のように、ロールを用いることで、サーバー上での役割をロールごとに分担できます。

ロール分けの例

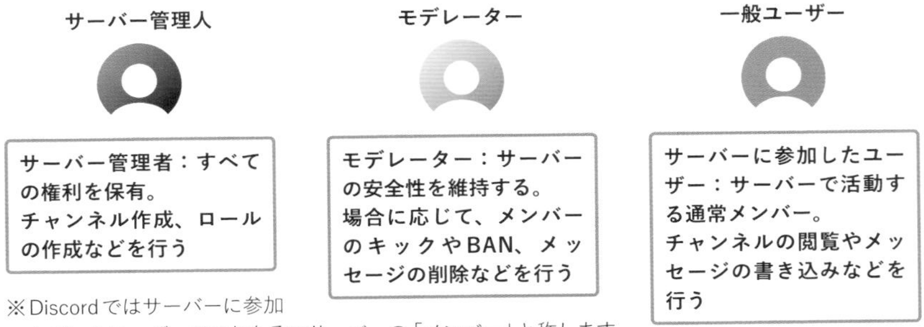

サーバー管理人
モデレーター
一般ユーザー
サーバー管理者：すべての権利を保有。チャンネル作成、ロールの作成などを行う
モデレーター：サーバーの安全性を維持する。場合に応じて、メンバーのキックやBAN、メッセージの削除などを行う
サーバーに参加したユーザー：サーバーで活動する通常メンバー。チャンネルの閲覧やメッセージの書き込みなどを行う

※Discordではサーバーに参加しているユーザーのことをそのサーバーの「メンバー」と称します

ロールを作成する

以下では、ロールの作成方法を手順で説明します。

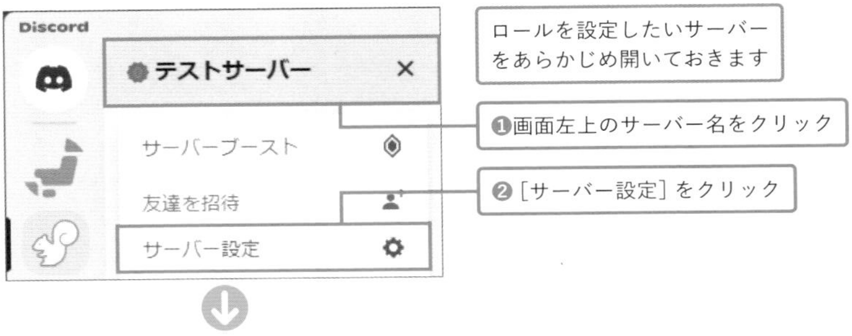

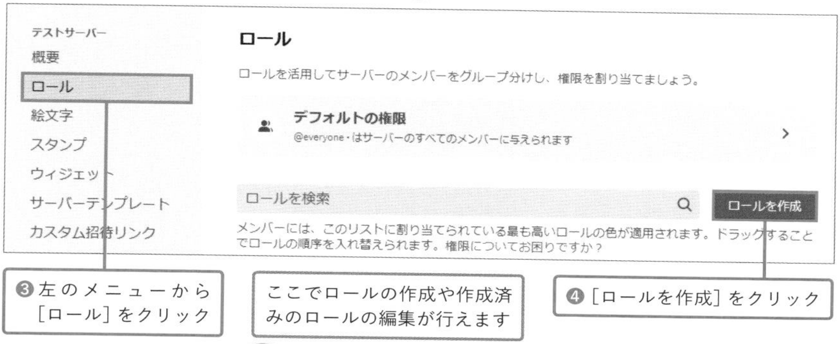
テストサーバー
概要
ロール
絵文字
スタンプ
ウィジェット
サーバーテンプレート
カスタム招待リンク
ロール
ロールを活用してサーバーのメンバーをグループ分けし、権限を割り当てましょう。
デフォルトの権限
@everyone・はサーバーのすべてのメンバーに与えられます
ロールを検索
ロールを作成
メンバーには、このリストに割り当てられている最も高いロールの色が適用されます。ドラッグすることでロールの順序を入れ替えられます。権限についてお困りですか？
❸左のメニューから［ロール］をクリック
ここでロールの作成や作成済みのロールの編集が行えます
❹［ロールを作成］をクリック

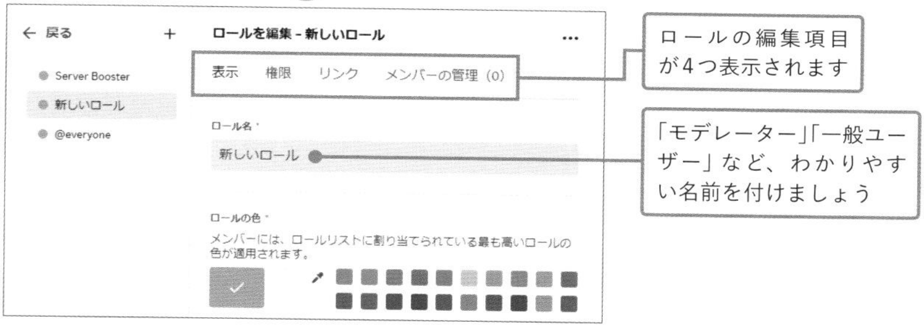
← 戻る
+
Server Booster
新しいロール
@everyone
ロールを編集 - 新しいロール
表示
権限
リンク
メンバーの管理（0）
ロール名 *
新しいロール
ロールの色 *
メンバーには、ロールリストに割り当てられている最も高いロールの色が適用されます。
ロールの編集項目が4つ表示されます
「モデレーター」「一般ユーザー」など、わかりやすい名前を付けましょう

この時点で、ロールの編集画面が表示されます。［**ロール名**］にある「新しいロール」がこの手順で新規に作成するロールとなります。ロールの編集項目には［**表示**］［**権限**］［**リンク**］［**メンバーの管理**］の４つが存在します。

ロールの編集　①表示

ロール名

ロールの名前を設定できます。

ロールの色

ロールの色を設定できます。ロールに割り当てられたメンバーのユーザー名の色に反映されます。

緑色に設定した場合

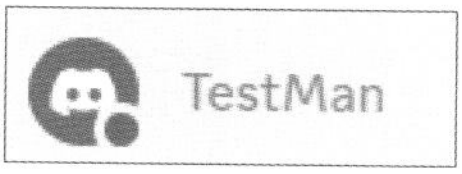
TestMan

ロールアイコン

ブーストレベル２以上で使用可能です。ロールに割り当てられたメンバーのユーザー名部分にアイコンが表示されるようになります。

オンにした場合、そのロールのオンラインメンバーをサーバー上で表示できます。例えば、管理者系のロールを表示しておくことで、メンバーが簡単に管理者に相当する人にコンタクトを取ることができるようになります。

▌**ロールメンバーを表示した場合**

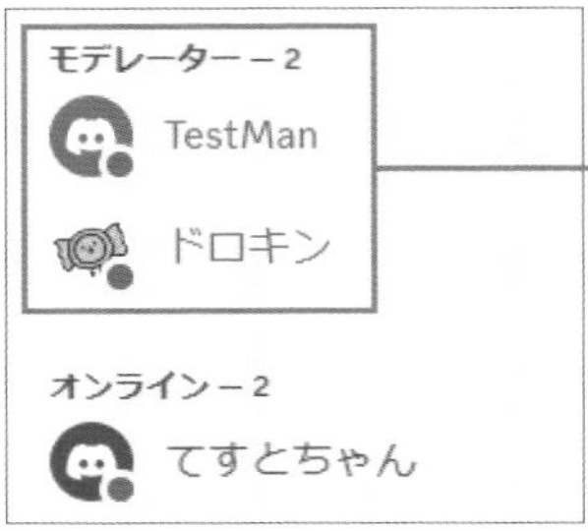

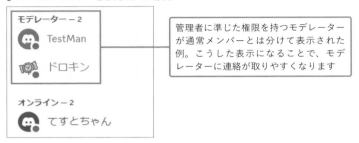

管理者に準じた権限を持つモデレーターが通常メンバーとは分けて表示された例。こうした表示になることで、モデレーターに連絡が取りやすくなります

このロールに対して@mentionを許可する

ロールに対してメンションが行えるかどうかを設定します。「@everyone、@here、全てのロールにメンション」の権限を保有しているメンバーは、この設定に関係なく、ロールに対してメンションを行うことができます。

ロールとしてサーバーを表示

サーバー管理人・管理者限定の機能です。特定のロールでどのチャンネルが閲覧可能かを確認することができます。

● ロールの編集　②権限

ここでは、ロールに対して権限を付与（有効化）します。ロールが割り当てられたメンバーは、ロールに対して付与された権限が適用されます。

例えば、サーバーの安全性を維持し、場合に応じてメンバーのキックやBAN、メッセージの削除などが行えるモデレーターを作成したい場合は、

- メンバーをキック
- メンバーをBAN
- メンバーをタイムアウト
- メッセージの管理

といった権限をオンにしましょう。

モデレーターの権限設定の例

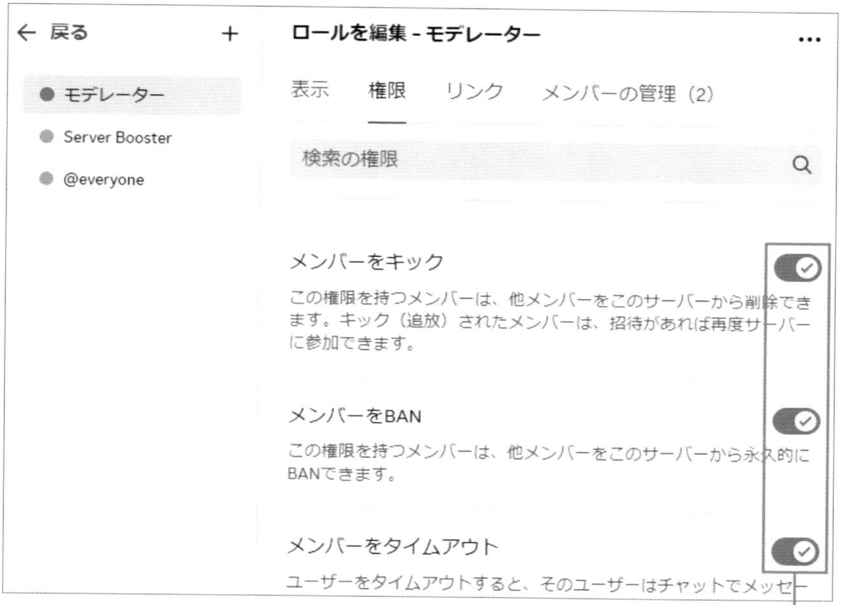

← 戻る
＋
モデレーター
Server Booster
@everyone
ロールを編集 - モデレーター
…
表示
権限
リンク
メンバーの管理（2）
検索の権限
メンバーをキック
この権限を持つメンバーは、他メンバーをこのサーバーから削除できます。キック（追放）されたメンバーは、招待があれば再度サーバーに参加できます。
メンバーをBAN
この権限を持つメンバーは、他メンバーをこのサーバーから永久的にBANできます。
メンバーをタイムアウト
ユーザーをタイムアウトすると、そのユーザーはチャットでメッセー

「モデレーター」に付与したい権限をオンにした例。ここでは前ページの箇条書きで示した項目をオンにしています

ロールの編集　③リンク

Discordと**連携している外部サービスを用いて、ロールを自動的に付与する**ことができます。このロールのことを「**連携ロール**」といいます。例えば、[要件を追加] → [Twitter] から次図のように、Twitterのフォロワーが100人以上であれば連携ロールを付与する、といった設定が行えます。

Twitterのフォロワー数によるロール付与

表示
権限
リンク
メンバーの管理（1）
Twitterのアカウントの接続が必要です
×
アカウントの経過日数
1
日以上経過したアカウントである必要があります
フォロワー数
100
人以上のフォロワーを保有している必要があります。

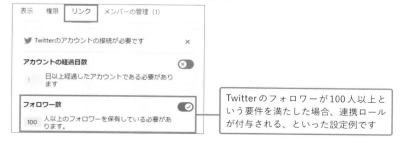

Twitterのフォロワーが100人以上という要件を満たした場合、連携ロールが付与される、といった設定例です

連携ロールを付与する

連携ロールは手動でメンバーに割り当てることができません。以下の操作をメンバーが行うことで付与されます。

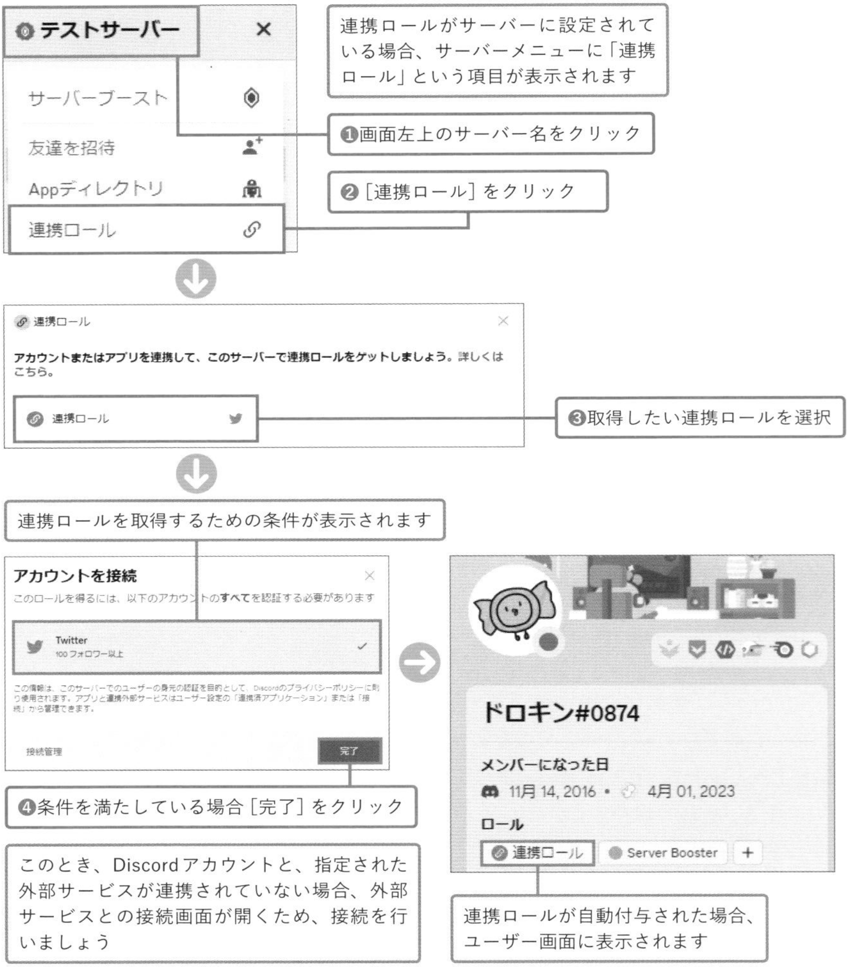
テストサーバー
サーバーブースト
友達を招待
Appディレクトリ
連携ロール
連携ロールがサーバーに設定されている場合、サーバーメニューに「連携ロール」という項目が表示されます
❶画面左上のサーバー名をクリック
❷［連携ロール］をクリック
連携ロール
アカウントまたはアプリを連携して、このサーバーで連携ロールをゲットしましょう。詳しくはこちら。
連携ロール
❸取得したい連携ロールを選択
連携ロールを取得するための条件が表示されます
アカウントを接続
このロールを得るには、以下のアカウントのすべてを認証する必要があります
Twitter
100 フォロワー以上
接続管理
完了
❹条件を満たしている場合［完了］をクリック
このとき、Discordアカウントと、指定された外部サービスが連携されていない場合、外部サービスとの接続画面が開くため、接続を行いましょう
ドロキン#0874
メンバーになった日
11月 14, 2016 • 4月 01, 2023
ロール
連携ロール
Server Booster
連携ロールが自動付与された場合、ユーザー画面に表示されます

● ロールの編集　④メンバーの管理

ロールが付与されているメンバーの一覧を確認できます。ここでは、選択中のロールに対し、サーバーのメンバーを割り当てることができますが、ロールの割

り当て方は複数あるため、以下でまとめて説明します。

ロールの割り当て方法

ロールをメンバーに割り当てる方法を説明します。

1つ目は、テキストチャット欄や［メンバーリスト］などに表示されたメンバーのアイコンをクリックしてユーザー画面を表示し、［＋］ボタンからロールを選択することで、割り当てる方法です。

ユーザー画面からロールを割り当てる

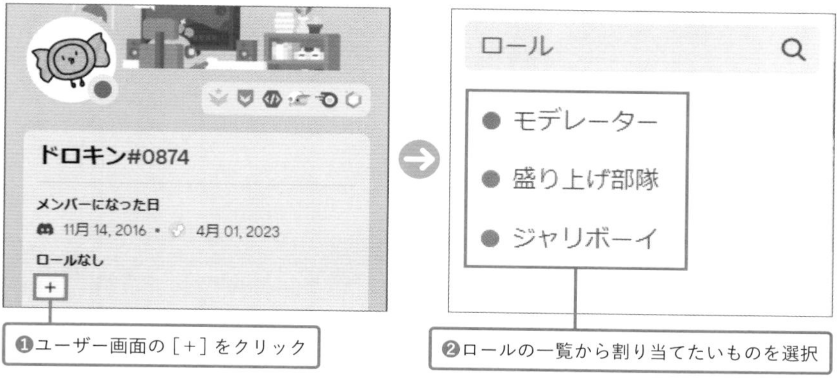

2つ目は、［メンバーの管理］画面から［メンバーを追加］をクリックし、そのロールを付与したいメンバーを選択する方法です。

［メンバーの管理］画面から割り当てる

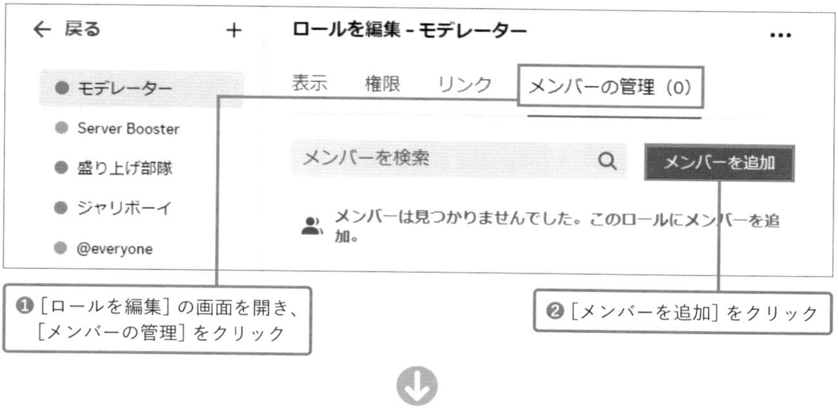

複数ロールを割り当てるには？

１人のメンバーに複数のロールを割り当てた場合、**そのメンバーに付与される権限は、すべてのロールの権限を足し合わせたもの**となります。例えば、ロールAとロールBを「テストさん」に割り当てた場合、テストさんの保有する権限は、「@everyoneロールの権限」＋「ロールAの権限」＋「ロールBの権限」と３種を足し合わせたものになります。なお、「@everyone」のロール権限については後述します。

Server Boosterのロールについて

サーバーブーストを行ったメンバーには自動的にServer Boosterのロールが割り振られます。またそのようなロールが存在しない場合は、自動的に作成されます。権限は「@everyone」がデフォルトで保有している権限と同様のものとなっています。

Server Boosterは、デフォルトでユーザー名がピンクとなっており、サーバー上でとても目立つ色合いです。ロールの設定についてはロール編集画面から変更可能ですが、ロールの削除は行えません。

Server Boosterのユーザー名

デフォルトの「@everyone」の権限について

サーバーには「@everyone」というロールが存在します。

このロールはサーバー内のすべてのメンバーに自動的に割り当てられるデフォルトのロールです。

「@everyone」というロールがサーバーのメンバー全員に強制的に付与されていると考えると理解しやすいです。

権限を変更していない場合、@everyoneロールは「チャンネルを見る」「メッセージを送信」「接続（ボイスチャンネル）」「発言（ボイスチャンネル）」というような一般的な活動を行うために必要な、基本的な権限が有効化されている状態となっています。

すべてのメンバーに付与されるロールのため、必要最低限の権限を有効化するようにしましょう。

デフォルトの権限を確認・設定する

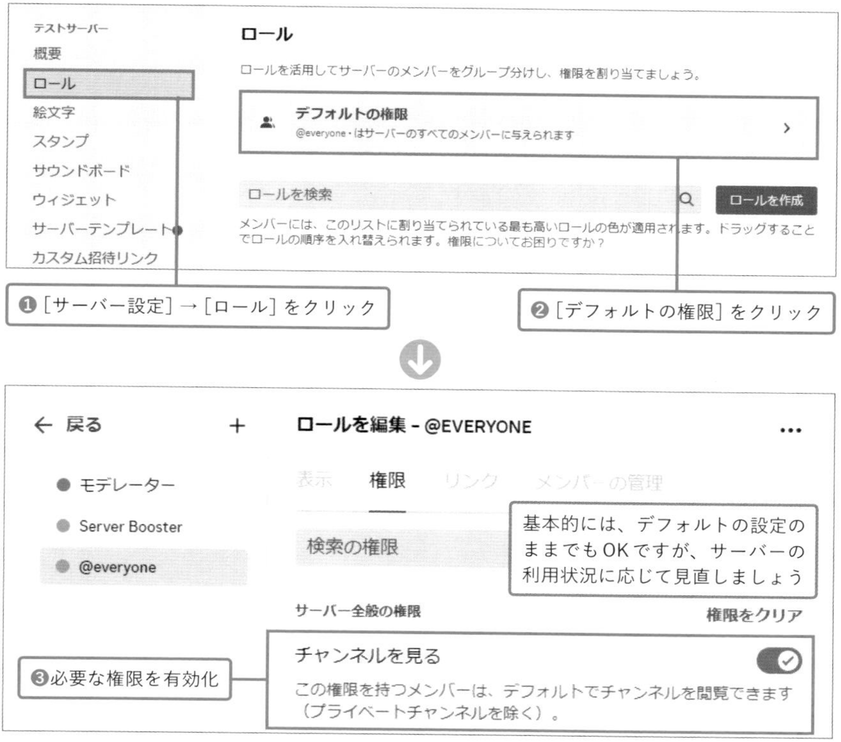
テストサーバー
概要
ロール
絵文字
スタンプ
サウンドボード
ウィジェット
サーバーテンプレート
カスタム招待リンク
ロール
ロールを活用してサーバーのメンバーをグループ分けし、権限を割り当てましょう。
デフォルトの権限
@everyone・はサーバーのすべてのメンバーに与えられます
ロールを検索
ロールを作成
メンバーには、このリストに割り当てられている最も高いロールの色が適用されます。ドラッグすることでロールの順序を入れ替えられます。権限についてお困りですか？
❶［サーバー設定］→［ロール］をクリック
❷［デフォルトの権限］をクリック
戻る
ロールを編集 - @EVERYONE
モデレーター
Server Booster
@everyone
表示
権限
リンク
メンバーの管理
検索の権限
基本的には、デフォルトの設定のままでもOKですが、サーバーの利用状況に応じて見直しましょう
サーバー全般の権限
権限をクリア
チャンネルを見る
この権限を持つメンバーは、デフォルトでチャンネルを閲覧できます（プライベートチャンネルを除く）。
❸必要な権限を有効化

● ロールの順位について

ロールの編集画面上に並んでいるロールは、上から順に順位が高いロールとなります。順位については、以下の２つの項目において影響があります。

- **ユーザーネームに適用されるロールの色**
  １人のメンバーに複数のロールを割り当てた場合、ロールの順位が最も高いロールの色が適用される
- **[ロールの管理] の権限で編集可能なロール**
  [ロールの管理] の権限によって編集可能なロールは、割り当てられているロールの最高順位を基準として、それ未満のロールの権限を編集することが可能となる

ロールの順位

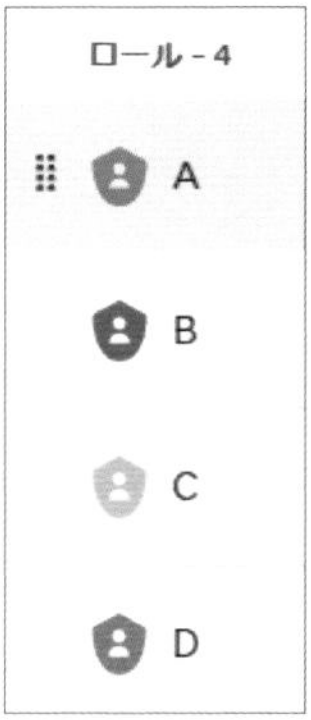

ロールの順位は、ロールにマウスカーソルを重ねることで表示されるをドラッグすることで、変更できます。

左の画像を例にすると、ロールの順位は「A＞B＞C＞D」という並びになります。

１人のメンバーにBとCのロールを付与した場合、ロールの色としては順位の高いBのロールの緑色が適用され、ユーザー名が緑色になります。

また、Bのロールが [ロールの管理] の権限をオンにしている場合、ロールの順位がB未満であるCとDのロールの権限を変更することが可能となります。

● 具体的なロールの設定例

サーバー上で管理人とは別に、サーバーの安全性を維持する「モデレーター」という役割を担うロールの、具体的な権限の設定例を紹介します。

オンにすべき権限と活用例

- **監査ログを表示**
  他のメンバーやBotのサーバー上でアクティビティを確認できる
- **メンバーをキック、メンバーをBAN、メンバーをタイムアウト**
  サーバー上で問題を起こしているユーザーを排除できる
- **メッセージの管理**

不適切な書き込みがあった場合に削除したり、重要なお知らせをピン留めしたりできるようになる

- **スレッドの管理**
  不適切なスレッドがあった場合に削除したり、クローズしたりできる
- **メンバーをミュート**
  ボイスチャンネルで騒がしいメンバーをミュートにできる
- **メンバーを移動**
  ボイスチャンネルで騒がしいメンバーをボイスチャンネルから切断させることができる

Tips 見やすいサーバーを作成しよう

サーバーを使いやすく、訪れた人々が迷わずに情報を得られるようにするための工夫を、図を交えて紹介します。

見やすいサーバーの例

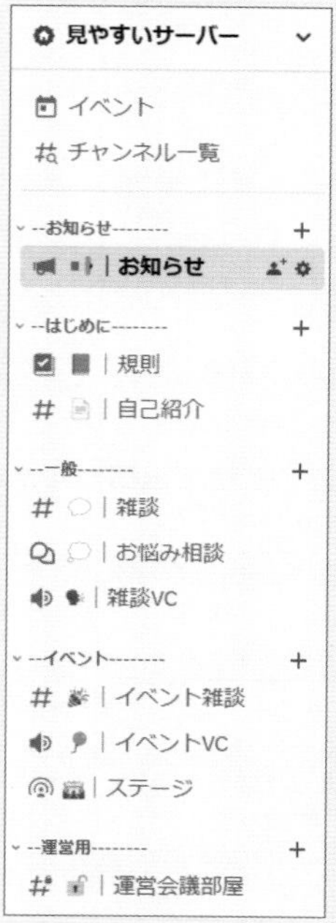

カテゴリーごとの区切りをわかりやすくする
左図ではカテゴリー名にハイフン「ー」を使用することで、カテゴリー名に線が入っているように表示され、カテゴリーごとの区切りが明瞭になる

チャンネル名をわかりやすくする
チャンネル名に絵文字を使用することで、どのような内容のチャンネルなのかが一目で想像できるようになる上、サーバーも華やかな印象になる。また、チャンネル名はできるだけシンプルにすることも大切。チャンネル名が長いとすべて表示されないため、チャンネルの内容が一目では伝わらなくなってしまう

プライベートチャンネルを活用する
管理人や特定の管理ロールのメンバーだけで会話するようなチャンネルは、プライベートチャンネルを作成し、通常のメンバーからは閲覧できないようにしよう

チャンネル数は必要最低限にする
あまりにチャンネルが多いと、訪れた人がどのチャンネルを使用すればよいか困惑してしまう。また、発言が分散化されるため、コミュニティとしても過疎化しているように見えてしまうので注意しよう

Section 43

チャンネル及びカテゴリーに権限を設定しよう！

サーバーではロールとは別に、チャンネルやカテゴリーにもメンバーやロールごとに異なる権限を設定することができます。ここではチャンネル及びカテゴリーに権限を設定する方法を説明します。

チャンネル及びカテゴリーの権限について

チャンネル及びカテゴリーに設定された権限は、サーバーで設定したロールの権限を上書きします。例えば、ロール設定で、サーバーメンバーのデフォルトの権限である「@everyone」の［チャンネルを見る］の権限が有効になっていても、チャンネル側の権限設定で［チャンネルを見る］の権限が無効になっていた場合(下図)、サーバーメンバーはそのチャンネルを見ることができなくなります。

チャンネル側の設定で「@everyone」の権限を無効にした場合

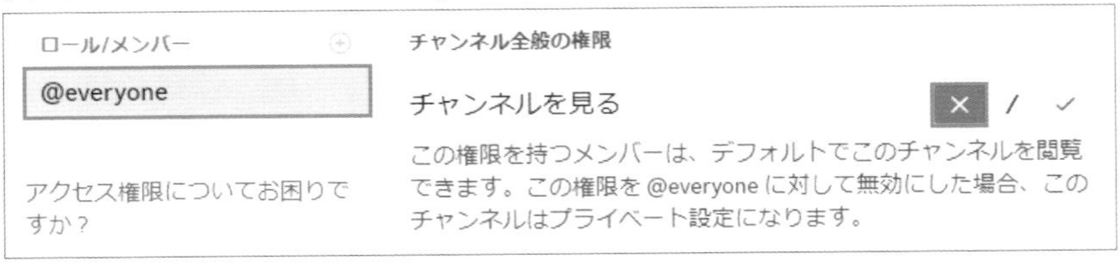

この設定を利用することで、特定の人だけが閲覧できるチャンネルを作成できます(Section 44参照)。また、**チャンネル権限とカテゴリー権限はロールまたはメンバーに対して、個別に設定**することが可能です(下図)。

各ロール、メンバーに個別に権限を設定する場合

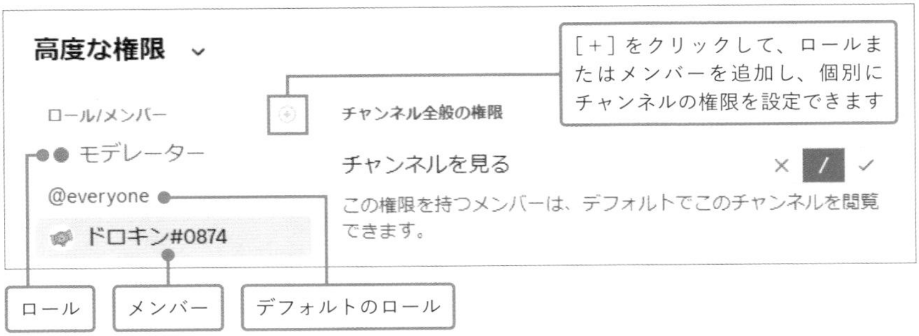

権限が有効化される優先順位について

ロール権限、チャンネル権限、カテゴリー権限の優先順位は下表の通りです。

権限の優先順位

優先順位	権限内容	設定箇所
1	「管理者」の権限	ロール
2	メンバー別権限	チャンネルの権限設定
3	ロール別権限	チャンネルの権限設定
4	メンバー別権限	カテゴリーの権限設定
5	ロール別権限	カテゴリーの権限設定
6	サーバーの権限	ロール

例えば、サーバーに「モデレーター」というロールがあり、サーバーの権限上では［メッセージの管理］という権限が有効化されているとします。この状態を★１とします（表の優先順位6）。

一方、「＃雑談」というチャンネルがあり、このチャンネルの権限設定が

- **「モデレーター」（ロール）は［メッセージの管理］×　★２（表の優先順位は３）**
- **Aさん（メンバー）は［メッセージの管理］〇　★３（表の優先順位は２）**

であるとします。

さらに、「モデレーター」のロールが割り振られている、Aさん、Bさんという２人のメンバーがいたとします。

この場合、Aさんは「＃雑談」チャンネル上では★１と★２と★３の権限を保有している状態となります。

上記の表より、この中で一番優先順位が高いのは★３の権限となるため、チャンネル権限として［メッセージの管理］が有効なので、「＃雑談」チャンネルで他人のメッセージを削除できます。対して、Bさんは「＃雑談」チャンネル上では★１と★２の権限を保有している状態となります。

上記の表より、この中で一番優先順位が高いのは★２の権限となるため、チャンネル権限としてロール別権限が優先されます。つまり、モデレーターというロールの権限である［メッセージの管理］が無効になっているため、「＃雑談」チャンネルで他人のメッセージを削除することはできません。

チャンネルとカテゴリーの権限の同期について

以下では、チャンネルとカテゴリーごとに権限の設定方法を紹介します。まずカテゴリーの権限設定から説明します。

● カテゴリーの権限を設定する

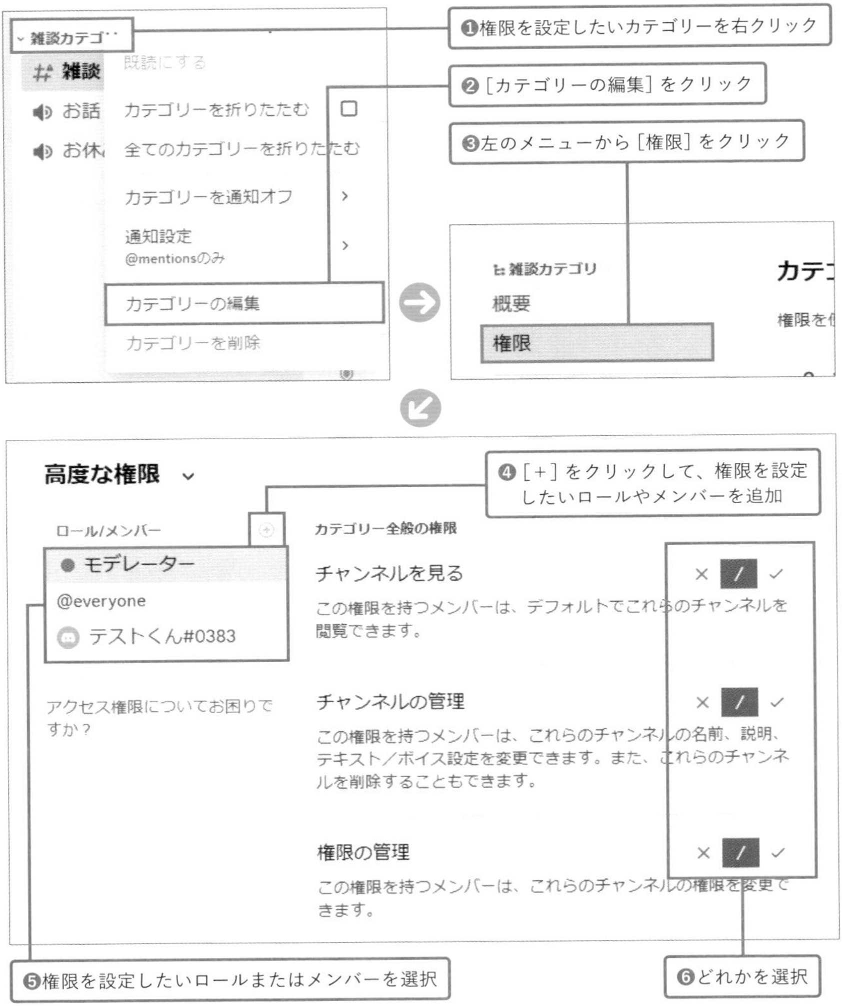

❶権限を設定したいカテゴリーを右クリック
❷［カテゴリーの編集］をクリック
❸左のメニューから［権限］をクリック
❹［＋］をクリックして、権限を設定したいロールやメンバーを追加
❺権限を設定したいロールまたはメンバーを選択
❻どれかを選択
既読にする
カテゴリーを折りたたむ
全てのカテゴリーを折りたたむ
カテゴリーを通知オフ
通知設定
@mentionsのみ
カテゴリーの編集
カテゴリーを削除
雑談カテゴリ
概要
権限
高度な権限
ロール/メンバー
モデレーター
@everyone
テストくん#0383
アクセス権限についてお困りですか？
カテゴリー全般の権限
チャンネルを見る
この権限を持つメンバーは、デフォルトでこれらのチャンネルを閲覧できます。
チャンネルの管理
この権限を持つメンバーは、これらのチャンネルの名前、説明、テキスト／ボイス設定を変更できます。また、これらのチャンネルを削除することもできます。
権限の管理
この権限を持つメンバーは、これらのチャンネルの権限を変更できます。

［＋］ボタンを押すことで、ロールまたはメンバーを追加します。ここで、選択したロールまたはメンバーごとに権限設定を行うことができます。

権限を無効化したい権限は［×］、有効化したい権限は［✓］を選択しましょう。［/］を選択している権限は、カテゴリー上では権限設定を行わないことを意味しています。

チャンネルの権限を設定する

　チャンネルがカテゴリー配下に存在している場合、デフォルトではカテゴリーの権限と同期されます。ただし、先述した通り、権限の優先順位はカテゴリーよりも、ここで設定するチャンネルの権限が優先されます。

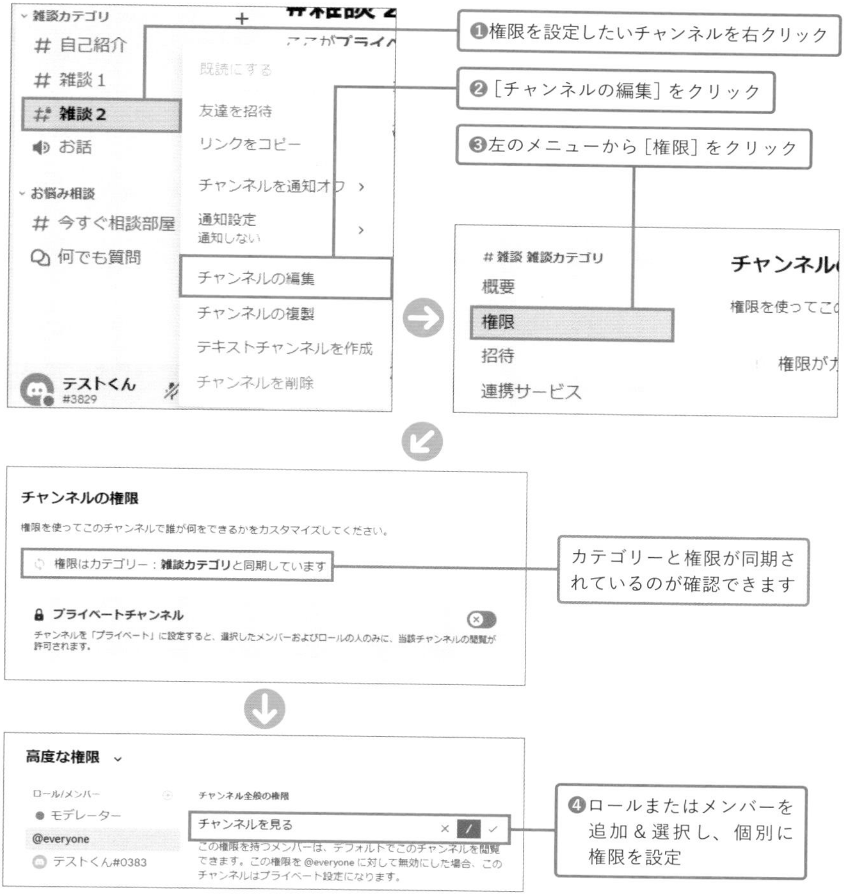

❶権限を設定したいチャンネルを右クリック
❷［チャンネルの編集］をクリック
❸左のメニューから［権限］をクリック
雑談カテゴリ
自己紹介
雑談1
雑談2
お話
お悩み相談
今すぐ相談部屋
何でも質問
テストくん
#3829
既読にする
友達を招待
リンクをコピー
チャンネルを通知オフ
通知設定
通知しない
チャンネルの編集
チャンネルの複製
テキストチャンネルを作成
チャンネルを削除
雑談 雑談カテゴリ
概要
権限
招待
連携サービス
チャンネルの権限
権限を使ってこのチャンネルで誰が何をできるかをカスタマイズしてください。
権限はカテゴリー：雑談カテゴリと同期しています
カテゴリーと権限が同期されているのが確認できます
プライベートチャンネル
チャンネルを「プライベート」に設定すると、選択したメンバーおよびロールの人のみに、当該チャンネルの閲覧が許可されます。
高度な権限
ロール/メンバー
モデレーター
@everyone
テストくん#0383
チャンネル全般の権限
チャンネルを見る
この権限を持つメンバーは、デフォルトでこのチャンネルを閲覧できます。この権限を @everyone に対して無効にした場合、このチャンネルはプライベート設定になります。
❹ロールまたはメンバーを追加＆選択し、個別に権限を設定

設定方法はカテゴリーと同様のため、前ページを参照してください。

Section 44

特定の人だけが見られるプライベートチャンネル

チャンネルの権限設定を利用することで、「特定の人だけが見られる」プライベートチャンネルを作成できます。サーバー運営に関わる人だけが見られる業務連絡用のチャンネルなどを作っておくと、非常に便利です。

プライベートチャンネルの作成方法

事前準備として、サーバーでこの設定を行うためのチャンネルをまずは用意しましょう。以降の例では、テキストチャンネルを使用しますが、ボイスチャンネルやコミュニティサーバーのみで作成できる種類のチャンネルであっても、同様の設定が行えます。

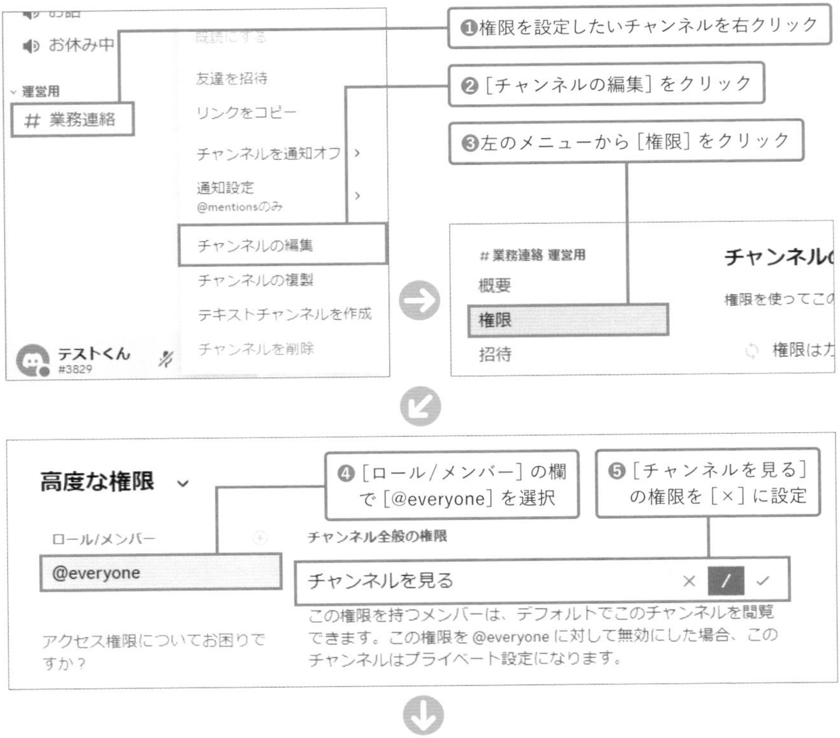

❶権限を設定したいチャンネルを右クリック
❷［チャンネルの編集］をクリック
❸左のメニューから［権限］をクリック
❹［ロール/メンバー］の欄で［@everyone］を選択
❺［チャンネルを見る］の権限を［×］に設定
お休み中
運営用
業務連絡
友達を招待
リンクをコピー
チャンネルを通知オフ
通知設定
@mentionsのみ
チャンネルの編集
チャンネルの複製
テキストチャンネルを作成
チャンネルを削除
テストくん
#3829
業務連絡 運営用
概要
権限
招待
高度な権限
ロール/メンバー
@everyone
アクセス権限についてお困りですか？
チャンネル全般の権限
チャンネルを見る
この権限を持つメンバーは、デフォルトでこのチャンネルを閲覧できます。この権限を @everyone に対して無効にした場合、このチャンネルはプライベート設定になります。

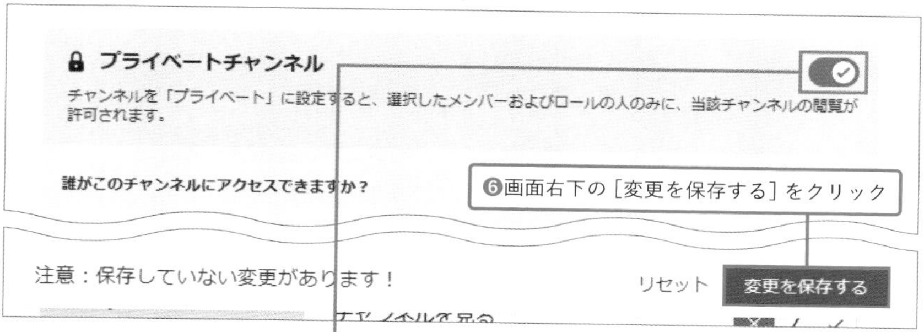

サーバー設営のための機能と設定

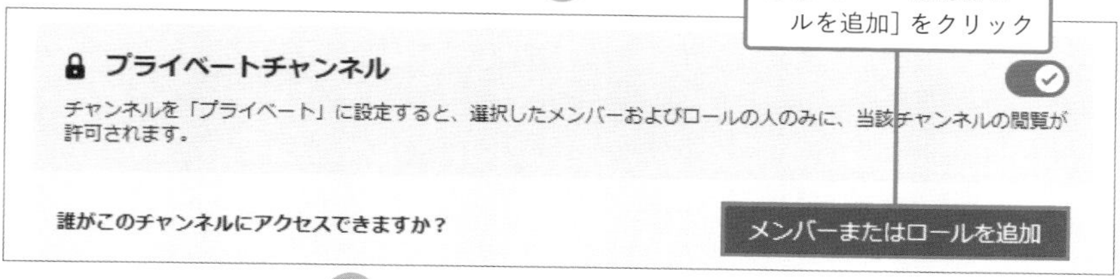

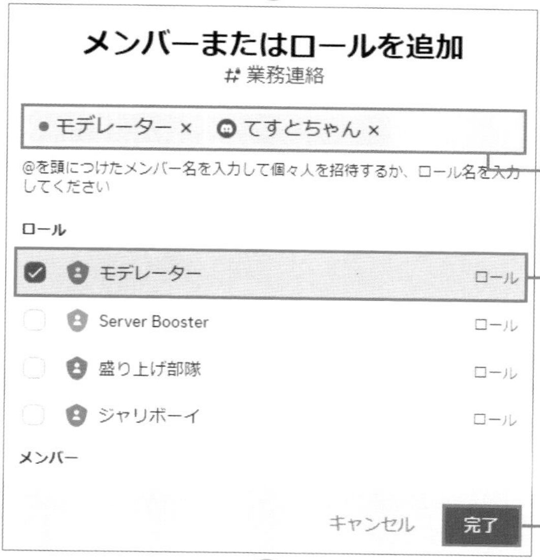

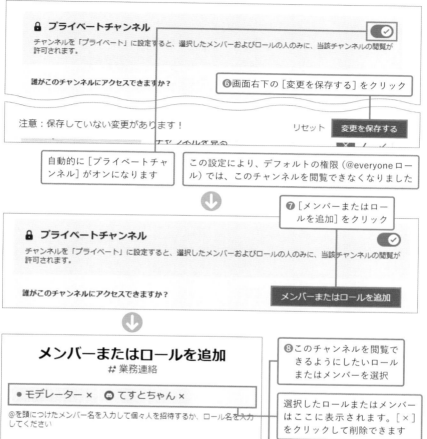

選択したロール及びメンバーが表示されます

チャンネルのアイコンには鍵マークが付き、プライベートチャンネルであることがわかるようになります

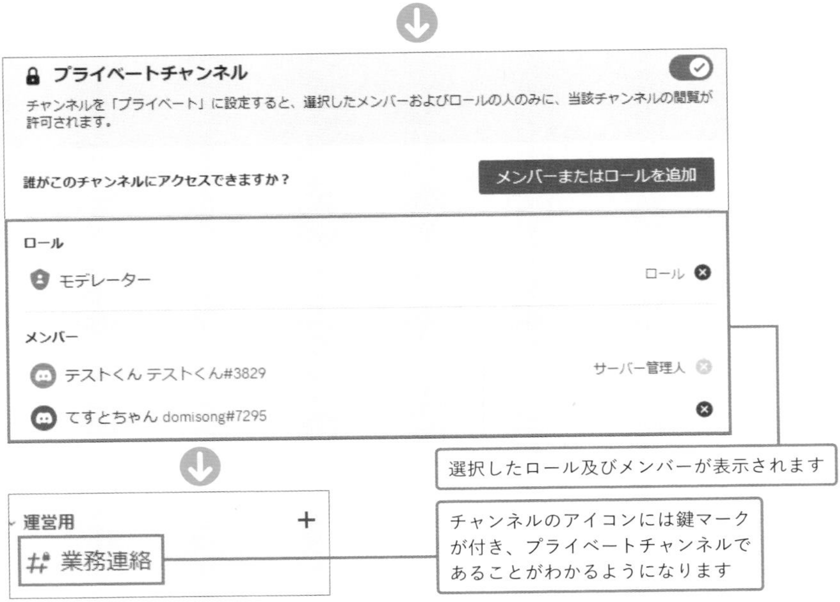

チャンネル編集の［高度な権限］にも反映される

　上記の説明では、プライベートチャンネルの設定からメンバーやロールを追加することで「特定の人だけが見られるチャンネル」を作成しました。この操作は、［チャンネルの編集］→［権限］→［高度な権限］で、@everyoneの［チャンネルを見る］の権限を無効化し、ロール及びメンバーを追加し、そのロール及びメンバーの［チャンネルを見る］の権限を有効化する操作と同義です。従って、［高度な権限］を確認すると、@everyoneロールの［チャンネルを見る］の権限が無効化され、プライベートチャンネルに追加したロール及びメンバーの［チャンネルを見る］の権限が有効化されていることが確認できます（下図）。

　もちろん、その他の権限もロール及びメンバーごとに設定できます。

［高度な権限］にも同様の設定が反映される

ロール/メンバー	チャンネル全般の権限
● モデレーター	チャンネルを見る
@everyone	この権限を持つメンバーは、デフォルトでこのチャンネルを閲覧

ロール/メンバー	チャンネル全般の権限
● モデレーター	チャンネルを見る
@everyone	この権限を持つメンバーは、デフォルトでこのチャンネルを閲覧

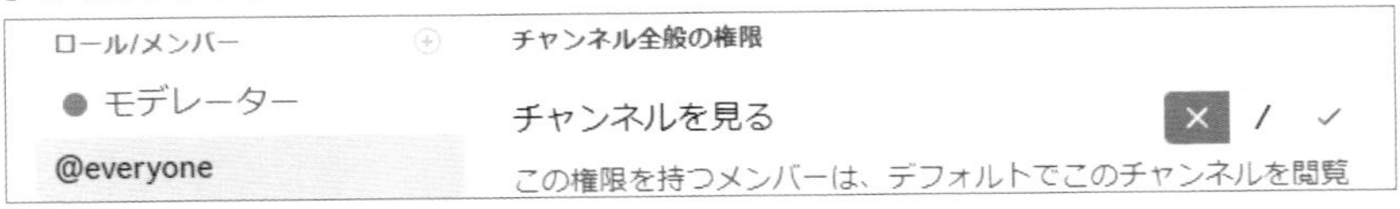

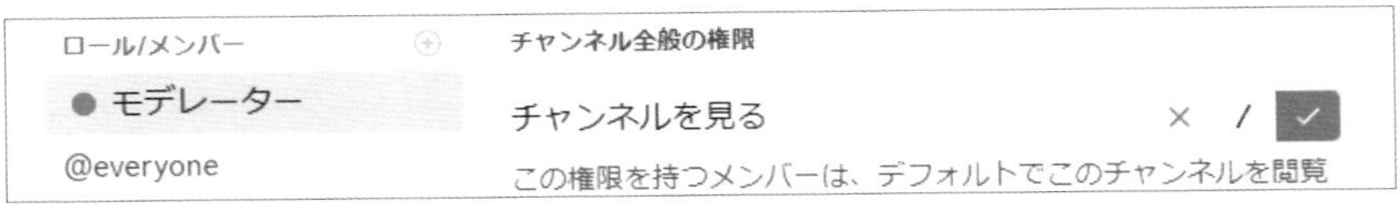

Section 45

サーバーの安全を保つセキュリティを設定しよう！

Discordのサーバーには多くの人々が集まるため、セキュリティも重要な設定項目となります。適切なセキュリティ設定を行うことで、より安全にサーバーを運営しましょう。

［安全設定］を行う

サーバーには**［安全設定］というDiscord上で推奨されるセキュリティ設定項目**があります。［安全設定］の設定画面は一般サーバーとコミュニティサーバーで異なります。以下では一般サーバーの設定画面を例に説明し、コミュニティサーバーについては適宜補足していきます。

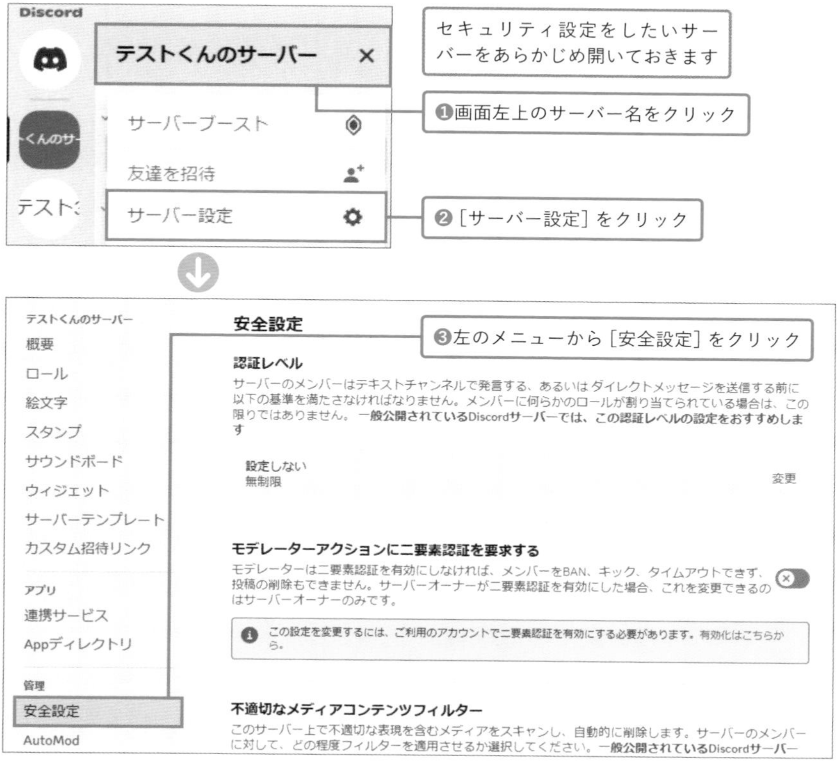

Discord
テストくんのサーバー
サーバーブースト
友達を招待
サーバー設定
セキュリティ設定をしたいサーバーをあらかじめ開いておきます
❶画面左上のサーバー名をクリック
❷［サーバー設定］をクリック
テストくんのサーバー
概要
ロール
絵文字
スタンプ
サウンドボード
ウィジェット
サーバーテンプレート
カスタム招待リンク
アプリ
連携サービス
Appディレクトリ
管理
安全設定
AutoMod
安全設定
❸左のメニューから［安全設定］をクリック
認証レベル
サーバーのメンバーはテキストチャンネルで発言する、あるいはダイレクトメッセージを送信する前に以下の基準を満たさなければなりません。メンバーに何らかのロールが割り当てられている場合は、この限りではありません。一般公開されているDiscordサーバーでは、この認証レベルの設定をおすすめします
設定しない
無制限
変更
モデレーターアクションに二要素認証を要求する
モデレーターは二要素認証を有効にしなければ、メンバーをBAN、キック、タイムアウトできず、投稿の削除もできません。サーバーオーナーが二要素認証を有効にした場合、これを変更できるのはサーバーオーナーのみです。
この設定を変更するには、ご利用のアカウントで二要素認証を有効にする必要があります。有効化はこちらから。
不適切なメディアコンテンツフィルター
このサーバー上で不適切な表現を含むメディアをスキャンし、自動的に削除します。サーバーのメンバーに対して、どの程度フィルターを適用させるか選択してください。一般公開されているDiscordサーバー

認証レベル

サーバーに参加できるユーザーの認証レベルを設定できますが、ここでは［低］以上に設定することを推奨します。**一般的なサーバーであれば、［低］～［高］で設定**しておくのがよいでしょう。また、より堅牢なサーバーにしたい場合、Discordアカウントと電話番号の紐づけが必要となる［最高］の設定をおすすめします。サーバーへの参加の敷居が高くなりますが、大半のスパムアカウントの参加を防ぐことができる設定です。

なお、コミュニティサーバーでは、［安全設定］→［ダイレクトメッセージ＆スパムプロテクション］から同様の設定ができます。

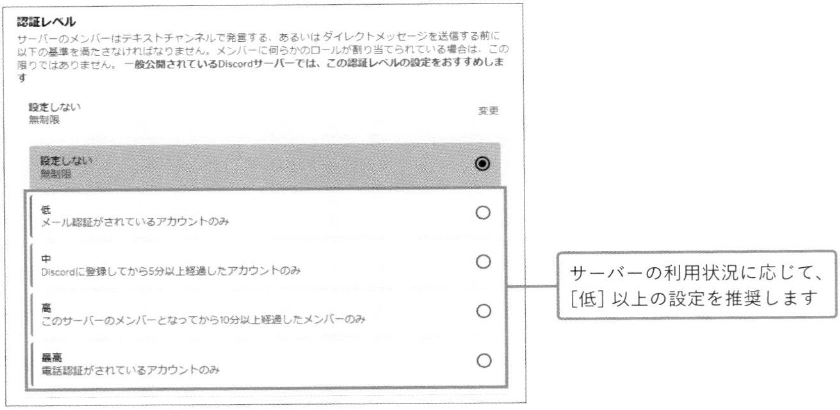

モデレーターアクションに二要素認証を要求する

この設定をオンにすると、メンバーをBAN、キック、タイムアウトさせるといった**悪用されると危険な権限は、二要素認証（Section 32参照）を有効化している場合のみ使用できる**ようになります。悪用されると危険な権限を保有しているユーザーのアカウントの乗っ取りを防ぐためにもオンにすることを推奨します。なお、コミュニティサーバーでは、［安全設定］→［権限］から同様の設定が可能です。

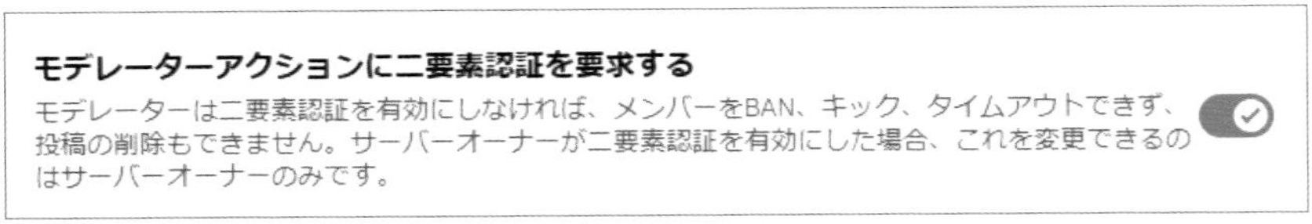
モデレーターアクションに二要素認証を要求する
モデレーターは二要素認証を有効にしなければ、メンバーをBAN、キック、タイムアウトできず、投稿の削除もできません。サーバーオーナーが二要素認証を有効にした場合、これを変更できるのはサーバーオーナーのみです。

不適切な画像のフィルター

年齢制限ありに指定されていないチャンネルで、**不適切な画像を含むメッセージをフィルターし自動的にブロック**します。多くの人数が参加するようなサーバーであれば、基本的には［全てのメンバーからのメッセージに対してフィルターする］を選んでおけば安心でしょう。

なお、コミュニティサーバーでは、［安全設定］→［AutoMod］から同様の設定が可能です。

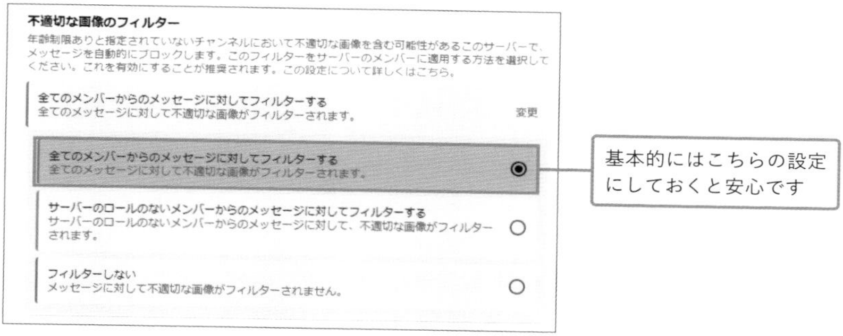
不適切な画像のフィルター
年齢制限ありと指定されていないチャンネルにおいて不適切な画像を含む可能性があるこのサーバーで、メッセージを自動的にブロックします。このフィルターをサーバーのメンバーに適用する方法を選択してください。これを有効にすることが推奨されます。この設定について詳しくはこちら。
全てのメンバーからのメッセージに対してフィルターする
全てのメッセージに対して不適切な画像がフィルターされます。
変更
全てのメンバーからのメッセージに対してフィルターする
全てのメッセージに対して不適切な画像がフィルターされます。
サーバーのロールのないメンバーからのメッセージに対してフィルターする
サーバーのロールのないメンバーからのメッセージに対して、不適切な画像がフィルターされます。
フィルターしない
メッセージに対して不適切な画像がフィルターされません。
基本的にはこちらの設定にしておくと安心です

AutoModとは

Discordにはモデレーターの作業を軽減するために設計された、**複数のコンテンツフィルターシステムである、自動モデレーションツール**が存在します。

「オートモデレーション」、略して**AutoMod**と呼ばれます。［AutoMod］の設定をあらかじめ行っておくことで、設定に基づいたコンテンツフィルタリングを自動的に行います（下図）。

AutoModの挙動イメージ

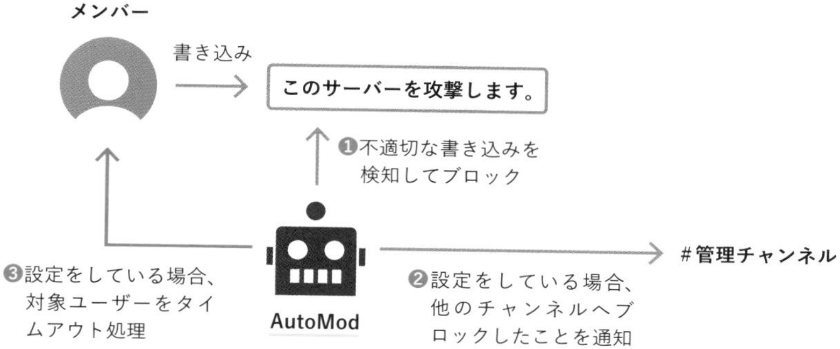
メンバー
書き込み
このサーバーを攻撃します。
❶不適切な書き込みを検知してブロック
❸設定をしている場合、対象ユーザーをタイムアウト処理
AutoMod
❷設定をしている場合、他のチャンネルへブロックしたことを通知
#管理チャンネル

[AutoMod] を設定する

[サーバー設定] → [AutoMod] を選択することで、設定画面を確認できます。なお、コミュニティサーバーでは、[安全設定] → [AutoMod] から設定できます。

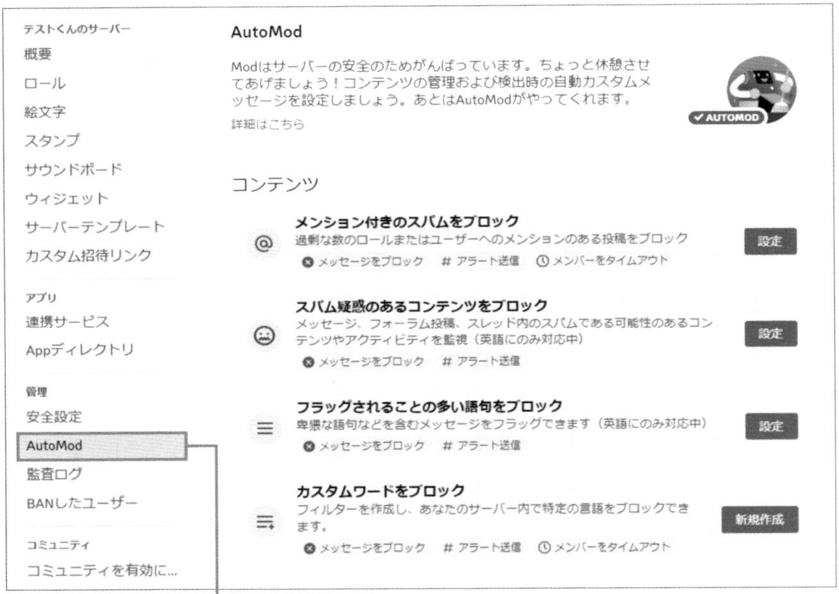

[サーバー設定] → [AutoMod] から設定画面を表示できます

AutoModの設定項目

項目名	設定内容
メンション付きのスパムをブロック	1メッセージあたりのメンション数の上限を設定できる。上限を超えたメッセージはブロックされる
スパム疑惑のあるコンテンツをブロック	スパムと思われるメッセージはブロックされる
フラッグされることの多い語句をブロック	「卑猥な言葉」「侮辱語、差別語」「性行為を連想させる描写」をそれぞれ、ブロックするかどうか設定できる
カスタムワードをブロック	任意の単語をブロック対象の単語として設定できる

例えば、[カスタムワードブロック] の設定を行っている場合、NGワードを使用したユーザーには、警告が表示されメッセージが投稿されません（下図）。

NGワードを使用した例

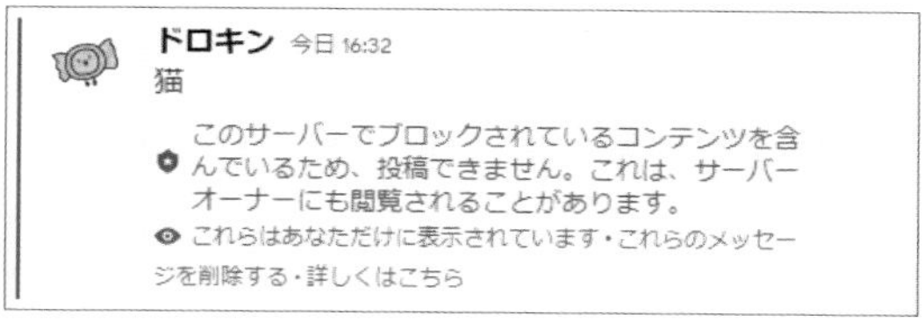
ドロキン 今日 16:32
猫
このサーバーでブロックされているコンテンツを含んでいるため、投稿できません。これは、サーバーオーナーにも閲覧されることがあります。
これらはあなただけに表示されています・これらのメッセージを削除する・詳しくはこちら

また、各設定項目にある [アラート送信] を有効にしている場合、設定したチャンネルへ警告を表示したことが下図のように通知されます。

[アラート送信] の例

AutoMod ✓システム #雑談1 でメッセージをブロックしました
今日 16:32
ドロキン
猫
キーワード：猫 ・ ルール：カスタムワードをブロック
アクション ・ 問題を通報

ルールスクリーニングも利用しよう

コミュニティサーバー限定の機能となります。

ルールスクリーニングは、サーバーに新しく参加したユーザーがサーバーで活動を始める前に表示されるサーバールールです。新しく参加したユーザーはこのルールに同意しないと、サーバーを利用することができません。詳細はSection 41で解説していますので、セキュリティ対策の1つとして設定しておきましょう。

Botに対する権限を確認する

サーバーでBotを利用する場合、必要な権限だけを使用することを推奨します。Botが乗っ取られた場合の対策として、被害を最小限度に抑えることができます。Botについては Section 47で詳しく説明します。

監査ログを確認しよう！

サーバーでは、チャンネルの作成、メッセージの削除、メンバーのBANといったサーバー管理に関わるアクションは、すべてログとして保存されています。これは［サーバー設定］→［監査ログ］から確認できます。管理権限のあるメンバーによって、サーバーの管理が適切に行われているか、不正なアクティビティが発生していないかなどを確認できるため、マメにチェックするように心がけましょう。

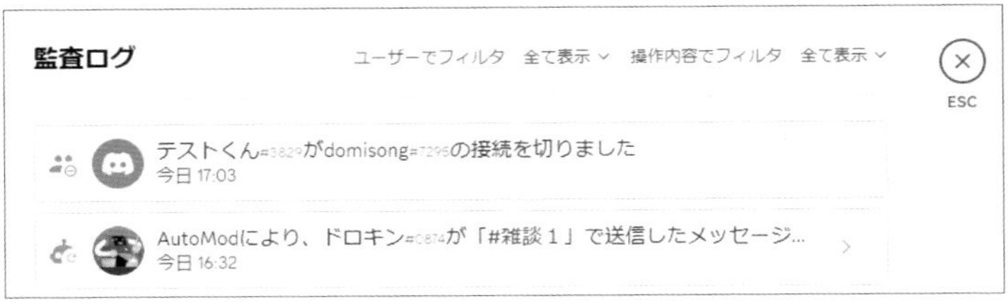

(Tips) 作成したサーバーを削除するには？

サーバー運用の目的がなくなったり、方針転換が必要になったりした場合、サーバーの削除が必要になるケースが発生するかもしれません。そのようなときは、以下のようにして削除できます。ただし、一度サーバーを削除するともう二度と復活させることはできません。本当に削除すべきか、事前に必ず確認してから行ってください。

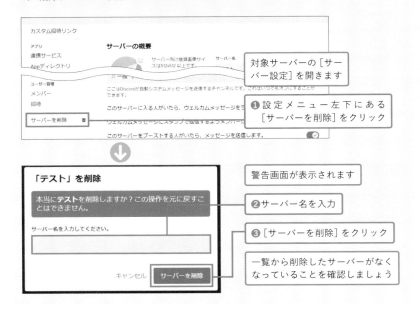

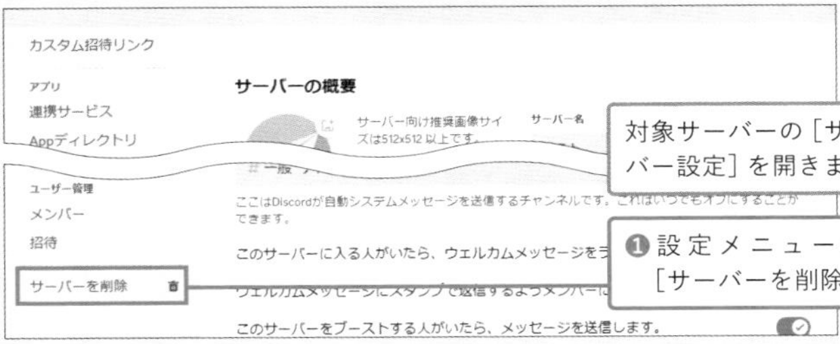

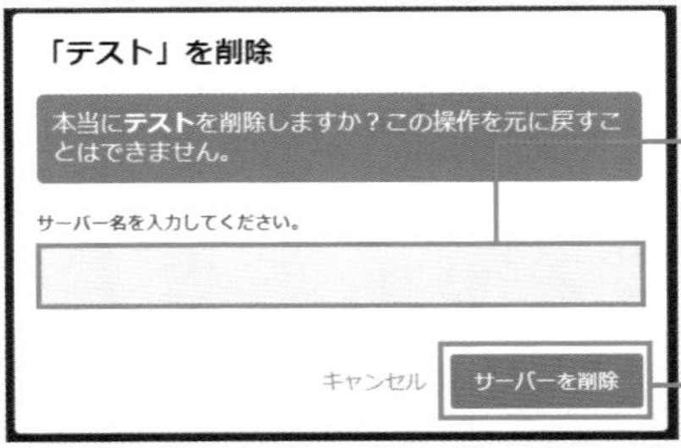

Section 46

サーバーに機能を追加するサーバーブーストとは？

「サーバーブースト」とは、サーバーに対してメンバーがブーストを行うことで、ブーストの量が一定量に到達するごとにサーバーのレベルが上がり、追加機能が解放される機能です。

サーバーブーストの追加機能

サーバーブーストは、Nitro（Section 30参照）に加入しているユーザーであれば、2つ保有しています。また、月額$4.99（Nitroユーザーは30%引きで購入可能）を支払うことで、サーバーブーストを行うこともできます。

ブースト数によってサーバーレベルが上がり、レベルごとに下表のように追加機能がアップグレードされます。

サーバーレベルに応じて使える機能

機能	サーバーレベル0（ブーストなし）	サーバーレベル1（ブースト数＝2）	サーバーレベル2（ブースト数＝7）	サーバーレベル3（ブースト数＝14）
絵文字スロット	50	100	150	250
スタンプスロット	5	15	30	60
サウンドスロット	8	24	35	48
配信画質	720p& 30fps	720p& 60fps	1080p&60fps	1080p&60fps
音質	96kbps	128kbps	256kbps	384kbps
アップロードサイズ上限	25MB	25MB	50MB	500MB
ステージのビデオ席数	50	50	150	300
サーバーアイコンのGIF利用	×	○	○	○
サーバー招待の背景	×	○	○	○
サーバーバナー	×	×	静止画	アニメーション
カスタムロールアイコン	×	×	○	○
カスタム招待リンク	×	×	×	○

これらの機能のうち［サーバー招待の背景］［サーバーバナー］については、Section 34で解説していますのでご参照ください。そのほか、［カスタムロールアイコン］はロールに対してアイコンを設定できる機能（下図）、［カスタム招待リンク］はサーバーの招待URLの文字列を独自に設定できる機能です。

カスタムロールアイコンの例

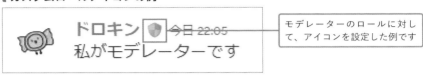

ドロキン 今日 22:05
私がモデレーターです
モデレーターのロールに対して、アイコンを設定した例です

サーバーブーストを行う

実際にサーバーブーストを行い、サーバーレベルを上げる方法を説明します。

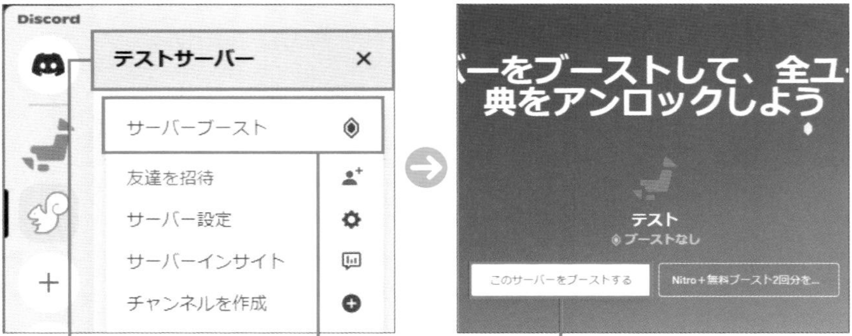
サーバーブーストを行いたいサーバーをあらかじめ開いておきます
Discord
テストサーバー
サーバーブースト
友達を招待
サーバー設定
サーバーインサイト
チャンネルを作成
ーをブーストして、全ユ
典をアンロックしよう
テスト
ブーストなし
このサーバーをブーストする
Nitro＋無料ブースト2回分を...
❶画面左上のサーバー名をクリック
❷［サーバーブースト］をクリック
❸［このサーバーをブーストする］をクリック

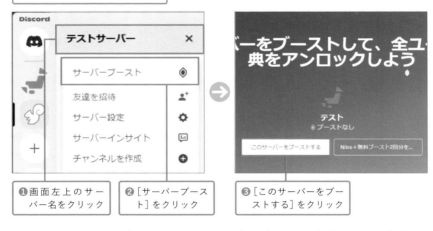

このとき、Nitroに加入しており、サーバーブーストを保有している場合は、使用確認画面が表示されます。一方、サーバーブーストを保有していない場合は、サーバーブーストの購読画面が表示されるため、購読することでサーバーブーストを実施することができます。

サーバーブーストを保有している

このサーバーをブーストする準備はよろしいですか？
テストサーバー
レベル2
このサーバーをブーストすると、7日間は他のサーバーへこのブーストを転送できなくなります。
キャンセル
ブースト

ブーストを保有している場合は［ブースト］をクリックして、保有していない場合は購入することでブーストできます

保有していない

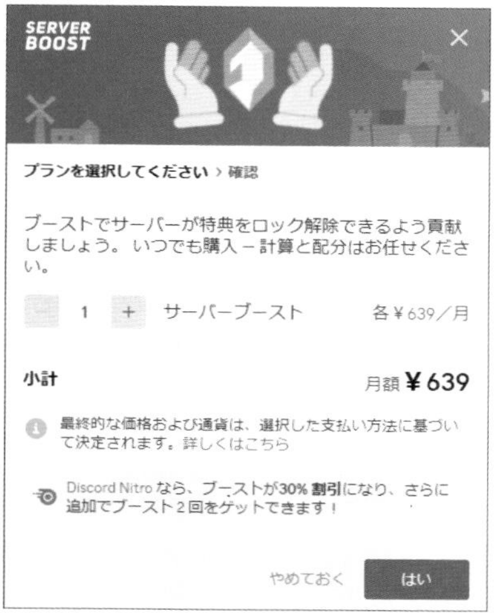
SERVER BOOST
プランを選択してください › 確認
ブーストでサーバーが特典をロック解除できるよう貢献しましょう。いつでも購入－計算と配分はお任せください。
1
サーバーブースト
各￥639／月
小計
月額 ￥639
最終的な価格および通貨は、選択した支払い方法に基づいて決定されます。詳しくはこちら
Discord Nitro なら、ブーストが30% 割引になり、さらに追加でブースト2回をゲットできます！
やめておく
はい

使用しているサーバーブーストの確認

自分が使用しているサーバーブーストの状況を確認してみましょう。

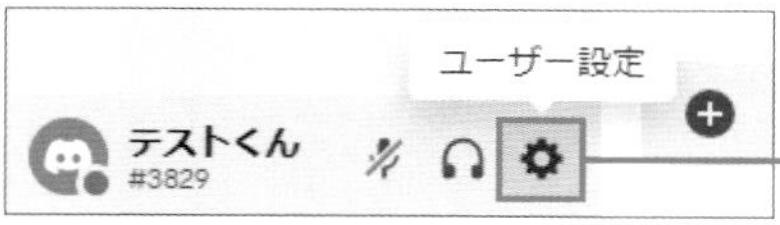
ユーザー設定
テストくん
#3829

❶画面左下の歯車のアイコンをクリックし、［ユーザー設定］を開く

❷［サーバーブースト］をクリック

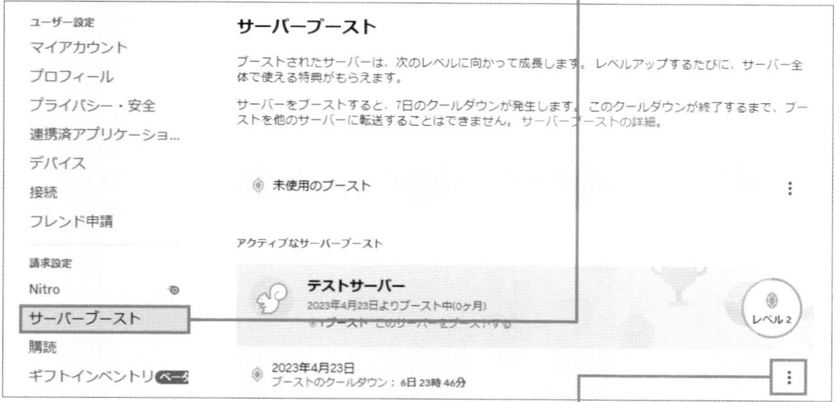
ユーザー設定
マイアカウント
プロフィール
プライバシー・安全
連携済アプリケーショ...
デバイス
接続
フレンド申請
請求設定
Nitro
サーバーブースト
購読
ギフトインベントリ
サーバーブースト
ブーストされたサーバーは、次のレベルに向かって成長します。レベルアップするたびに、サーバー全体で使える特典がもらえます。
サーバーをブーストすると、7日のクールダウンが発生します。このクールダウンが終了するまで、ブーストを他のサーバーに転送することはできません。サーバーブーストの詳細。
未使用のブースト
アクティブなサーバーブースト
テストサーバー
2023年4月23日よりブースト中(0ヶ月)
レベル2
2023年4月23日
ブーストのクールダウン：6日23時46分

［⋮］をクリックすると使用中のサーバーブーストを他サーバーに転送したり、使用をキャンセルしたりできます。ただし転送を行った場合、7日間は他のサーバーには転送できなくなります

Section 47

サーバーの機能を拡張するBotを導入しよう！

Botはサーバーに導入できるアプリの一種で、拡張機能のようなものです。自分で作成することもできますし、他人が作成したものを導入することもできます。本書では、他人が作成したbotを導入する方法について解説します。

Botを導入する

BotはDiscordの**公式Appディレクトリから導入できますが、実に3000個以上のBotが用意**されています（2023年5月現在）。メモ機能やテキストベースのゲーム機能を提供するもの、サーバーの管理やモデレーター業務を行うものなど、さまざまなBotが利用可能です。ぜひ、Appディレクトリにアクセスして、好みや目的に合ったBotを探してみましょう。今回は例として、サーバーで抽選ができるようになる『GiveawayBot』の導入方法を紹介します。

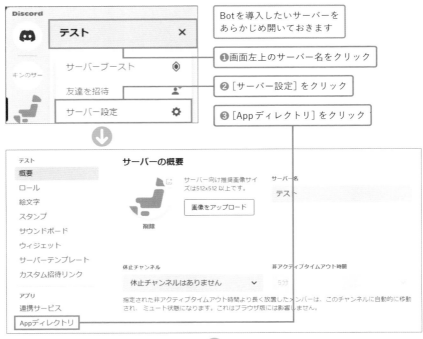

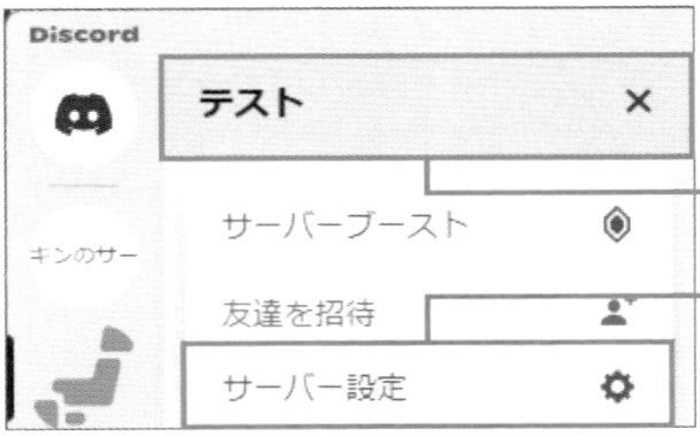

Botを導入したいサーバーをあらかじめ開いておきます

❶画面左上のサーバー名をクリック

❷［サーバー設定］をクリック

❸［Appディレクトリ］をクリック

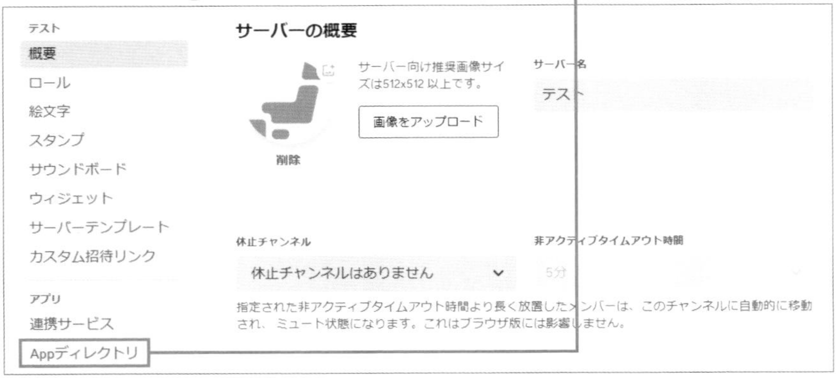

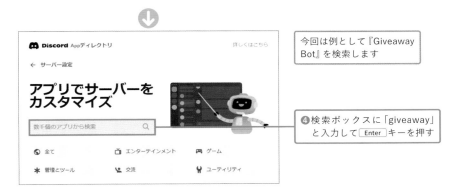

今回は例として『Giveaway Bot』を検索します

❹検索ボックスに「giveaway」と入力して Enter キーを押す

Appディレクトリは、サーバーをカスタマイズするための何千ものアプリやBotを閲覧、導入できるページです。**公開されているアプリはすべてDiscordによって認証済み**となっています。また、非認証済みのアプリは、Appディレクトリを経由せずに追加リンクから直接導入することが可能ですが、認証済みアプリよりも、より使用される権限（後述）に注意しましょう。

❺検索結果に表示された『GiveawayBot』をクリック

❻［サーバーに追加］をクリック

この画面では、Botの仕様や公式サイトへのリンクなどが確認できます。必要に応じて目を通しておきましょう

ストップ！
このリンクはhttps://giveawaybot.party/へ飛びます。実行してもよろしいですか？
キャンセル
うん！
このドメインを信頼

Botを追加するための外部リンクが表示され、リンク先に移動するかどうか問われます。またBotによっては［サーバーに追加］をクリックすると、直接サーバーへの追加画面が表示される場合もあります。その場合は手順❾❿の操作を行ってください

❼［うん！］をクリック

GiveawayBot
Hold giveaways on your Discord server quickly and easily!
SERVERS 2336000
ADD TO DISCORD
GET PREMIUM

デフォルトのWebブラウザーで、Botを追加するための外部サイトが開きます

❽［ADD TO DISCORD］をクリック

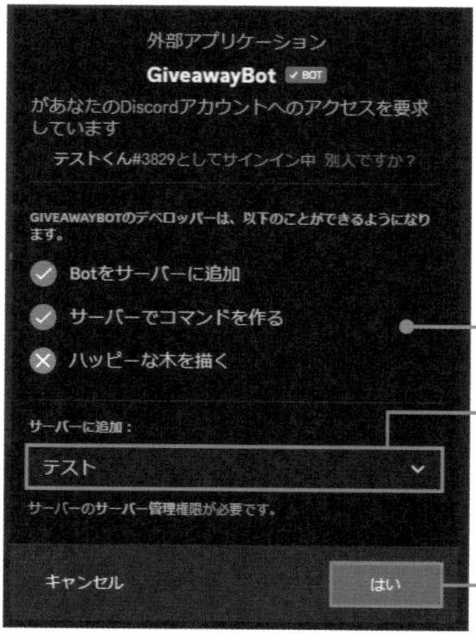
外部アプリケーション
GiveawayBot ✓BOT
があなたのDiscordアカウントへのアクセスを要求しています
テストくん#3829としてサインイン中 別人ですか？
GIVEAWAYBOTのデベロッパーは、以下のことができるようになります。
Botをサーバーに追加
サーバーでコマンドを作る
ハッピーな木を描く
サーバーに追加：
テスト
サーバーのサーバー管理権限が必要です。
キャンセル
はい

Botを追加するためのボタンの表示はサイトによって異なります

Botをサーバーに追加するための確認画面が表示されます

❾Botを追加したいサーバーを選択

ここで選択できるサーバーは、自分が管理者権限を保有しているサーバーのみです

❿［はい］をクリック

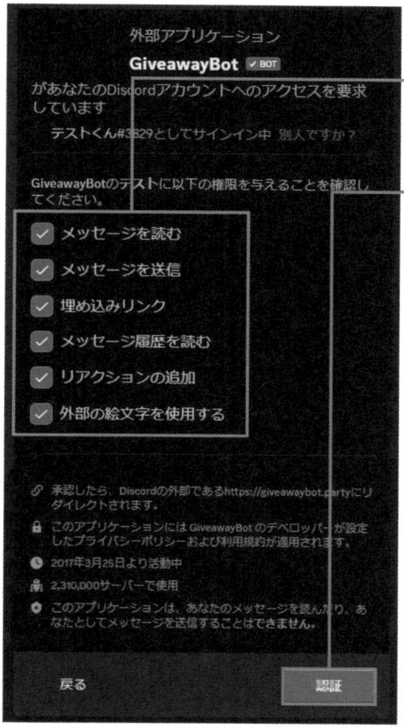

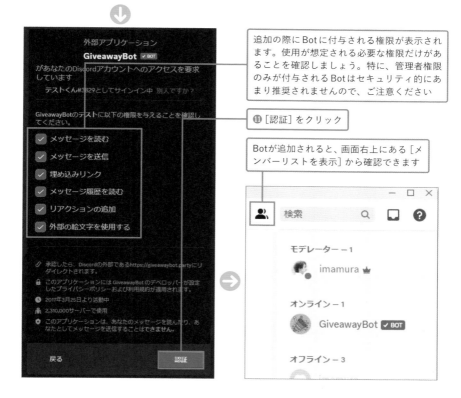

追加の際にBotに付与される権限が表示されます。使用が想定される必要な権限だけがあることを確認しましょう。特に、管理者権限のみが付与されるBotはセキュリティ的にあまり推奨されませんので、ご注意ください

⓫［認証］をクリック

Botが追加されると、画面右上にある［メンバーリストを表示］から確認できます

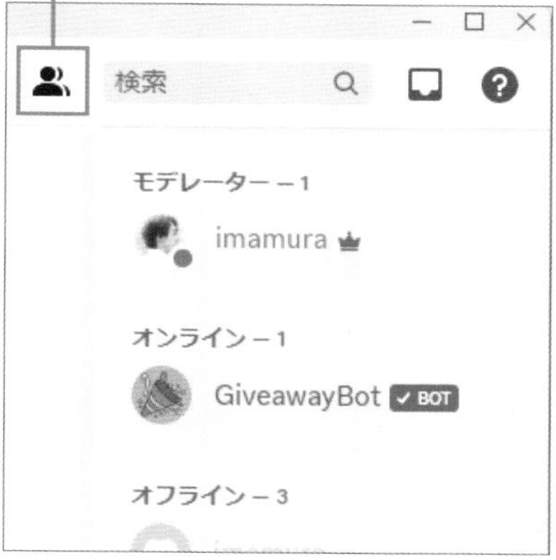

Botのコマンド使用の権限を設定する

Botはテキストでコマンドを送信することで、その機能が使用できます。コマンドの使用はロールやメンバーで制限することができます。

❶［サーバー設定］→［連携サービス］をクリック

❷［GiveawayBot］をクリック

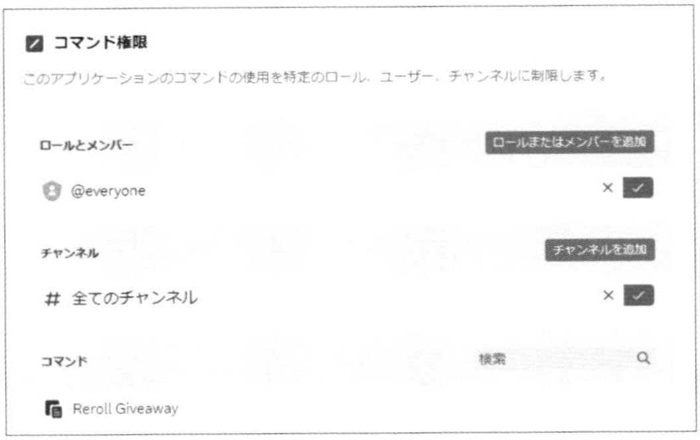

［コマンド権限］の欄で、Botを使用するロールやメンバー、チャンネル、コマンドごとの権限とチャンネルの設定が行えます

コマンド権限

コマンド権限	内容
ロールとメンバー	Botコマンドが使用できるロールまたはメンバーを設定できる。デフォルトではすべてのメンバー（@everyone）がコマンドを使用できる
チャンネル	Botコマンドが使用できるチャンネルを設定できる。デフォルトではすべてのチャンネルで使用できる
コマンド	Botコマンドごとに使用できるロールとメンバー、またはチャンネルの設定を行うことができる

Botを使用する

今回は『GiveawayBot』を例として取り上げますが、コマンドの種類や内容はBotによって異なるため、事前にどのようなものがあるのか確認しておきましょう。コマンドやBotの仕様は、そのBotのWebサイトがあればそこに掲載されている場合もあり、ヘルプコマンドなどで確認することもできます。例えば、『GiveawayBot』の「/ghelp」コマンドには「コマンドを表示する」（shows commands）と記載があります。実行すると、使用できるコマンド一覧が表示されます（次ページの図）。

また、Botにはスラッシュコマンドに対応しているものとそうでないものがあります。スラッシュコマンドに対応している場合、テキストチャットに「/」を入力すると、使用できるコマンドが一覧表示されます（次ページの図）。

ヘルプコマンドの例

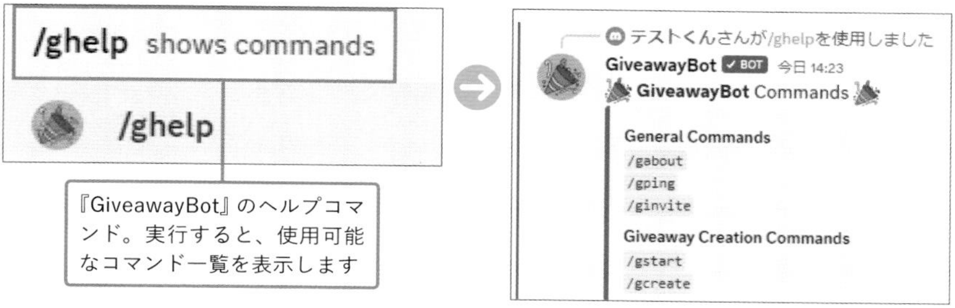

スラッシュコマンドの例

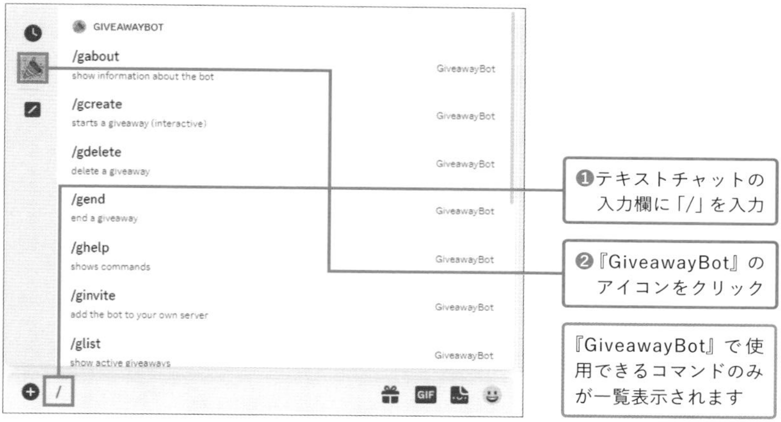

『GiveawayBot』の抽選機能を使ってみよう

『GiveawayBot』で抽選を行うには「/gstart」コマンドを入力します。このコマンドには引数の設定が必要となります。引数とはコマンドに情報を追加で渡すためのテキストを指します。下図では「duration（実施期間）」「winners（当選者数）」「prize（景品）」がそれにあたります。

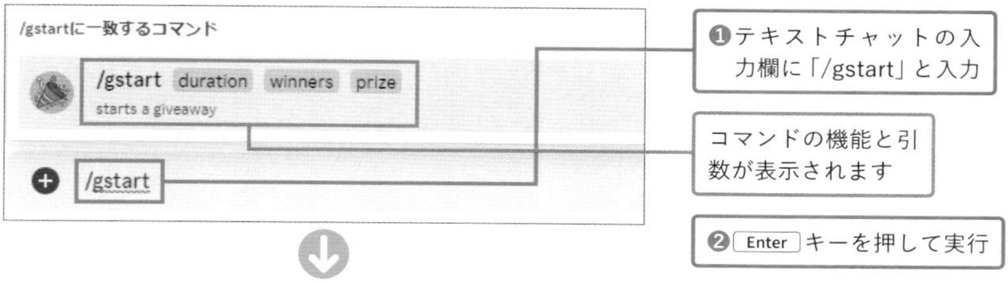

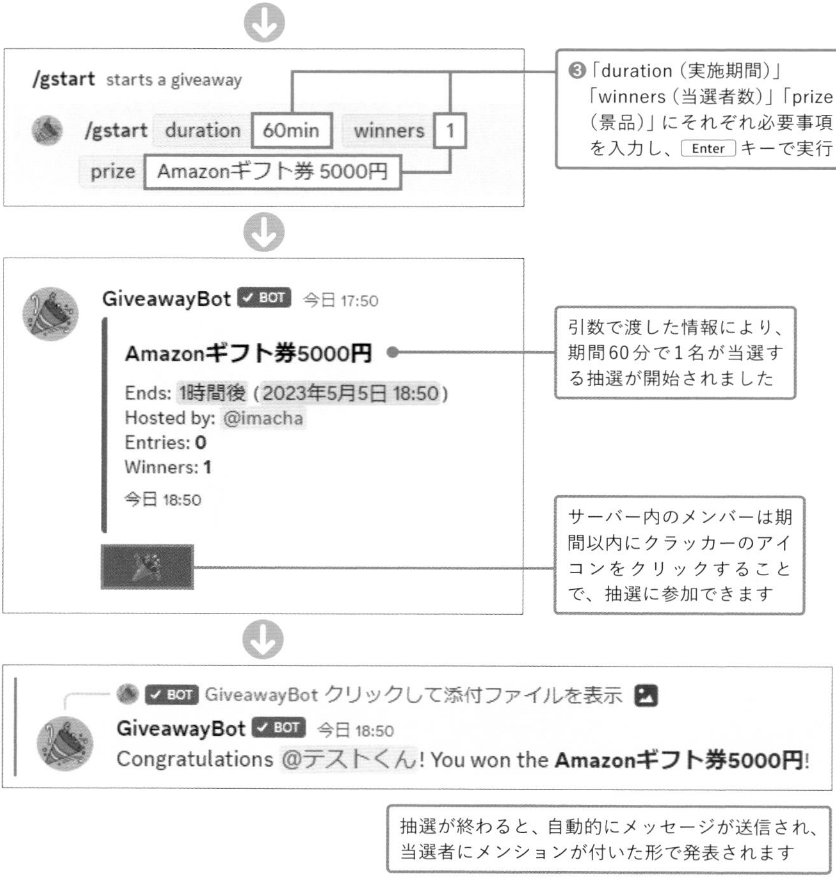
/gstart starts a giveaway
/gstart duration 60min winners 1
prize Amazonギフト券 5000円
❸「duration（実施期間）」「winners（当選者数）」「prize（景品）」にそれぞれ必要事項を入力し、Enter キーで実行
GiveawayBot BOT 今日 17:50
Amazonギフト券5000円
Ends: 1時間後（2023年5月5日 18:50）
Hosted by: @imacha
Entries: 0
Winners: 1
今日 18:50
引数で渡した情報により、期間60分で1名が当選する抽選が開始されました
サーバー内のメンバーは期間以内にクラッカーのアイコンをクリックすることで、抽選に参加できます
BOT GiveawayBot クリックして添付ファイルを表示
GiveawayBot BOT 今日 18:50
Congratulations @テストくん! You won the Amazonギフト券5000円!
抽選が終わると、自動的にメッセージが送信され、当選者にメンションが付いた形で発表されます

このように、Discordではサーバーに便利な機能を手軽に追加できます。コミュニティの運営をより楽しいものにするためにも、気になる方はWeb検索などで調べ、試してみるといいでしょう。

Chapter 4

インタビューで知る！　Discordの活用事例

最終章では、Discordの多様な使われ方を深掘りしたインタビュー記事を2つお届けします。1つは社内コミュニケーションにDiscordを導入したという株式会社マイクロアド様、もう1つは他社からの依頼でコミュニティサーバーの運営を受託しているナイル株式会社様の活用事例です。

Interview 01

Discordを社内コミュニケーションに活用した企業事例

Discordの活用はゲーム領域に留まりません。ここでは、社内コミュニケーションにDiscordを積極的に活用している株式会社マイクロアドさんに話を聞きました。ビジネスの現場で、Discordはどう使われているのでしょうか。

社内にDiscordを導入した背景とは？

——以前、マイクロアドさんのシステム開発部が書かれているブログを拝見しまして、Discordをビジネスの現場で活用されていることを知りました。今回は、実際に会社でどのように使ってらっしゃるのか、メリットやデメリットを含めて伺えればと思います。と、その前にまずは、マイクロアドさんがどのような会社なのか、読者の方に簡単にご説明いただけますか？

大澤：マイクロアドは、2007年の創業以来、主に広告プラットフォーム事業を手がけてきましたが、最近ではデータプラットフォーム事業にも軸足を置いています。広告プラットフォーム事業としては、「広告を出したい」という広告主や代理店＝DSP（Demand Side Platform）側と「広告を出してほしい」というユーザーやメディア＝SSP（Supply Side Platform）側を、RTB（Real-Time Bidding）というシステムでつなぎ、オークションさせるといった事業になります。

坂田：今後はデータを活用したビジネスにも力を入れていこうと考えています。例えば、データの集積・分析をすることでLTV（Life Time Value：顧客生涯価値）最大化を図るためのマーケティング

今回の話し手 株式会社マイクロアドの皆様

坂田 聡（さかた・さとし）
執行役員兼システム開発部管掌

大澤 昂太（おおさわ・こうた）
システム開発部
テックリード

永富安和（ながとみ・やすかず）
システム開発部
チーフ

インタビュー：寺島壽久／文・構成：編集部

MicroAd Developers Blog「リモートワークでDiscordを導入しました」

Hatena Blog
MicroAd Developers Blog
記事を書く
ダッシュボード
無料で新規登録
Hatena
読者になる
MicroAd Developers Blog
2020-06-29
リモートワークでDiscordを導入しました
Discord
マイクロアドのサーバサイドエンジニアでチームリーダーを担当している松宮です。
マイクロアドは先月まで全社員フルリモートで、現在はリモートワークを取り入れた新しい働き方を模索している段階です。
リモートワークにおけるコミュニケーションは大きな課題であり、いくつかの試行錯誤がありました。現在はタイトルにもあるように音声・ビデオ通話ソフト「Discord」を導入す
プロフィール
MicroAd
microad-developers
DEVBLOG
@microad_devさんをフォロー
読者になる 42
このブログについて
リンク
MicroAd

システム開発部のブログで、Discord導入の背景がまとめられている。
https://developers.microad.co.jp/entry/2020/06/29/113000

基盤構築を支援するサービス「UNIVERSE」なども提供しています。

——ありがとうございます。さっそく本題ですが、Discordを社内コミュニケーションツールとして導入された背景を教えてください。

大澤：やはり転機になったのはコロナ禍になったことです。2020年4月に東京都が緊急事態宣言を出して、うちの会社も早い段階でリモートワークを開始したのですが、初期はGoogle Meetなどのツールを使ってミーティングをしたり、コミュニケーションを取ったりしていました。リモート開始当初は、それでも開発案件をこなせてはいたのですが、ずっとGoogle Meetでつながりっぱなしというのは現実的ではなく、**徐々に社員同士のコミュニケーションがうまくいかないという課題が浮上**してきました。

そんな中、僕が所属するシステム開発部のメンバーはFPSなどのゲームが好きな人が多かったんですよ。

——それでDiscordに注目されたと？

大澤：そうですね。最近のゲーム好きって、仕事が終わった後、知り合いと集まって夜に一緒にゲームすることが結構あるじゃないですか。その際のコミュニケーションツールとして、一時期はSkypeとか、感度の高い人だとTeamSpeakとかを使ったりしていたのですが、Skypeは電話に近い使い方をするのでつながりにくい一方、TeamSpeakは導入のハードルが高いこともあって、決め手となるツールがなかったんですね。そんなときに、Discordを愛用している者が「これだ！」と注目したことがきっかけです。

——大澤さんご自身もDiscordを愛用してきたという背景があったんですね。

大澤：はい。コロナ禍になり、リモートワークのコミュニケーション課題が浮上してきたところで、**Discordが課題解決につながるのではないかと考えて、導入を検討**することにしたんです。

ふとした会話が容易で、会議も視覚化されるのが強み

坂田：先ほど話が出ましたが、もともとGoogle MeetやZoomを使ってはいたのですが、いちいちミーティングを設定しなければならないので、現実の社内でよくある**「不意に声をかけられる」みたいなことができない、という課題がやはり大きかったん**です。そんな中、システム開発部のメンバーから何気ない会話をするなら「Discordがいいのでは？」という提案があり、私は承認する側なので、「じゃあ、試してみようか」という流れになったんですね。

永富：Google Meetだと、いつ誰が集まってミーティングしているのか、別に一覧化しないと把握できないという課題もありました。それにMeetに入ったら入ったで、カメラやマイクをオン・オフしたり、何かしらの操作が伴うので、「ふとした会話」にはつながりにくい。であれば、**いつ誰が集まっているのかが見えて、すっと会話に参加できるDiscordがいいのではないか**、という話になったんだと思います。

坂田：確かに、Google Meetだと個別のミーティングは最適化できるかもしれないけど、いつ誰が集まっているのかわかりづらい。ミーティングを設定して、みんなで集まって、話が終わったらそれで切断……みたいな個別に最適化されたミーティングがポコポコと出現しては消えていくという形式だと、ちょっと複雑というか、一手間かかるみたいな「距離」を感じていたというのもありますね。

永富：その点、Discordなら「ちょっと話したい」というときに、特に設定も必要なく、ボイスチャンネルに直接入って話せるところが便利です。誰が話しているのかアイコンでわかるので把握もしやすいですし、話したい人が集まっているなら、ボイスチャンネルに入るだけで会話に参加できるところもいいですね。また、音声通話だけでなく、必要なら画面共有で資料を見せたり、ビデオ通話に切り替えられるところも便利です。

——今、「この人とこの人が話している」とか、「このチームが会議しているよ」みたいなことが、横断的に見られる点ですね。いわゆる「視覚化されたバーチャルオフィス」みたいなことが可能だったということですね。

大澤：その通りです。加えて、当時は他のツールと比べて、**Discordの音質がよかったのも大きい**です。今だとGoogle Meetもノイズキャンセル機能があるとは思うのですが、Discordはボイスチャットの音質にこだわって作られているので、会話がクリアにできたというのも利点でした。

ルール作りと社内浸透でバーチャルオフィスを実現

——実際にDiscordを運用してみて、うまくいった部分とうまくいかなかった部分を教えてください。

坂田：やはり導入当初は、ルール作りと社内浸透に苦労した覚えはあります。例えば、チームごとに使っているツールが違っていたり、Discordを導入したと言っても、すぐに使われるわけでもなかったり……。チームごとにDiscordに入っているところもあれば、入っていなかったりと、そんな状況でした。

ですから、もともとは自由なスタンスで使ってもらおうとしていたのですが、ルール化するようにはしていきました。例えば、リアルでもリモートでも、始業

時にはまずSlackで「おはよう」の挨拶をし、その後はDiscordに入るようにする、とか。Google Meetやリアルのミーティングがある場合は退出しておくなり、スピーカーオフにしておきましょう、みたいな**ルールを手探りで整備**していきました。導入初期はそのあたりがけっこう大変だったような気がします。

大澤：確かに、チームごとに運用を委ねていたときは、一部のチームはDiscordに入っているけど、ほかのチームは入っていない、というケースが多くて……。Discordの強みを全然生かせていないみたいな感じはありました。

永富：ほかにも、チームによっては常に雑談しながら作業をするというスタンスを取るところもあれば、作業に集中したいからずっと雑談されているのは困るというところもありました。チームによってコミュニケーションに対する考え方が違うので、そこをクリアするために、**Discordで複数のボイスチャンネルを作って対策**しました。例えば、「雑談OK」「ミーティング用」みたいにチャンネルを分けて、選択できるようにしたわけです。私はアプリ開発チームのITインフラ全般を、横断で管理運用するチームに所属しているのですが、各チームからバラバラに相談が来ることが多いんです。そうなると、複数の議題を1つのボイスチャンネルでは話せないので、ミーティング用のボイスチャンネルをいくつか分けたり、雑談から入ってちょっと相談もできるチャンネルを用意したりと、**足下の課題からチャンネルを分けて対応**していった部分はあります。

大澤：弊社ではGoogle Workspaceを導入している関係で、Googleカレンダーからミーティングをセットできる Google Meetは、やっぱり今でも使っているんです。Google Meetではきっちり日時や議題が決まったミーティングを行い、**Discordでは業務上のちょっとした相談事とか雑談に活用するという使い分けですね。ただ、そういう使い分け**をすると、たまに誰がどちらのツールで話しているのかがわからないことがあります。

——それはどういう状況でしょうか？

大澤：Discordで会話に応じられないときは、スピーカーをミュートしたり、「ミーティング中」の部屋に移動するなり、ステータスを「退席中」などに切り替えておくことで目印にしているのですが、たまにそれらの設定をし忘れることがあるんです。その場合は、Google Meetで話しているときに、Discordのほうで話しかけられて、会話が重複してしまいます。

——なるほど。Discordの中で業務中の社員さんは、今どの状態にあり、どこの部屋にいるのか全部わかるように視覚化されているということですか？

大澤：チームにもよりますが、ほぼそんな感じです。スピーカーをミュートにしたり、ステータスを変えたり、「休憩中」のチャンネルに入ったりして、意思表示するという感じです。

坂田：一応、ルールはあるけど、徹底するのがやっぱり難しい面はあります。スピーカーをミュートし忘れて、Google Meet中にDiscordの音声が不意に入ってしまうというケースは今でもありますので、課題の1つではあります。

——Discordには、特定の部屋では管理者以外スピーカーやマイクを強制的にミュートする設定があると思うんですが、Google Meetのミーティング中に、Discordのチャンネルに強制ミュートを適用することで対策するといったことはやられてはいないのですか？

大澤：システムを運用している会社なので、たまに障害対応とか緊急の用事が入ることがあるんです。そうした場合に、強制ミュートになっていると対応できないことがあるので、制限はかけていません。**Discordのメリットは常に接続状態にあることなので、やはりルールを設けて運用するほうが生かせる**と思います。基本的には「ミーティング中」という部屋に移動していれば、緊急を除いて話しかける人はいませんので、ルール化のもとに臨機応変なコミュニケーションを取る、ということのほうが大事かと思います。

Discordの良い点は、やはり社員同士の距離を縮めてくれたこと

――バーチャルオフィスのような感じですね。社員の居場所がわかっていて、いつでも声をかけられる、という感じで。

坂田：そうですね。実際のオフィスにいたら、誰が今ミーティングルームにいるのかわかったり、たまたまの会話が発生したりしますので、それに近い感じになればいいなと。まあ、なかなかリアルに近づけるのは難しいですが。

大澤：オフィスよりはコミュニケーションの面で劣るところはありますが、リモートワークが増えた今は、**Discordによって小さいコミュニケーションの溝は埋められた**かなと個人的には思っています。雑談はもちろんですが、チーム間あるいはチーム外とのコミュニケーションにも使えます。例えば、拠点の異なる京都研究所とは相談事がすぐに行えますので、この点はオフィスにはない利点でもあります。

――導入前には想定していなかったDiscordの良かった点はありますか？

永富：弊社はメインの開発チームが渋谷の本社に集合しているのですが、私を含めて京都研究所に所属しているメンバーは、リモートで（渋谷の本社にいるメンバーと）ミーティングに参加する者もけっこういます。物理的な距離があるので、Google Meetでミーティングするなり、Zoom等でオンラインイベントを行うといったことで対応はできるのですが、**Discordを導入することで、よりフランクに話しかけやすくなった**というのがメリットの1つです。京都研究所のボイスチャンネルがあることで、そうしたツールに頼っていた時代と比べると、東京の人とはるかに話しやすくなりました。

大澤：永富さんとは業務上やり取りすることは多いのですが、「Discordがなかったらこんなにやり取りしなかったかも」と思うことはありますね。

坂田：ミーティング以外で京都の人と話すことは基本的になかったけど、Discord導入後は逆に京都のメンバーと関係が深くなったように思えます。

――リモートワークの割合が増えた結果、社員同士のコミュニケーションで苦労している企業は多いと思いますが、Discordが役に立った場面をもう少し教えてください。

大澤：リモート下だと、新卒社員が悩みを抱え込んでしまうケースがあると思います。そもそも業務についてわからないことだらけという状況からスタートするわけで、細かい相談事やちょっとした会話が大事になりますが、人間関係がまだ薄く、オンラインでしか会ったことがない人も多いわけです。そのような状況で、あえてGoogle Meetを設定するか、Slackで聞くのかというツールの選択肢の問題、それから誰にどのような話をすればいいのかという人間関係の問題など

が絡み合ってくると、抱え込む人も出てくるんですね。

――Discordは、そうした問題の壁を取り払うのに役に立ったと？

大澤：はい。Discordだといつ誰がどの部屋にいて、話しかけてOKかどうかも可視化されています。また、ボイスチャンネルを使った音声通話なので、SlackなどのテキストチャットよりもSlackなどのテキストチャットよりも、**より人間味のあるニュアンスが伝わりやすいのも、安心材料**かなと。逆に、新卒から話しかけるのではなく、先輩からも話しかけやすいので、ちょっとした会話から「実はこんなことで悩んでいて……」みたいな課題を引き出す効果もありました。

坂田：先輩からSlackでテキストチャットしても、ちょっと冷たい雰囲気があるというか怖いというか、新卒が身構える部分はあるんじゃないかと思います。が、Discordの場合は、短時間でも気軽に音声通話できるので、「あ、それで大丈夫、全然気にしなくていいよ」みたいに、**会話ですぐに解決できるケースってけっこうあるんです**よ。ニュアンスを伝えやすかったり、話が弾んだりという、コミュニケーション上のメリットは大きいと思います。

大澤：一時期、Google Meetで雑談タイムを設けたり、オンライン飲み会を開催したりしましたが、あまり効果的ではないなと、多くの方が感じていたと思います。その点、Discordの即時で話せる雰囲気は、コミュニケーションの溝を埋めてくれたと思います。先ほど京都研究所のみなさんと仲良くなったという話が出ましたが、**新卒社員の場合もやはりDiscordがなかったら、そこまで仲良くなってなかったな**と思います。

――Discordがコロナ禍で失われつつあった人間関係やコミュニケーションの溝を埋めてくれたんですね。

永富：一時期、Slackにハドルミーティング（音声通話が行える機能）が追加されたので、じゃあ「Discordは不要？」みたいな話も出たのですが、そうはならなかったんですね。というのも、Discordのボイスチャットの便利さは、**「誰がどこにいるのか」が視覚的に見える**ところで、その機能の利便性からハドルに切り替えるところまでは踏み切れなかったんです。Discordの強みは、そうしたところにもあるのかなと思います。

坂田：ハドルが出てきたとき、「ツールはSlackで統一したら？」みたいな議論もありましたね。ただ、永富さんが言うように、やっぱりDiscordは「誰がどこにいるのか」がすぐにわかる点が優れていて、その点で継続利用していこうという話になったと記憶しています。

利用規約をDiscord本家に確認し、ルール化を推進

――そうした一定の成果がシステム開発部のブログで公開されたと思うのですが、その記事を見て、他の会社でもDiscordを導入したといった反響はあったのでしょうか？　今回、インタビューのために下調べしていた際、他の企業の方でマイクロアドさんのブログを参考にした、という話を目にしました。

永富：「はてブ」とかコメントなどを見ていて、割と反響があったことは知っていたんですが、**ブログで評価が高かったのは利用規約を読んだ上で、Discord Inc.に問い合わせをし、社内利用は問題ない旨を確認した部分**です。顧客に提供するサービスの一部に使うのはNGで、社内コミュニケーションはOKという回答をきちんと本家からもらったことが評

価を後押ししたと考えています。実際、ブログのコメントにも「社内利用はOKなんだ」といった書き込みがありましたので、その点がDiscordを企業で利用する際の参考になったのではと思います。

大澤：ブログとは関係ないですが、他社さんでDiscordを導入しようという話が出ても、なかなかうまく導入に至らないという話は聞いたことがあります。

――うまくいかないのは、機能的な問題ですか？　それとも会社の体制的な問題でしょうか？

大澤：自分が聞いた話だと、まずそもそも社内コミュニケーションのツールが整備されていない状況にあるというケースが1つ。それから、セキュリティの問題です。自分はあまり詳しくないのですが、ソフトウェアのセキュリティの検証をしている業界団体があって、そこでDiscordが監査を受けたことがないらしいんですね。そのため、社内ITの導入を決める際の基準を満たさなかったため、見送られたといった話だったと思います。

DiscordはSlackやChatworkを代替するのか？

――DiscordはSlackやChatworkのようなビジネス系チャットツールの機能に近いと思うのですが、それらに代替できる部分や代替できない部分を、マイクロアドさんの知見から教えていただけますか？　そもそも完全に代替できないからこそ、先ほどSlackを使っているというお話が出ているかとは思いますが。

坂田：Slackが残っている理由は、いろいろあります。まず、前提としてチャットツールは社内でも複数併用していることが多く、全社的にはもともとMeta社のWorkplaceのChatを使っていて、最近Slackの利用が徐々に増えてきているという現状があります。Discordもそんな併用ツールの1つなのですが、これをメインで使っているのはシステム開発部だけなんですね。

で、「餅は餅屋」というか、それぞれのツールごとに強みがありますよね。例えば、SlackだとAPIの連携が豊富だったり、活用法の知見もネットでたくさん見つかるので、定番ツールとして社内に定着していることが、やはり外せない理由かと考えています。

――DiscordもAPI連携が豊富ですが、Slackだとどことの連携が強みですか？

坂田：例えば、BIツールのRedashです。Redashにデータを集約して、その集計結果をSlackに通知で飛ばす、みたいなことが簡単にできます。

永富：Slack自体はシステムのアプリケーションとのインテグレーションが豊富で、インフラ面からいうと監視系のアラートを通知するときに一番便利なのが、やはりSlackだったりするんです。Discordで同じことをやろうとすると、できなくはないけど、ちょっと面倒なところがあります。

加えて、**他社さんとコミュニケーションを取る場合もSlackのほうが向いています**。先ほどもお話ししたようにDiscordの利用規約上、社内利用はOKですが、社外の顧客に提供するサービスの一部として使うのはNGとなっています。必ずしも商業利用や取引で社外の方とチャットするわけではないのですが、利用目的の境界が曖昧だったりします。なので、**Discordの規約を考えた場合は、社内利用に限定したほうが安心**です。一方、Slackの場合はチャンネルに他社の方を招待するだけで、手軽にコミュニケーションが始められますから、他社と協業する場合はやはり外せないというのが理由の1つです。

――Discordでもロールを割り当てることで、見られるチャンネルを制限できますが、そういう細かい設定が難しいと感じる面もあるのでしょうか？

永富：やはり必ずしも相手の企業さんがDiscordを使っているとは限らないので、導入から設定までイチから始めてもらうというのも、スムーズではありませんよね。逆に、Slackは当たり前に使っている企業が多いので、Discordに比べて敷居が低いというのもあります。

セキュリティ面の懸念点をどう突破できたのか？

――Discordを社内利用するにあたり、セキュリティ面での懸念があったかと思います。導入を承認する立場の方だと、悩ましい部分だと思いますが、どうクリアされてきたのでしょうか？

坂田：弊社では各ユニットのリーダー陣が集まる会議があり、新しいツールの導入も検討するのですが、そこで発表された資料で、**Discordのセキュリティの懸念点についてプレゼンしてもらったことが大きい**です。これもブログに書いてある通りなのですが、大きくはサーバーが招待制であり、監視ログが記録されること。二要素認証、reCAPTCHAに対応し、ログイン時の地域が異なる場合に本人確認を求めるなど、アカウントの安全性は高そうだということ。アプリの通話内容は暗号化されていること――こうしたセキュリティ面に対する見解がよくまとまっており、説得力がありました。

永富：ブログに書いてあること以外だと、Discordのチャット内容は収集されているので、業務に関するテキストチャットは行わず、**あくまでボイスチャットによる相談事、雑談などに限って使おう**という方針も決めた覚えがあります。通話に限れば、セキュリティ上はある程度のものは担保しているという判断でした。

大澤：使用範囲を制限した理由の1つに、Discordのアカウント名が導入当初はニックネームになっていて、社内の何者か判断しづらかったというのもありました。弊社では基本的に、チャットツールのアカウントをGoogle Workspaceで使っているGoogleアカウントと紐づけて作成するようにしています。理由は、紐づけられたアカウントが誰なのかわかりやすいからです。今は可能かもしれませんが、Discord導入当初はGoogleアカウントが紐づけられなかったか、あるいは任意のメールアドレスでアカウントを作成してしまうケースがあって、ユーザーが社内の誰なのか把握しづらく、そこを特定する過程で時間を取られたという部分もありましたね。

――今はだいぶ連携も豊富にできるようになって、例えばFacebook、Instagram、Steam、YouTubeなど増えてきてはいますが、確かにGoogleはないですね。たぶん2年前に導入したとしたらものすごく大変だったと思います。

Discordはどの程度の規模感で使うと便利なのか？

――最後に、規模感の話をしたいのですが、マイクロアドさんではDiscordを何人くらいで利用されていますか？

坂田：システム開発部で言うと、30～40人くらいです。

――ああ、そのくらいの人数だと、すごく機能しそうですね。

大澤：寺島さんのように、コミュニティサーバーの運営で数千人の規模になると、把握するのは難しい感じですか？
——規模感で言うと、例えば社員が300人くらいで、同時にボイスチャットに入ってその人を見つけやすい視認性があるかというと、そうでもないと感じています。40人程度ならちょうどいいです。

坂田：実はシステム開発部だけではなく、他の部門でもDiscordを試してみてくれと言って入れてもらったのですが、今は誰も使ってないですね。部署によって合う合わないという面もあるかもしれません。サーバーも別にしているので、「誰がどこにいる」という部分はクリアしてるとは思うのですが。

——それはどんな部署でしょうか？

坂田：ビジネス開発部という、他社で言うと企画部とか営業企画部とか、そういうところなのですが。

——業務的に、外部の人と話すケースが多い部署でしょうかね。

坂田：そうですね。もしかしたら、出社率や働き方にも関係するかもしれません。システム開発部がリモートメインなので、Discordとは常時つながっていて相性がいいのですが、出社率が高めの部署だと移動が多くなる分、Discordに接している時間が減りますから、あまり使われなくなるというのも大きいのかなと思います。

——システム開発部はやはりITに対するリテラシーが高くて、Discordの導入がしやすい面があると思うのですが、そういう感触は？

大澤：新しいツールの導入に際し、提案をしたり運用ルールを作っていく作業は、システム開発部は確かにやりやすい気がします。システム開発チームごとにDiscordのボイスチャンネルがあるので、全体では40人くらいですが、1つのチャンネルにはおそらく7〜8人がいるという感じなので、さらにコミュニケーションはしやすくなっています。

——ちょっと用事があったら、他のチャンネルから移動して「ちょっといい？」みたいに話しかけやすい規模ですね。

大澤：そうですね。7〜8人くらいのチームだと、ミュートを解除していつも見られるようにしていますので、誰がどこにいるのかわかりやすいのと、話しかけやすいです。

——ありがとうございます。個人的にはこれまでゲーム関係のDiscord運用の話ばかり扱ってきたので、非常に興味深い話を聞けました。導入にあたって規約やセキュリティを調べ、きっちりルール化しながら社内コミュニケーションに活用しているのがよくわかりました。Discordのビジネス活用事例として、読者のみなさんにも面白く読んでいただけるのではないかと思います。本日は、お忙しい中、貴重なお話をありがとうございました。

Interview 02

IP公認コミュニティを成功に導いたDiscord運用事例

さまざまなメディアで展開されるIP作品のうち、ゲーム版の「公認」Discordコミュニティの運用を受託しているのが、ナイル株式会社です。ここでは、IP公認コミュニティの運用のコツや工夫点について聞きました。

国内では珍しい「Discordコミュニティを受託する」事業とは

――実は以前、『アサルトリリィ Last Bullet』の担当の方から、「このスマホゲームのDiscordコミュニティがとてもいい！」という話を聞いていたんです。ならば、そのDiscordコミュニティを運用されているナイルさんに、ぜひとも話を伺いたいと思ったのが、今回のインタビューのきっかけです。

秋保：嬉しいですね。こちらこそよろしくお願いいたします。

――さっそくですが、まずは読者の方に向けて、ナイル株式会社さんがどのような会社なのか、簡単に教えていただけますか？

秋保：「デジタル革命で社会をよくする」というビジョンのもと、デジタルノウハウを強みに、複数の事業を展開している会社です。例えば、企業向けにデジタルマーケティング支援をしたり、「Appliv」や「Appliv Games」といった自社メディアを運営したり、個人向け車のサブスクリプションサービス「定額カルモくん」といったサービスを提供したりと、幅広くサービスを展開しています。

――なるほど。デジタルを活用した各種サービスを提供されていて、その中に『アサルトリリィ』シリーズのようなIP（知的財産：Intellectual Property）の「Discordコミュニティの運用を受託する」という事業があるわけですね。では、Discord運用の受託という事業は、どう

今回の話し手 ナイル株式会社「Appliv Games」の皆様

秋保 成樹
（あきほ・しげき）
メディアテクノロジー事業部
ApplivGamesビジネスマネージャー

ささもん
メディアテクノロジー事業部
Appliv Gamesライター、人気タイトルのDiscordコミュニティの管理人を担当

インタビュー：寺島壽久／文・構成：編集部

いった経緯で生まれたのでしょうか？

秋保：もともと、Appliv Gamesではゲーム攻略をメインコンテンツにしていたのですが、競合との差別化を図る方法を常に考えていました。そんな中、あるアンケート結果で、ゲームをはじめたきっかけや長くゲームを続けている理由の30％以上は、知人や家族と一緒に楽しめたり、ゲーム内フレンドと交流したりといった「コミュニティ要素」だったんです。つまり、**ゲームを熱心に、長く遊ぶ人ほどコミュニティを重視していることがデータからもわかった**んです。最近ではオンラインが当たり前になって、「一緒にゲームをプレイする」という文化が根付いてきているのも大きいでしょう。ならば、コミュニティを促進するような要素が、今後サービス展開をしていく中で重要になってくる、と考えたわけです。

――当時、Appliv Gamesとしては、Discordでのコミュニティの運用は初めての事業だったのでしょうか？

ささもん：はい。もともとDiscord自体はそんなに使ってはいなかったのですが、可能性を感じていたので、「調べながらやってみよう！」という話になりました。国内外問わず、他のDiscordコミュニティに入ってみて、雰囲気を体験してみたり、運用のされ方を調査したりして、ノウハウを蓄積しました。

――海外にはDiscordのコミュニティがたくさんありますが、どのようなところを調べたのでしょうか？

ささもん：海外だと、MMORPG関連の公式Discordコミュニティが多いので、そのあたりをメインに見ていました。

――どのくらい調べたのですか？

ささもん：公式で見つかる限りはとにかく調べようと考えていたので、おそらく30タイトルくらいのコミュニティに参加しました。それ以外にも、実際に自分がプレイしているゲームのギルドが運営す

アサルトリリィ総合コミュニティ

Discord
アサルトリリィ総合...
サーバールール
チャンネル&ロール
サーバールール
チャンネル紹介
自己紹介
推しリリィ設定
戦闘力＆役割設定
お知らせ
ラスバレ攻略
アサルトリリィ総合コミュニティへようこそ
ここが、このサーバーの始まりです。
2021年1月7日
ささもん（Appliv Games） 2021/01/07 13:42
ラスバレ公認Discordへようこそ！
―Welcome to Official Community―
『アサルトリリィ Last Bullet』公認コミュニティ（Discord）へようこそ！
本サーバーは、アサルトリリィのゲーム『ラスバレ』の攻略情報の交換や、シリーズのファンの交流を目的とした総合コミュニティです。
2022年1月20日

同IPのスマホゲーム『アサルトリリィ Last Bullet』の公認Discordコミュニティ。攻略情報の交換やファンの交流を目的としている。Appliv Gamesなどで公開されリンクから誰でも参加可能。
https://discord.gg/assaultlily-pj

るDiscordコミュニティにもいくつか参加して、公式とそうでないところの話題の差、盛り上がる要素の違いなどについて、細かく見ていった感じですね。

――『アサルトリリィLast Bullet』のDiscord運用が初の受託案件だったのですか？

ささもん：ちゃんとした案件としていただいたのは『アサルトリリィLast Bullet』が初めてでした。ただ、実際にDiscordを運用する前に、試験的にMMORPGなどのコミュニティをいくつか作り、ある程度のノウハウを蓄積してからのスタートでした。

――もう少し深掘りして、Discordの運用を請け負う仕事というのは、具体的にどういう業務を行うのでしょうか？

秋保：業務としては、**IPを持つ企業さんの作品に対し、公認Discordを作成して運用する**というのがメインになります。具体例として『アサルトリリィ Last Bullet』のDiscordでは、ライトユーザーからコアユーザーまでコミュニティの層は幅広いので、彼らが分断せず、お互いに教え・学べる機会を提供できたり、熱量を共有できたりするようなコミュニティ作りを目指しています。というのも、そうしてユーザー間の交流を促進することにより、もっとそのIPが好きになったり、ファンとしての熱量が高いままゲームを続けてもらえる機会提供につながったりするからです。結果的に、**コミュニティを通して、長くゲームを好きになってもらう、続けてもらうための役割を目指している**と言ってもよいのかもしれません。

Discordコミュニティを作るときに工夫していること

――受託業務にあたり、具体的にどのような企業が、どのような流れでDiscordコミュニティの運用を依頼されるのでしょうか？

秋保：最近だとDiscordの認知度も高まり、徐々にゲーム会社さんのほうでも注目するようになってきました。海外のゲーム会社なら、基本的にはゲームをリリースしたらDiscordコミュニティもセットで開始するというような認識が一般的なのですが、日本ではそこまでには至っていないです。例えば、Twitterの公式アカウントくらいなら販促上必須という認識はあるのですが、Discordの場合は検討材料にはなっているものの、マストではないという感じですね。

――確かに、タイトルによってDiscordがあったりなかったりしますね。

秋保：最近だと、日本から複数の国に配信するようなタイトルで、少しずつ増えてきた感じはあります。ただ、やはり**Discordを始めるにしても、何を準備してどう運用していくのかわからない、というのがゲーム会社さんの課題でもある**んです。

――そこで、Appliv Gamesさんのノウハウが役立つと？

秋保：そうですね。弊社のほうで既にノウハウは蓄積しているので、そのゲームタイトルに一番適した形の運用スタイルを提案できます。基本的には、そのゲームのユーザーさんの熱量を上げ、長くプレイし続けてもらえるような形のコミュニティデザインを提案するといったイメージでいます。

――ではまず、ゲームの内容を聞いて、そのゲームに合ったDiscord施策とか立て付けみたいなものを作っていくところから始める感じですか？

秋保：そうですね。現状、やはり日本ではDiscordが一般ユーザーの方にそこまで浸透していないので、なかなかクローズドな環境に入ってくる人は少ない。つまりまずは集客が１つの課題になります。一方で、日本のユーザーの方にはDiscordに参加したときのコミュニケーションの壁というのは、けっこう高いと思っています。なので、集客としてはまず、ゲームとコミュニティを連動したプロモーション施策を用意し、**参加したくなるようなきっかけを作ることが大事**です。次に、発言しやすいようなチャンネルを複数用意したり、企画を提案したりすることで、**コミュニケーションを始めるためのきっかけ作りを進める**、というようなことも施策として打ち出しています。

――発言しやすい企画とかコミュニケーションが取りやすい企画というのは、例えば何かわかりやすい例を挙げていただけますか？

秋保：ハードルが低いと思っているのが、例えばしりとり、大喜利みたいな企画ですね。あとは自分の好きなものだと発言しやすくなるので、人気投票もいいですね。それらの企画は、まずは気軽に「一度投稿してみる」という行動を促し、コミュニケーションのきっかけを作るには有効と考えています。

コミュニティの運用を他社に依頼するメリットとは

――私はゲームの運営を経験したことがあるのですが、自社のIPの宣伝やコミュニティの運用を他社に依頼しすぎると、逆にそれらを切り離すことが難しくなり、後で困ってしまうケースがけっこうあると思うんですよね。そういった少しリスクのある領域をわざわざ他社に依頼するのは、そもそもDiscord自体がわからないからなのか、それとも、ほかにも理由があるのでしょうか？

秋保：確かに、一度スタートしたら辞めにくい部分はあります。ただ、そうしたリスクに対して、弊社ではいくつかプランを設けていて、コミュニティ運営を100％全力で実施するようなものから、企画やユーザー対応の負担を軽減することでコストを下げるようなプランまで、いくつか選択肢を設けています。例えば、ゲームの売上が続かなくてコミュニティを維持するのが辛いという場合でも、コミュニティという箱だけは残しておいて、ユーザーさん同士で盛り上がれるような形で残すこともできます。そうした柔軟なプランを選択できるところで、課題をクリアするという形ですね。

――なるほど。もう１つ逆のパターンなのですが、ゲームの売上が伸びていくと、「コミュニティを自社で持ちたい」みたいに考えが変わって、取り上げられるケースもあると思うんですよね。私はどちらかというと、取り上げられてきた側なんですけども（笑）、そうしたケースに対して、ナイルさん側としても「あり得る」と考えてやってらっしゃるのでしょうか？

秋保：弊社としては、**第三者としてコミュニティを運用することで、公式ではやりづらいような、ユーザーに寄り添ったコミュニケーションができる点が独自の提供価値を生み出している**、という考えがあります。もしその状態で、公式が運用権を持ってしまうと、「公式対ユーザー」という図式になってしまい、弊社の強みである第三者的で、中立的なポジションを取る者がいなくなってしまいますよね。そうなると、コミュニティのガバナンス

Appliv Games

ナイル株式会社が運営するゲームメディア。スマホゲームのレビュー、攻略情報のほか、Discordの活用法をまとめたブログ記事も公開中。
https://games.app-liv.jp/

に大きな影響が出ると思います。
それでもなお、今後「取り上げる」みたいな話が出てこない保証はないのですが、弊社のスタンスとしては、やはり公式とユーザーの間に入ることで、弊社なりの提供価値を生み出すことが強みですし、入る意味があるんだというポジションを崩さないような姿勢で取り組んでいます。
——公式・公認の文脈で言うと、例えば海外のDiscordコミュニティは公式が運用していて、公式だからこそレスポンスが早かったり、「何でも質問に答えます」みたいなイベント企画を立てたりしていて、公式とユーザーが直接関わるメリットも大きいと思うこともあります。一方で、日本の場合は、公式とユーザーが直接関わる際の距離感が難しいと私自身も感じていて、実際には公式でDiscordをやっているところは少ないですよね。すると、やはりナイルさんがやられている「公認」というスタンスも、そのあたりのリスクを埋めるのに相性がいいという考え方ですか？

秋保：公式だと、やはりユーザーに対して直接的に責任のある立場である以上、柔軟なユーザー対応は難しいのではないかと思います。さらに、ユーザー対応のための大きなリソースを企業側で準備するのが難しい場合は、やはり第三者としての弊社のような**ゲームメディアが間に入って支援するというのは、ユーザー対応に対するリスク軽減になる**と思っています。

公式と公認の違い。公認であることのメリット

——もうちょっと突っ込んで質問させていただくと、公式と公認では何が違ってくるのでしょうか？　依頼する側の企業にとってのメリットやデメリットがあれば、もう少し具体的にお伺いできればと。

秋保：公式は文字通り、そのタイトルを発売するメーカー企業さんなりが

Discordコミュニティを運用することです。一方、公認は弊社のように第三者が公式とユーザーの間に入って運用する場合に使われると認識しています。公認の体制を取ることのメリットは、コミュニティの運用主体が第三者─弊社で言うとAppliv Gamesというゲームメディア─であることを明示することによって、例えば**ゲームの質問や不具合の対応みたいな細かな要望を直接公式にぶつける、というようなアクションが、そもそもコミュニティ内ではあまり気にされなくなること**です。仮に、公式であれば、そうした質問が頻出し、場合によっては「対応が悪い」というようなクレームに発展する可能性はあると思いますが、第三者が運営主体であることをハッキリさせておくことで、そうしたマイナスイメージを持たせないような雰囲気が既にあるため、クレームのリスクを回避できるというメリットがやはりあります。

──実際、私も『アサルトリリィLast Bullet』のDiscordサーバーを定期的に確認していたのですが、ユーザーさんの中には「公式じゃないから問い合わせ先が違うよ」とか「公認でも頑張ってくれてるよね」みたいなコメントも寄せられていて、運用スタッフを大事にしてくれている感じはありましたね。

秋保：そうですね。初期の頃には、管理人のささもん（ユーザーネームも「ささもん」）が本当にユーザーに寄り添った形で丁寧に対応していたので、ユーザーさんから「ささもんママ」と慕われていたくらいですから（笑）。公認のポジションを取ることで、**公式ではやりづらいようなユーザーさんとの良好な関係を築ける**というのもメリットだと思います。

24時間超速対応の管理体制を基本1人でまかなう

──現在、ナイルさんでは、そうした公認Discordコミュニティをどれくらいの数、請け負ってらっしゃるのでしょうか？

秋保：数万人規模のコミュニティだと、今は2つですね。

──数万人というと、すごい規模ですね。それはどれくらいの人数で運用やメンテナンスをするものですか？

秋保：だいたい基本的には、**メインのコミュニティマスターが1人と、サブで2～3人を付けるという体制**を取っています。

──となると、Discordサーバーの管理は御社だけでされているのでしょうか？それともユーザーに役割（ロール）を与えて、分担することもあるのでしょうか？運用側の管理と手伝ってくれる人の割合はどれくらいでしょうか？

ささもん：秋保がお伝えしたように、基本的には1つのコミュニティに対して、会社からはメインの管理人が1人配置され、サポートに2～3人付けるという体制です。とはいえ、**実態としては、チャンネルの作成、Botの選定と設定、ユーザー対応などは、メインのコミュニティマスターが1人で管理することが多い**です。というのも、Discordコミュニティを運用するにあたり、管理に関わることを1人でできるような運用マニュアルを私のほうで作って、社内で共有したこともあって、基本的には1人でまかなえる体制作りをしているためです。

──海外ではモデレーターの役割を付与して、管理人のサポートをしてもらうケースが多いと思いますが、そのあたりはいかがでしょうか？

ささもん：やはり、基本的にはモデレーターは配置せず、管理人が1人で行う形にさせていただいています。ただ、1人でやっていると、24時間体制を取ることはできず、イレギュラーな状況が発生したときに対応できないこともあります。そんなときは、例外として信頼できるユーザーさんに個人的にDMでお願い事をして、OKが出た場合だけ、**一時的に管理権限を渡して、少しだけ対応してもらう**、というようなことは行っていました。

――なるほど。モデレーターのお手伝いというのも、もうほとんど一時的なものという感じなんですか？

ささもん：はい。一時的なものです。過去に弊社で運用しているコミュニティで、外部の方に一度だけ管理業務をお願いする機会がありましたが、そのときは5人くらいのユーザーに権限を少しだけ付与して、一部のコメントの削除だったり、ユーザーさんに情報共有してもらったりというようなことをお願いしたことはありました。

――海外のサーバーみたいに、モデレーター方式を利用しない理由はどこにあるのでしょうか？

ささもん：まず、モデレーターさんのIPに対する見方がバラバラだったりする点、それからコストの問題ですね。実際に、モデレーターに立候補してくださる方がいたとしても、**その方がどれだけIP作品を好きで、深い理解があるのかどうかを判断するのは、外からはなかなか見えづらい**という面があります。というのも、弊社はIP作品のコミュニティを受託運用している関係上、管理業務に責任が伴うため、信頼性が何よりも大事になってくるからです。やはり、人によってIP作品に対する情熱に温度差があったり、他のユーザーさんとの距離の取り方はまちまちだったりしますので、「いいコミュニティを作る」という観点だと、お任せしていいのかどうかの判断が難しいところはあります。

――信頼できる人材をうまく低コストで発掘するのが難しい、という状況なんですね。

ささもん：そういう面もあるかもしれないですね。ただ、基本的に弊社では1人で管理・運用できる体制作りをしているので、実際にモデレーターがいなくても回せる形をなんとか自社で構築しています。

――コミュニティ運用をしている経験上、私だと「1人だと無理だな」って感じてしまうのですが、それでもBotとかをうまく利用して、基本的には本当に1人でできてしまう環境になっているんですね。

ささもん：そうですね。**Botを使えば、いわゆる「荒らし」に関わる対策はほぼ問題なくクリアできる**ので、24時間のサポート体制という点では厳しい面もありつつも、ガバナンスの面ではうまく回せていると思います。

――独自のBotを作られたりもしていますか？

ささもん：コミュニティ管理に関するBotは、MEE6をはじめとして、既存のものをたくさん駆使して構成しています。独自Botを作るとしたら、管理面ではなく、ユーザーさんが楽しめるようなものを作ることはあります。

――私は「アサルトリリィ総合コミュニティ」をよく見ていて、ささもんさんがそれこそ昼となく夜となく24時間、超速対応しているなと感じていて。ああしたユーザー対応はどのように実現されていたのでしょうか？

ささもん：これはもう**仕事半分・趣味半分というところが大きい**んじゃないかと思います（笑）。実際に、会社的な就業時間は決まっていますが、そもそも私はこのコミュニティがすごく好きだというのがあって、基本的には就業外の時間でも、雑談チャンネルに入って交流していたことは多かったですね。例えば、趣味で雑談していて、困っている人がいたら、ちょっとだけ「管理人モード」に切り替えて対応してあげる、みたいなことはよくやっていました。自分的には24時間対応しているイメージはなかったのですが、ほぼ趣味の延長でコミュニティを楽しんでいることが、そうしたイメージにつながったのかなと思います。

——そういう対応にすごく好感が持てたのですが、そもそもささもんさんが『アサルトリリィ』シリーズが好きだったから、という部分に成功の理由があったわけですね。

ささもん：もともと私はゲームライターなので、好きなゲームはとことんやり込むタイプなんです。『アサルトリリィLast Bullet』もその1つで、ゲームにハマってからはアニメやその他の作品も見るようになって、だんだんと知識を蓄えていったんです。そうなると、他のユーザーさんと話すのがとても楽しくなるんです。これも、公式と公認の違いに表れるのですが、**公認だからこそ、のびのびとユーザーさんと交流できるので、自分の「好き」も生かせる場作りがしやすい**んです。みんなから「ささもんママ」なんて呼ばれるようになったことも、嬉しいですし、好きを生かしていった先に、いいコミュニティの形が自然と生まれてきたのかもしれません。

——その例で言うと、Discordコミュニティの運営を依頼されるときに、ナイルさんの中にそのゲームが好きな人がいないといけないように思うのですが、仮にいなかった場合はどうなるのでしょうか？

ささもん：基本的に、弊社のライターは幅広くいろんなジャンルのゲームをプレイしています。ライター業ですから、新作の全然知らないゲームでも、任されたらプレイしますし、根がゲーム好きだから、だいたいどんなものでものめり込んでプレイしちゃうことが多いです。実際私自身にも、そうした傾向があって、ジャンル問わず、プレイしたら面白いなって感じるタイプですし、他のメンバーもそうですね。なので、**仮に新しいDiscordコミュニティを任せられたとしても、ゲームが題材であれば相性のいいメンバーが揃っているので、どんなジャンルでも柔軟に対応できる**と思います。

「荒し」や炎上などへの事前対策はどうしている？

——ナイルさんが運用するDiscordコミュニティでは、公認の立場とはいえ、ゲームの声優さんが参加するイベントを開催するなど、公式に近いような試みもされることがありますよね。そうしたイベントを開催する際、事前に対策を準備されているのでしょうか？

ささもん：公式の生放送と連携して、ゲームの声優さんがDiscordに参加するイベントって、すごく盛り上がるんです。ほかにもゲームのプロデューサーさんが、Discordのボイスチャンネルに降臨したことがあったのですが、ユーザーさんの盛り上がりはすさまじいものがありました。イベント自体は、本当にすごく盛り上がって、大勢の人が集まりますので、当然、一定数は「荒し」目的のユーザーが入り込むことも想定しなければなりません。幸いにも、弊社が運用するDiscordコミュニティのイベントで、トラブルが発生したことはありません。しかし、絶対に「荒し」が発生しないとは言い切れないので、事前に対策は取っています。例えば、**投稿の制限、日本語・英語・中国語ごとのNGワードの設定、画像投稿の禁止など、普段よりも何倍も強いセキュリティをかけています。**

——画像を投稿できなくすることの狙いは？

ささもん：生放送でDiscordの画面を映す際、不適切な画像が入り込むとその時点でアウトなので、はじめから画像自体は投稿できなくしているわけです。

——なるほど。一方で、ゲームによっては、不具合が出たときにコミュニティが荒れたり、炎上することがあるじゃないですか？

ささもん：不具合の内容にもよりますが、確かにTwitter上で炎上して、Discordに飛び火してくる可能性もあり得ます。そんな緊急性の高いトラブルに関しては、**まずはすぐに公式の運営さんに報告させていただいて、レスをもらった上で、Discordの管理人としてできる範囲でユーザーさんに案内を出す**ようにしています。

それと対策というか、日常的に強く意識していることですが、何らかの報告をしてくれる**ユーザーさんに対して、丁寧に対応することが大事**です。例えば、不具合の報告をしたユーザーさんがいた場合、そこで返信をもらえないと、だんだん不満がたまっていくんですね。そうした雰囲気は、これまでコミュニティを運営してきて感じるところではあったので、ユーザーさんが何かを報告してくれたときは、**30分以内には絶対にレスを返す**「アクティブサポート」という取り組みをしています。そうして、1人ひとりに対して、迅速・丁寧に回答してあげることを繰り返していけば、不具合が発生して炎上するというトラブルも未然に防げるといった印象です。

Discordがゲームにとっていい影響を与えた事例

——Discordでコミュニティ運用することによって、ゲームそのものにとってよい影響はありましたか？

秋保：以前、公式の運営さんに協力してもらい、データを出したことがあったのですが、例えば課金ユーザーの中で、Discordコミュニティに参加したユーザーとそうでないユーザーの間で、イ**ベント参加率が2.5倍**くらいの差が出ました。また、Discordコミュニティ参加者とそうでない人で比較した場合、**1ユーザーあたりの平均課金額（ARPU）については8倍くらいの差**が出たりと、かなり効果があることがわかりました。

——コアなユーザーが集まるのがDiscordなので、それくらいの数字になるのもうなずけますが、改めてすごい数ですね。ほかにもDiscordで成功した例はありますか？

秋保：『アサルトリリィLast Bullet』のゲーム版をリリースしたときですが、集客のための「推しキャラ総選挙」みたいなことをTwitterと連動して企画しました。もともとこのIPにはアニメファンが付いていたこともあり、そちらのファン層をゲームのほうに取り込むための企画です。Discordコミュニティへの参加を条件に、推しキャラへの愛や思いをハッシュタグ付きでツイートしてもらい、人気投票をしました。実際に、ツイートやリツイートの数をポイントにして、総ポイントで推しキャラ1位を決めたのですが、イベント開始前はDiscord参加人数が4,282人だったのが、1週間後には13,684人になり、**短期間で約1万人のユーザーを集客**できました。また、ゲームの**リリース初月の売上の66%がDiscord参加者**

という結果にもつながりました。

――すごいですね。先ほどゲームを続ける理由の３割がコミュニティ要素にある、という話がありましたが、本当にそれがわかるデータですね。

秋保：Discordのメリットとしては、**IPの中でもゲーム系のユーザーと相性がいい**ことです。例えば、コミュニティを作る場合に新しいプラットフォームを用意したとしても、利用者を定着させるのはなかなか難しいと思います。対してDiscordであれば、特にゲームユーザー層が厚いため、既にプラットフォーム的になじみがあり、すっと入って来やすい。同じギルドのメンバー同士でDiscordを既に利用していたり、友人と集まってゲームをしたりという文化があるので、他のプラットフォームを利用する場合に比べて、集客のハードルが大きく下がります。そういう意味でも、IPをゲームに展開した場合、Discordコミュニティを運用するメリットは大きいと思います。

コミュニティ運用の失敗談と成功談

――最後に、Discordコミュニティを運用していて、思い出深い成功談や失敗談があれば教えてください。

ささもん：思い返すと、失敗談のほうが浮かんじゃいますね（笑）。初期の頃はユーザー対応に苦慮したことがあって、何かあったらチーム内で相談したり、公式の運営さんに相談したりすることがけっこうありました。そうすると、どうしても対応が遅れがちになっちゃうんですね。前提としてDiscordの運用はこちらに任せていただいている状態だし、アクティブサポートという仕組みも意識していたので、ある程度の判断はこちらでしてもいいだろう、という自分なりの基準がありました。ただ、やってはいけない対応を自己判断でしてしまったことがあり、公式の運営さんに事後報告したら「それはだめだよ」と言われたことも……。ユーザーさんが求めていることへの回答にはなったのですが、公式的には問題があったというケースですね。第三者的立場として、板挟みになってしまったわけですが、初期の頃は運用に慣れていないこともあり、そうした難しい判断に迷うことも多々ありました。

――成功談はどうでしょうか？

ささもん：やはり、ゲームと連動したイベントは全体としては成功してきたと考えています。イベント後に実施したアンケートでも、ユーザーさんの満足度は非常に高かったですから。それから、コミュニティの運用自体も成功させてきたと感じています。ユーザーさんと管理人がいい関係を築くには、やはり最初の２～３カ月が勝負だと思うんです。私自身もIP作品のゲームはもちろんやり込みますし、アニメや小説などにも触れて、その世界を深く知るように努めました。そうして詳しくなると、ユーザーさんの熱量にもついていけるようになり、話が弾みます。結果、例えば「アサルトリリィ総合コミュニティ」では、「ささもんがいるから、このコミュニティは楽しいよね」みたいなことを言ってくれる人も出てきて、管理人とユーザーとの関係がいい方向に流れていったんです。**Discordのコミュニティは、やはりユーザーさんが第一なので、その熱量についていき、楽しく交流できるような体制を、コミュニティ運用側も意識して回していくのが大事**なのかなと思っています。

――先ほど「板挟みになる」というお話が出ましたが、公式とユーザーの間をつなぐコミュニティマネージャーとして、どの程度の権限が欲しいとか、運用しやすくなる権限の範囲みたいなところはありますか？

ささもん：まず、基本的には、公式の意見としてDiscordの中で「ここまでは出していいよ」みたいな感じで伝えてもらえると楽ではあるのですが、何が起こるかわからない中で、明確な基準みたいなものがあるわけではありません。

ただ、これまでの運用経験の中で思うこととしては、公式の見解を待たずとも、**伝え方次第では解決できる問題もけっこうある**んです。例えば、ある不具合に対する質問に対して、公式見解がない状況下でも、言える範囲での状況説明をしたり、過去の質問や回答を整理して、今の課題解決につながるようなヒントを提示したりすることで、そのユーザーさんの不満につながらないような伝え方をすることはできます。我々は基本的にはライターなので、伝え方の勘所はわきまえているという面も大きいかと思うのですが、権限がなくてもやれることはけっこうありますね。

――Discord内のリソースから解決できることがけっこうあるわけですね。逆に、どうしても公式に問い合わせなくてはならない場合もありますか？

ささもん：過去事例から解決できることはけっこうあるのですが、やはりどうしても解決できそうもない場合は、運営チームにお問い合わせをお願いするしかなくなる、ということはもちろんあります。その場合は、まずは過去事例から試せることを案内した上で、それでも解決しない場合は、ゲーム内のサポートメニューからご連絡くださいといった形を取ることが多いです。

――伝え方次第ですね。

ささもん：はい。改めて思うのは、やはり自分もライターなので、ちゃんとした文章を書く訓練をしてきた人は、伝え方のバリエーションをいくつも持っていて、それが武器になると思っています。特に、公認の運用側としては最近特に感じることですが、表現の仕方によってユーザーさんがどれだけ満足するのかが変わってきます。その意味で、Discordの運用をするんだったら、優秀なライターさんがいっぱい欲しいな、と個人的には思っています（笑）。

――なるほど。私もライターをしているので、そのあたりは共感できます。本日は非常に参考になる話がたくさん聞けて、コミュニティを運用する側としてもためになりました。貴重なお話をありがとうございました。

INDEX

本書のご感想をぜひお寄せください

https://book.impress.co.jp/books/1122101158

読者登録サービス CLUB IMPRESS

アンケート回答者の中から、抽選で**図書カード**（1,000円分）などを毎月プレゼント。
当選者の発表は賞品の発送をもって代えさせていただきます。
※プレゼントの賞品は変更になる場合があります。

■商品に関する問い合わせ先

このたびは弊社商品をご購入いただきありがとうございます。本書の内容などに関するお問い合わせは、下記のURLまたは二次元バーコードにある問い合わせフォームからお送りください。

https://book.impress.co.jp/info/

上記フォームがご利用いただけない場合のメールでの問い合わせ先

info@impress.co.jp

※お問い合わせの際は、書名、ISBN、お名前、お電話番号、メールアドレス に加えて、「該当するページ」と「具体的なご質問内容」「お使いの動作環境」を必ずご明記ください。なお、本書の範囲を超えるご質問にはお答えできないのでご了承ください。

●電話やFAX でのご質問には対応しておりません。また、封書でのお問い合わせは回答までに日数をいただく場合があります。あらかじめご了承ください。
●インプレスブックスの本書情報ページ https://book.impress.co.jp/books/1122101158では、本書のサポート情報や正誤表・訂正情報などを提供しています。あわせてご確認ください。
●本書の奥付に記載されている初版発行日から3 年が経過した場合、もしくは本書で紹介している製品やサービスについて提供会社によるサポートが終了した場合はご質問にお答えできない場合があります。

■落丁・乱丁本などの問い合わせ先

FAX 03-6837-5023
service@impress.co.jp
※古書店で購入されたものについてはお取り替えできません。

Discord活用ガイド 基本操作＆サーバー設営＆活用事例が丸ごとわかる本

2023年7月11日 初版発行

著者 納富亮介（のうどみりょうすけ）

発行人 小川 亨
編集人 高橋隆志
発行所 株式会社インプレス
〒101-0051 東京都千代田区神田神保町一丁目105番地
ホームページ https://book.impress.co.jp/

印刷所 株式会社 暁印刷

ISBN978-4-295-01675-5 C3055

Printed in Japan